光盘使用说明

① 文中案例所需贴图
（光盘路径：DVD 03\素材与源文件\贴图\各章\……）

② 文中案例源文件
（光盘路径：DVD 03\素材与源文件\源文件\各章\……）

③ 文中案例渲染效果图
（光盘路径：DVD 03\素材与源文件\渲染效果图\各章\……）

④ 文中案例光子图
（光盘路径：DVD 03\素材与源文件\光子图\各章\……）

⑤ 赠送材质灯光库
（光盘路径：\DVD 03\附赠材质灯光库\……）

⑥ 第2~11章的完整视频教程
（光盘路径：DVD 01\Video\02~08）
（光盘路径：DVD 02\Video\09~11）

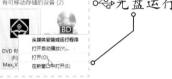

如果不能自动运行，请在驱动器上单击鼠标右键，选择"打开"命令，打开光盘，双击其中的start.exe，即可运行光盘。

🔗 光盘运行

🖼 光盘界面

DVD 01 主界面

DVD 03 主界面

DVD 02 主界面

第11章 多媒体会议室制作实战
实例剖析会议室效果图的主体工作流程，整合公装室内空间结构严谨的制作技巧。

第10章 客厅及餐厅制作实战
实例剖析客厅及餐厅效果图的全部工作流程，烘托室内日光光感渲染效果。

第9章 卧室制作实战
实例剖析卧室效果图的细节工作流程，结合Photoshop后期调整室内夜晚渲染意境。

第8章 渲染与输出的真理
合理妙用"渲染预设"模板，科学结合"光子图"优化效果图渲染与输出。

第7章 光源特效的逼真表现
实例解析室内常用灯光，掌控配合VRay渲染器下灯光参数及位置的设定技巧。

第6章 材料质感的模拟真谛
通过材质原理及相应实例，掌握常用类型材质及贴图与VRay渲染器的结合要点。

第5章 了解终极渲染王VRay
实例探索室内效果图绝妙渲染技巧，深入理解VRay整体参数设置相关原理。

第4章 室内设计师的眼睛——摄像机与构图
实例调整室内场景摄像窗口，切实掌握3ds Max摄像机的创建方法。

第3章 高效优化创建室内模型
巧妙结合相关模型创建秘籍，科学优化组建高质量的室内模型。

第2章 初识室内造型巨匠
运用实例科学掌控3ds Max操作技巧，为熟练驾驭软件奠定基础。

第1章 开启室内设计之窗
结合室内设计及相关软件理论知识，合理分配电脑室内三维制图的工作流程。

本书精彩内容

配套教学视频

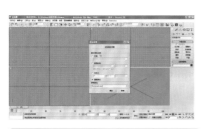

2.2.1 建模单位的设置
大小: 3.58MB　时长: 1:11　页码: 36

2.2.2 快捷键的设置
大小: 13.8MB　时长: 4:02　页码: 37

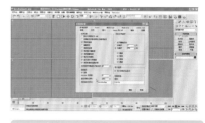

2.2.3 自动备份功能优化
大小: 7.09MB　时长: 2:22　页码: 37

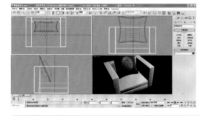

2.2.6 对象群组设定
大小: 12.4MB　时长: 3:37　页码: 40

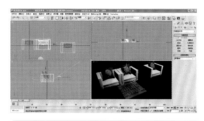

2.2.7 活用对齐与捕捉工具
大小: 30.6MB　时长: 8:41　页码: 41

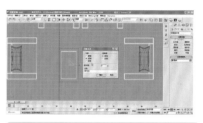

2.2.8 对像的复制
大小: 27.6MB　时长: 7:43　页码: 43

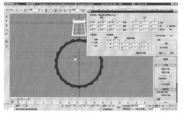

2.2.9-1 使用阵列工具（旋转阵例）
大小: 21.2MB　时长: 5:39　页码: 45

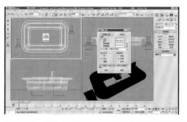

2.2.9-2 使用阵列工具（间隔阵例）
大小: 60.4MB　时长: 14:51　页码: 46

2.2.10 对像的隐藏与冻结
大小: 15.9MB　时长: 4:8　页码: 48

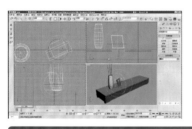

3.1.2 标准基本体实例造型——电视柜制作
大小: 60.4MB　时长: 14:51　页码: 55

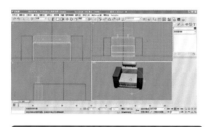

3.1.4 扩展基本体实例造型——沙发制作
大小: 60.7MB　时长: 18:46　页码: 59

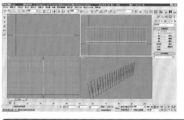

3.1.7 创建二维图形实例造型——铁艺围栏制作
大小: 48.4MB　时长: 14:58　页码: 65

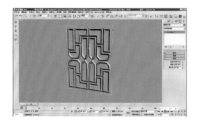

3.1.8 编辑二维图形实例造型——中式窗饰制作
大小: 49.4MB　时长: 14:06　页码: 68

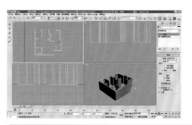

3.2.2-1 二维图形的简易三维创意（居室房型）
大小: 12.3MB　时长: 3:59　页码: 75

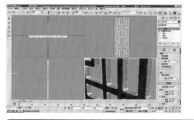

3.2.2-2 二维图形的简易三维创意（中式门饰）
大小: 7.31MB　时长: 2:22　页码: 76

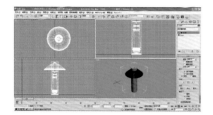

3.2.2-3 二维图形的简易三维创意（台灯）
大小：8.24MB 时长：2:25 页码：77

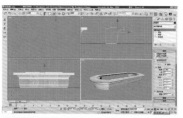

3.2.2-4 二维图形的简易三维创意（会议桌）
大小：7.31MB 时长：2:22 页码：78

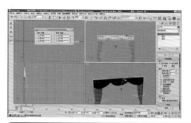

3.2.4 放样变形实例造型——窗帘制作
大小：16MB 时长：4:59 页码：80

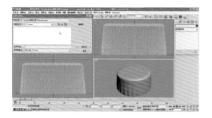

3.2.5 多截面放样实例造型——餐桌桌布制作
大小：35.1MB 时长：10:48 页码：84

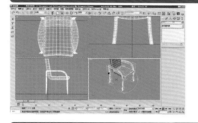

3.2.6-1 三维模型常用修改命令（办公座椅）
大小：84.4MB 时长：19:38 页码：86

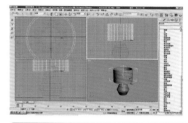

3.2.6-2 三维模型常用修改命令（瓷瓶台灯）
大小：24.3MB 时长：6:46 页码：89

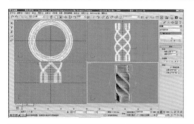

3.2.6-3 三维模型常用修改命令（花瓶）
大小：61.8MB 时长：9:47 页码：90

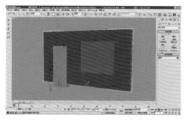

3.2.6-4 三维模型常用修改命令（墙体）
大小：48.52MB 时长：14:52 页码：92

3.3.2 编辑网格、网格平滑、涡轮平滑、FFD、晶格——沙发脚凳制作
大小：186MB 时长：28:32 页码：96

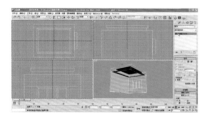

3.3.3 编辑多边形单面建模——创建室内空间效果
大小：58.5MB 时长：17:46 页码：102

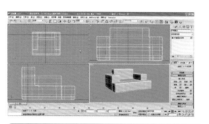

3.3.4 编辑多边形——现代沙发制作
大小：52.6MB 时长：14:22 页码：110

4.3.3 3ds Max摄像设置实例演练——为"书房"设置摄像机
大小：32.2MB 时长：7:56 页码：130

5.5.1 简介VRay整体参数——"书房"VRay渲染制作
大小：47.9MB 时长：10:54 页码：143

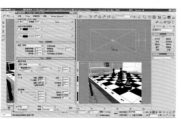

5.5.2 掌控VRay景深效果——"棋盘"VRay景深制作
大小：30.6MB 时长：8:48 页码：145

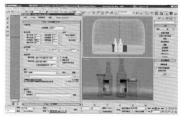

5.5.3 探索VRay焦散特效——"啤酒瓶"VRay渲染制作
大小：36.7MB 时长：9:22 页码：147

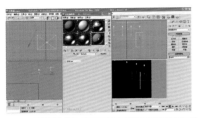

6.4.3 实战"VRayMtl"材质操作——"墙面"及"无框画"
大小：35.6MB 时长：10:40 页码：163

6.4.5 实战"多维/子对象"材质操作——"书柜"
大小：60.4MB 时长：14:51 页码：166

6.4.7 实战"VR灯光材质"操作——"台灯"与"显示屏"
大小：60.4MB 时长：14:51 页码：168

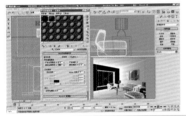

6.4.9 实战"VR材质包裹器"操作——解决场景材质间"色溢"困惑
大小：60.4MB 时长：14:51 页码：170

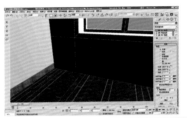

6.6.3 实战"子对象贴图"操作——"UVW贴图"与"网格选择"修改器的巧妙结合
大小：115MB 时长：15:41 页码：182

6.7.1 墙基布乳胶漆材质
大小：56.9MB 时长：11:28 页码：184

6.7.2 皮革材质
大小：26.5MB 时长：6:59 页码：186

6.7.3-1 瓷器材质（陶瓷材质）
大小：49.4MB 时长：9:44 页码：187

6.7.3-2 瓷器材质（瓷砖材质）
大小：30MB 时长：8:20 页码：188

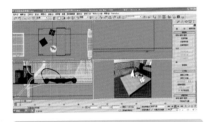

6.7.4-1 玻璃材质（清玻璃）
大小：33.7MB 时长：9:08 页码：189

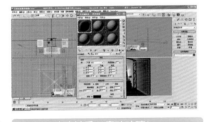

6.7.4-2 玻璃材质（磨砂玻璃）
大小：25.4MB 时长：6:38 页码：190

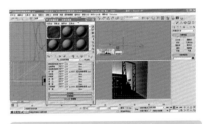

6.7.4-3 玻璃材质（冰裂纹玻璃）
大小：23.4MB 时长：5:42 页码：191

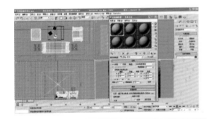

6.7.5-1 木料材质（仿真木纹材质）
大小：31.4MB 时长：8:01 页码：192

6.7.5-2 木料材质（木地板材质）
大小：23.8MB 时长：6:12 页码：194

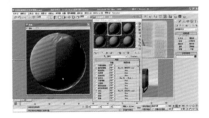

6.7.6-1 布料材质（绒布材质）
大小：39.4MB 时长：11:23 页码：195

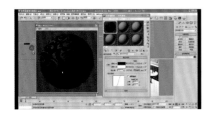

6.7.6-2 布料材质（双色地毯材质）
大小：39MB　时长：7:34　页码：198

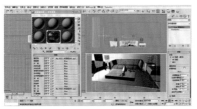

6.7.6-3 布料材质（VR置换地毯材质）
大小：25.8MB　时长：4:15　页码：199

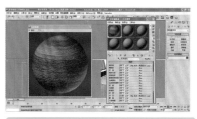

6.7.6-4 布料材质（VR毛发地毯材质）
大小：30.2MB　时长：6:35　页码：200

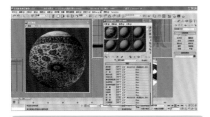

6.7.6-5 布料材质（透空圆形地毯材质）
大小：23.3MB　时长：5:03　页码：202

6.7.7-1 金属材质（镜面不锈钢）
大小：19.9MB　时长：5:12　页码：204

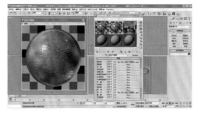

6.7.7-2 金属材质常（哑光不锈钢与拉丝
不锈钢）
大小：19.2MB　时长：5:09　页码：205

7.5.1 射灯光照
大小：34.3MB　时长：9:25　页码：232

7.5.2 台灯与壁灯光照
大小：26.2MB　时长：7:45　页码：234

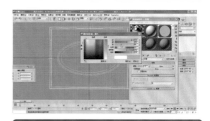

7.5.3 灯槽渲染
大小：25.2MB　时长：7:21　页码：235

7.5.4 日光渲染
大小：71MB　时长：16:20　页码：237

8.1 科学快捷的测试渲染
大小：46.7MB　时长：12:38　页码：241

8.2 高效完美的最终渲染
大小：84.9MB　时长：21:59　页码：245

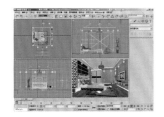

第9章 卧室制作实战
大小：927MB 时长：1:31:51 页码：250

第10章 客厅与餐厅制作实战
大小：1.41GB 时长：3:11:47 页码：272

第11章 多媒体会议室制作实战
大小：1.01GB 时长：2:13:33 页码：310

本书精彩案例

焦距：15

焦距：24

焦距：35

焦距：50

焦散效果啤酒瓶

无焦散效果啤酒瓶

景深效果棋盘

无景深效果棋盘

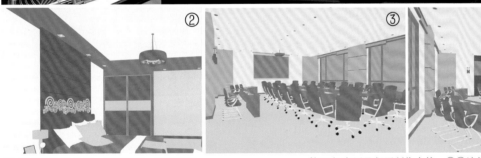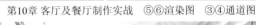

第9章 卧室制作实战　①渲染图　②通道图　　　　第10章 客厅及餐厅制作实战　⑤⑥渲染图　③④通道图

第11章 多媒体会议室制作实战　①—⑤渲染图　⑥—⑩通道图

3ds Max/VRay/Photoshop
室内设计 完全学习手册

超值视频教学版

张媛媛 编著

中国铁道出版社有限公司

CHINA RAILWAY PUBLISHING HOUSE CO., LTD.

内 容 简 介

本书是笔者根据多年的室内设计及课堂教学经验精心编著的，集 3ds Max、VRay、Photoshop 软件于一体的室内效果图制作工具书。书中在对各软件的命令进行细致深入讲解的同时，还将部分重点设计理论与技巧囊括其中。

本书是《3ds Max/VRay/Photoshop 室内设计完全学习手册》的全新升级版，更新了上一版的错误和不足，录制了全部的案例教学视频（附送 3 张 DVD 光盘），并在本书的彩页和正文中标注出光盘的位置及与本书相关的内容，以更好地帮助读者查找、学习。

本书共分为 11 章，第 1 章整体讲解室内设计相关知识；第 2 章引领读者运用实例逐步掌握 3ds Max 软件应用的各种技巧；第 3 章详细讲解了室内设计中立体模型的创建方法；第 4 章为室内摄像机的设置方法；第 5 章为 VRay 渲染器基础知识简介；第 6 章主要讲解运用 3ds Max 软件结合 VRay 渲染器对室内设计效果图常用材质进行调制的各种技巧；第 7 章介绍 3ds Max 与 VRay 软件中灯光制作的基础知识；第 8 章介绍渲染与输出的设置与调整；第 9～11 章为案例教学，通过卧室、客厅与餐厅及多媒体会议室的具体设计方案，对 3ds Max、VRay 及 Photoshop 软件进行制作步骤上的系统实践，继而帮助读者切实掌握计算机辅助室内设计的真谛。

本书不仅适用于室内设计领域的初学者，而且适用于业内具有一定计算机效果图制作水准的制图人员。

图书在版编目（CIP）数据

3ds Max/VRay/Photoshop 室内设计完全学习手册 / 张媛媛
编著 . — 北京：中国铁道出版社，2014.1（2024.2 重印）
ISBN 978-7-113-17474-3

Ⅰ.①3… Ⅱ.①张… Ⅲ.①室内装饰设计-计算机
辅助设计 - 三维动画软件 - 手册 Ⅳ.① TU238-39

中国版本图书馆CIP数据核字（2013）第238124号

书　　名：3ds Max/VRay/Photoshop 室内设计完全学习手册（超值视频教学版）
　　　　　3ds Max/VRay/Photoshop SHINEI SHEJI WANQUAN XUEXI SHOUCE（CHAOZHI SHIPIN JIAOXUE BAN）
作　　者：张媛媛

策　　划：张亚慧　　　　编辑部电话：（010）51873035　　　　电子邮箱：lampard@vip.163.com
责任编辑：张　丹
编辑助理：吴伟丽
封面设计：多宝格
责任印制：赵星辰

出版发行：中国铁道出版社有限公司（100054，北京市西城区右安门西街 8 号）
印　　刷：北京盛通印刷股份有限公司
版　　次：2014 年 1 月第 1 版　2024 年 2 月第 16 次印刷
开　　本：850 mm×1 092 mm 1/16　印张：22.25　插页：6　字数：541 千
书　　号：ISBN 978-7-113-17474-3
定　　价：88.00 元（附赠 3DVD）

序 Preface

　　Autodesk公司推出专门针对专业人士而量身定制的3ds Max软件，设计师可以在其中充分探索、验证创想，进而在体验超凡的创造力和艺术自由性的同时，绘制出精妙绝伦的效果图。同时，在结合拥有渲染"魔力"的VRay软件及富有"图片修复专家"之美名的Photoshop软件，在二者的全力配合下，即使多么复杂的三维空间效果图的绘制对于设计师而言，也会得心应手。进而，通过惟妙惟肖的效果图像更好地为客户展现其设计构思和创作成果。

　　一张完美的图纸，也是一个完美的设计方案。然而目前已出版的相关图书或此方面的教学纲要均着力于计算机绘图命令的讲解，而脱离了与设计理论的结合。本书弥补了此方面的缺陷，它将绘图知识和技能融入设计之中，是作者将多年的理论教学及设计经验与相关计算机软件应用技法的巧妙组合，历经一年的时间而精心打造的精髓产物。本书旨在协助读者巩固相关设计原理，进而激发创意灵感，同时绘制出超凡的室内效果图精品，实乃一本从计算机绘图角度探索室内设计的成功宝典。

　　本书在写作上文笔脉络清晰易懂，图例代表性较强，同时中英文互译的图文讲解可以切实地解决读者的语言障碍，再配以视频同步授课，双管齐下，可以让读者在较短的时间内娴熟地驾驭相关软件的操作流程。但此种操作流程并非是按照固定套路一成不变、如法炮制的，而是结合不同的室内家装与公装设计方案进行了单元化规整的，它展现给读者丰富却不失详实的应用技巧。

　　总之，编写一本精品的工具书并非是一蹴而就之事，必将几经磨砺。所以在此，祝贺本书能够顺利出版，得以向更多的教学单位及社会相关领域广为推广。

2013年10月

　　尚金凯，天津城建大学城市艺术学院院长，教授，高级室内建筑师，中国包装联合会设计委员会委员、中国建筑学室内设计分会理事、天津城市环境专家委员会委员、天津环境艺术专业委员会副主任、天津水彩专业委员会副会长、天津环境装饰协会常务理事、中国建筑学会和天津美术家协会会员。

前言 Foreword

　　如今作为游走在时尚前沿的室内设计师，为追随信息社会的飞速发展，其内敛且不乏前卫的设计理念也在随之日渐飙升。运用计算机这一技术辅助设计创作的方式，已被设计师广为接受。设计软件以其快速、精准等诸多优势在室内设计效果图创作领域中独胜一筹。故此，作为试图走进室内设计师工作领域的初学者而言，掌握相关计算机软件的应用至关重要。通过阅读本书，能够帮助读者在短期内拓宽设计思路，迅速掌握相关制作技巧，从而绘制出堪称精品的室内设计作品。

★本书特点

　　时下，被室内设计师所广为使用的3ds Max、VRay及Photoshop软件，便是基于传统专业化、单一化的操作方式逐渐向简单明了的大众化、多元化方向飞跃的产物，综合其操作智能及运算合理的多方特征，它们无疑是计算机室内设计效果图制作软件中的黄金组合。由于计算机软件自身版本具有更替频繁的特性，本书使用目前较为稳定的，3ds Max 2009、V-Ray Adv 1.50 SP2及Photoshop CS软件版本，同时结合重点进行中英文对照讲解，从而切实地扫除了国内用户在使用过程中的语言问题，即使软件升级至更高的版本，本书教程也同样可以适用。

★本书内容

　　笔者在编写本书时，结合近十年的授课经验，从中仔细剖析了初、中级室内设计人员涉足该领域所需具备的知识结构，针对设计创作过程中相关理论知识及各个软件实用性进行了系统化的规整与详解。本书结合极具代表性的图例，并通过室内设计中常见的家装及工装场景案例，力求以精练的语言由浅及深地将基本命令与实践操作应用融会贯通，以使读者领会各个软件辅助设计的真正内涵，达到举一反三、触类旁通的目的。进而使读者不仅可以摆脱往日面对室内效果图望而却步的窘境，而且还可为其相关室内设计理论知识的学习奠定坚实基础。

★适合读者

　　本书无论对于刚刚起步的室内设计领域的初学者，还是业内具有一定计算机效果图制作经验的制图人员，都具有实用价值，可使读者在最短的学习时间内，熟练地驾驭相关软件，轻松地绘制出更为专业的设计作品。

★本书光盘

　　本书采用书稿图文资料及配套光盘（含制作素材与多媒体视频）相结合的形式，广大读者在参照书中详细步骤进行操作的同时，还可以结合光盘中所提供的源文件进行对比练习。此外，即使遇到疑惑还可运用配套光盘中的多媒体视频讲解得到及时解决，引领读者熟识软件，仿佛聘请了一位经验丰富的高师亲临身旁，点拨赐教。

本书主要由天津城建大学城市艺术学院张媛媛编著，在编写的过程中天津天悦广告传播有限公司的设计师李超参与了录音工作，同时天津城建大学城市艺术学院的广大师生对于本书的部分插图也给予了鼎力支持，在此表示由衷感谢！

同时，在本书编写过程中，张亚慧老师对本书的初稿进行了审阅，并提出许多宝贵建议，在此表示真挚谢意！

在整体编写过程中，虽然笔者始终恪守严谨的工作职责，但由于时间仓促加之自身水平有限，书中难免存有欠妥之处，敬请广大读者及专业人士给予及时的指正、批评，我们将诚垦地接受您的意见，如有问题请发送电子邮件与作者交流（E-mail：yishuxizyy@yahoo.com.cn）。

编　者
2013年10月

目录 CONTENTS

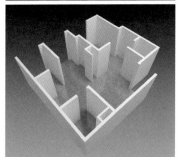

第4章 室内设计师的眼睛——摄像机与构图

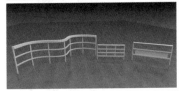

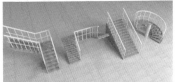

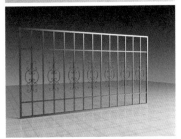

第5章 了解终极渲染王VRay

第6章 材料质感的模拟真谛

第11章 多媒体会议室制作实战

第1章

开启室内设计之窗——
室内设计相关知识

室内设计又称建筑装饰设计，是环境艺术设计的一个分支，在其内部联系上与建筑设计是息息相关的。实际上，任何建筑空间从理论上都涵盖着内部及外部两个基本环境（如图1-1所示）。室内设计必须根据建筑实体的使用性质、环境因素及相应标准要求，同时结合建筑设计构思，运用相应的建筑设计原理及灵活多变的物质技术手段，才能够将这两种环境有机地深化组合。从中突显空间环境的内涵，勾勒出更为舒适优美、满足人们物质和精神生活需要的室内空间环境（如图1-2所示）。

图1-1　建筑外部相关环境空间　　　　　　　图1-2　室内外景物有机结合的空间氛围

室内设计不仅是一项综合性极强的系统工程，更是一门颇具美感的艺术学科，随着时代的变迁其应用领域愈加广泛，致使近几年来，室内设计的内容与表现形式不断出现新的局面。因此要求室内设计师不仅要具备广博的知识，还要不断提高艺术修养。可见，作为刚刚起步的设计人员来讲，只有切实地了解室内设计师的职责，通过不断学习、实践和积累相应的理论知识及具体的操作技能，才能尽快地提高自身设计水平，以便突破自我，为将来成为优秀的室内设计师打下坚实的基础。

1.1　何谓室内设计师

所谓"室内设计师"，并不是指能够熟练操作几个计算机绘图软件，或是略知一些装饰常识的技术人员。真正优秀的室内设计师，其知识领域应涉及众多的学科，从某种意义上讲，该学科是集建筑环境艺术美学、心理学、社会行为学、基础建筑物理学的组合体，是囊括设计施工、配套材料、布局设施、沟通制作于一身的艺术系统工程。

设计师要灵活运用这些知识，充分满足不同业主的个性要求，通过提高人与环境高度的敏感关系，继而在有限的空间中发挥无限的创意，创作出功能完备，安全健康，使用便捷，舒适温馨的室内空间环境（如图1-3所示）。

对于任何一名室内设计师来讲，掌握上述知识是开启设计之窗所必备的先决条件，一切个性化的思想、风格都应该建立在这样的一个共性基础之上的。

对于一个刚刚起步的室内设计人员而言，将自己磨炼成为一名优秀的室内设计师并非一朝一夕之事，要从点滴做起，勿以善小而不为。只有在尽可能快地熟识相关理论的同时，熟练掌握设计原则与操作流程，巧妙地利用设计图纸这一"沟通捷径"来表达个人的设计意图，才能创作出令大众满意又不失设计韵味的灵动空间。

图1-3　舒适宜人的室内空间

　　总而言之，设计是室内装饰工程的灵魂，而一个出色的设计师是室内装饰成功的保证。虽然客户的要求千差万别，但是出色的设计师总能将各种个性需求汇聚在一起，以营造出一个舒适、安全、实用的空间环境。剖析各种约束条件，为客户设计出全套装饰设计图纸才是室内装饰设计中马上要解决的问题（如图1-4所示）。

图1-4　室内空间整体鸟瞰效果

1.2 成功室内设计师的宝典

　　室内设计师的综合能力与整体素质的不断提高，对于作品的设计方案及语言的表达都是必不可少的。

成为优秀设计师的关键要领主要包括：对建筑装饰设计中空间结构的理解；不同装饰色彩的运用；以及掌握空间氛围光感的制作要领。这些都是直接影响设计师的创造水准，表现意图的关键要素，更是成为优秀室内设计师的宝典（如图1-5所示）。

图1-5　结构合理、光色协调的室内空间效果图

1.2.1　室内设计中的灵感源泉——点、线、面

文学家使用文字、数学家使用数字、音乐家使用音符来表达专属于他们各自的思想。由此可见，无论文学、数学还是音乐，它们都拥有自身独特的构成符号，大师正是运用这些文字、数字和音符等基础元素，将空洞的字符雕琢成持久传承的杰作。

对于视觉艺术而言，包括斯体系大力推崇的点、线、面设计理念，等同于前者所提到的"构成符号"（如图1-6所示）。

对于初级入门者来讲，所有的"构成符号"都应像字母表上的字母一样容易理解。在室内设计中，创意概念的表达始终都离不开对点、线、面的艺术处理，它们是空间艺术设计中基础的元素；是联系空间关系的引线。

在此，就室内效果图而言，空间形体层次关系的组建与构成设计中的点、线、面这3大要素是息息相关的。事实上，任何设计的开始，便是对点、线、面这3种基本构成元素按照一定规律的巧妙组合及穿插应用，从而也随之将其构建成为室内艺术创作中的灵感源泉（如图1-7所示）。

画面中通过构成设计中的"构成符号"——点、线、面的贯通，将整体空间划分的层次更为清晰，进而凸现画面中各物体间的结构元素。

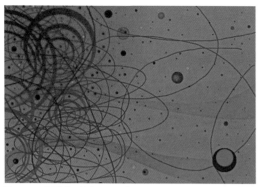

图1-6 设计构成中的"构成符号"——点、线、面　　　　图1-7 效果图中的"构成符号"——点、线、面

1. "点"元素的妙用

点是构成设计中相对最小的元素，它与线、面的概念是相互比较而形成。点最重要的功能便是标明定位和聚集堆嵌，在大面积的平面造型上，往往点元素与其他元素相比更容易吸引人的视线。但室内空间艺术中的点、线、面与构成设计概念中的点、线、面不能完全等同。

空间艺术中的点，一般多指一个或多个特定的物象定位，就整体空间而言，其规模可大可小，而且不单一只针对于平面构图，应更多地体现在空间的立体组织上。

在室内效果图的制作过程中，点元素的定位虽然不是开始制图首要考虑的着眼点，但往往更多的点元素却是巧妙扭转图面表现的关键，甚至是突出要点设计的点睛之笔。

在通过略加改动点光晕的两张对比效果图中（如图1-8所示），将某些物体，如厅堂中央的吊灯、餐桌上端的聚光灯或墙上的挂饰等造型设计，将其作为点元素定位于整体空间，用来表现图面，进而达到突出重点的目的。

在此，必须要明确的一点是：设计这些点元素的出发点，其实并不只是在填补某一处的空白，而是在以这些点为基点拓展物体周边的空间体系。

图1-8 点元素在室内效果图中的妙用

其实，无论是在实体的空间中，还是在室内效果图中，任何的空间体系都是以连续、弥散的实体形式而存在的整体。进而将修改过的点物体作为点元素，运用立体凸现平面的手段，既在物体造型结构中，又在画面渲染层次的组织上，对整体画面起到了稳定、凝聚的核心作用。

此外，即使在同一室内空间环境中，选用不同的视口渲染角度，往往画面的表现则会呈现出另一番景象。多点的排列、组合，便会产生另类的审美效果（如图1-9所示）。墙面利用局部镶嵌点状装饰物均匀分布造型映衬的背景，以及顶部规则排列的点光源灯具，这些都是多点并列的典型组合。

在效果图的制作过程中，对于这些形式规矩的造型，处理方法应采用在兼顾整体图面效果的基础上，重点突出点元素的表现手段。部分点物体应选用自发光材质再配以聚光灯的局部光照，在其协调作用的影响下，进一步为井然有序的排列组合增添节奏感和韵律感，从而营造一种和谐、优雅，但又不失情趣的气氛。

相反，如果把这些点元素进行巧妙地不规则排列，便可以将其应用到商场、店铺等休闲场所的局部造型上，从而会产生一种复杂而变幻的感觉（如图1-10所示）。设计师利用局部点光源在三维立体空间中错落安置，突破大面积造型、色彩及材质相同的布局，使整体图面因环境氛围的改变而给人一种丰富、迷幻、神奇之感。

图1-9　室内效果图中井然有序的点元素

图1-10　室内效果图中错落有致的点元素

2. "线"元素的整合

从构成概念上看，线是具有位置、方向和长度的一种几何体，从某种意义上可以将其理解为点运动后而形成的痕迹。可见，其位置、方向、长度便是线区别于其他元素而特有的基本属性。而线在室内设计中较其他元素而言应用得也最为广泛，因为空间中任何物体的轮廓、转折、交界以及平、立面空间的划分等形式构造都会产生线条。

故此，线条造型可谓是整合空间艺术的最好素材之一。但空间角落中的每根线条由于所处的环境位置不同，其表现的形式与突出的审美特质也不尽相同。与点强调位置和聚集不同，线更强调其分布的方向与外形。

室内空间中笔直的线条多数会给人延伸、坚强、平稳之感。宽敞明亮的公共会议空间中多处使用正直、庄重、理性的线条，从而塑造出规范、整齐、高效的办公环境氛围（如图1-11所示）；而弯曲的曲线则更具温婉、浪漫、轻盈之感（如图1-12所示）。

图1-11　直线线条表现的会议空间

图1-12　曲线线条映衬的餐厅空间

装饰墙面与顶面利于大跨度的曲线将整体的空间巧妙分割，继而为平面、立体的空间划分画上圆满的分隔符号，同时，这些巧妙的线条也在不经意间为整体空间增添了几分轻松的感觉，更使设计趋于人性化模式；而且，体量较粗的线形自身就兼具力量、粗犷、强劲之感；相反，质感纤细的线条更能体现出一种柔弱、温馨、雅致之感。

但是，往往就在装饰材料细微的变化之间，便能将线条的变化趋于多元化，时而弯曲时而笔直，凸现室内空间的动感韵律。通过水面的反射巧妙地打破略加呆板的直线结构线，从而映衬出天然的柔美曲线（如图1-13所示）。

由此可见，设计品味的营造就在于这些逐一的细节之处，要根据整体环境氛围的差异有的放矢地选择设计线条，从而才能营造出适宜、平衡的环境氛围。

此外，在表现效果图时，其线条的扭转走向及粗细尺度最好能根据最终渲染所处的不同视口及视距给予区别对待，进而体现出物体真实的质感形式美，如铺贴于地面砖缝清晰的砖块，或具有明显质感纹理线条的地毯，其贴图坐标设计应在符合现实要求的基础上，可根据其画面整体的显示效果略加调整，以达到更为写实的质感表现（如图1-14所示）。

图1-13 利用水面材质巧妙转换线条属性

图1-14 质感纹理线条清晰的地毯

3. "面"元素的塑造

同样，从构成设计的角度来看，面与点、线相比是一个平面中相对大的元素，在某种意义上可以将面归类为无数点的集合体。可见，点和面之间没有绝对的区分，点相对要强调位置关系，而面更注重形状和面积。在整体的设计表现中，在需要位置关系比例占据较多的情况下，便自然将该物体称之为"点"；相反，在需要强调形状面积比例占据更多时，其物体的自身形态会自然地转化为"面"。

实际上，面元素较其他元素而言，在和空间组织画面综合考虑时，其内的含义最为突出。具体联系到室内设计场景中，面体的表现多为空间中顶棚、地面、墙体及各种装饰物体的外表大面主体造型。它们按照不同空间组织布局，又将面可以分成平面、垂直面、斜面和曲面以及正负面。

在效果图表现的过程中，一方面要根据实体空间具体尺度进行划分，另一方面也不能忽视每个面形在画面视口的角度显示。要根据不同环境的审美追求，对面形进行形状、色彩、正负等多角度的综合处理。如同经典的卢宾反转图形一样（如图1-15所示），室内空间的虚空间往往在其图面表现时比实空间的物体更具空间表现力。

接待台后的背景屏风与楼梯间玻璃围墙以及地面的不同材质的铺设（如图1-16所示），这些看似不经意的流线曲面正是作为凸现接待区域局部圆形造型的烘托映衬。可见，安置于空间中的任意实体面其实都不是孤立的、自我包容的，而是相互关联的，而且每个面形在进行渲染表现时都应兼顾到不同视口显示角度的差异，进而将立体空间形态更为形象真实地展示在二维平面图纸中。

图1-15　卢宾反转图形　　　　　　　　　　　　　　　　图1-16　铺设的不同材质

　　此外，面的处理也如同线形表现一样，不同造型的面形安置于不同性质的空间中，同样会营造出风格迥异的艺术氛围。但这一切都必然要求设计师将室内空间中相应的设计内涵与后期计算机绘图的表现形式进行整合处理，进而刻画出造型完美的艺术作品（如图1-17所示）。

　　综上所述，点、线、面的设计元素不仅是室内空间设计构建的基本要素，更是激发室内设计师创作的源泉。设计师无论是在创作设计时还是在用电脑绘图中，始终都应重视对点、线、面这些基本构成元素的运用，只有不断领会此类元素的视觉特征以及它们与特定环境结合而产生的审美情境，并在其中不断积累实践经验，才能像优秀的室内设计师一样创造出独具匠心的室内设计作品（如图1-18所示）。

图1-17　具有艺术气息的室内电脑表现图　　　　　　　　图1-18　点、线、面在室内空间中的有机结合

1.2.2　室内设计中氛围的营造——照明

　　物体和空间的定义与特性在某种程度上是由光源的种类决定的，因为现实生活中，人类绝大部分的物体感知能力都是建立在视觉基础之上的，而正是光线使得存在于黑暗中的一切事物显现出来。

　　可见，照明是室内设计中较为关键的基本要素，出色的灯光可以为整体室内设计方案增添烘托力度；同样，渲染得当的光线也会使整体电脑效果图画面更具层次感（如图1-19所示）。而没有经过深思熟虑的灯光则会将图面显得更加苍白无味、缺乏灵气，可见照明是室内效果图作品的灵魂与思想，更是室内设计中氛围的营造法宝。

　　杰出的室内设计师应拥有一双摄影专家的慧眼，对光线要保持高度的敏感性，这也正是在制作室内效果图中难以把握的。

图1-19　层次分明的室内光照

1. 自然光

众所周知，阳光是自然光最主要的来源，它象征着苏醒和温暖，较某些公共空间设计而言，在多数住宅空间的设计中，自然光的应用更为广泛（如图1-20所示）。在制作自然光的室内效果图时，更多地应该考虑到窗口范围与整体空间的比例关系，及不同光照的入射角度。

比较面向明亮日光的小窗口，往往大面积的窗口更容易提供充足但又不会对眼睛带来刺激的光线。但同时也要注意由于强烈光线的照射而产生的刺目阴影，过于浓重的阴影同样会使画面细部变得模糊不清，所以在多数情况下，设计师会在图面中过于黑暗的角落里安置几盏辅助光源以平衡整体室内光线（如图1-21所示）。

图1-20　家居环境中适宜的自然光照

图1-21　辅助光线平衡的自然光照

总之，设计师的任务不是取得室内空间中自然光线的最大效果，而是对其进行修正、调节或控制，以发挥其自然光能在室内空间中适宜的功效。

2. 人工照明

人工照明的能量无外乎来自于电能，设计良好的人工照明不仅可以在自然光线不能满足室内照明的情况下，科学地发挥其光照效应，而且还能兼具使空间扩大或缩小、使使用者达到愉悦、身心之神奇的功效，这一点在一些娱乐空间或商业展示空间等公共场所表现得尤为突出。

舞台灯光始终都是烘托整体娱乐空间氛围的关键因素（如图1-22所示）。同样用于展示空间中的聚光灯也是该空间中不可或缺的点睛之笔，局部光照可以凸显展品，进而吸引人们的注意力（如图1-23所示）。

图1-22　舞厅空间的人工光照　　　　　　　　　图1-23　展示空间的人工光照

在制作室内效果图的过程中，多数人工照明会更为突出装饰用灯，可适当地简化室内整体一般照明，其目的同样是为了更好地强调重点照明的特殊效果，进一步加强营造整体场景的氛围。

3. 环境照明的特效

当室内效果图的制作经验掌握到一定程度之时，便会发现三维作品制作的终极难点不是模型的制作，而是材质与光效的协调处理。尤其在作品整体氛围的营造上，其特殊光效的把握尤为显著，只是简单的几盏光照通过一定的技巧处理，便会使整体画面给人以耳目一新之感（如图1-24所示）。

1.2.3　室内设计中不可缺少的色彩属性——色彩三大属性

色彩在室内设计中的应用相当广泛，同时在计算机辅助室内设计效果图表现技法中，其地位也是十分重要的。与物体构成的形状相比，色彩对人们视觉反应更具敏感性，色彩的应用会直接影响到人的心理甚至生理感受。

由于人类的现实生活本身就是五颜六色的世界，那么设计师对未知环境的构思更应该是色彩斑斓的设想。如果色彩运用得当，不仅可以对室内整体艺术环境的定位起到积极作用，而且还能够调节空间气氛，改善整体视觉效果（如图1-25所示）。

图1-24　光效烘托下的室内空间　　　　　　　　　图1-25　色彩缤纷的室内空间

其中，将色彩的现象及观察结果归纳为一个系统的理论体系——色彩3大属性，是研究色彩与室内空间设计两者关系的重要决策。色彩的3大属性，即色相、明度、纯度。

1. 色相属性在室内空间中的作用

色相，即为色彩的相貌，也可以认为是色彩的名称。其中，红、绿、黄3种颜色为三原色，几乎所有运用于设计表现中的色彩都能够通过这3种颜色混合出来，而其自身是无法使用其他颜色混合的（如图1-26所示）。

色相通过混合可以产生一种和谐或对比的效果，倘若在室内空间中只用一种色相，则会产生一种过于统一甚至单调的效果。此时，优秀的设计师多会选择类似色并列设置的方法，进而营造出一种和谐的并列效果（如图1-27所示）。

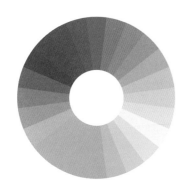

图1-26　色相环

图1-27　色相统一的室内空间

现如今，物理学家、心理学家分别基于对光线、情感的不同认识基础，已将色彩的色相归纳为各具特色的理论体系。在此，室内设计师无论在进行设计创意还是在绘制效果图时，都应在充分考虑各种色相和谐关系的基础上，将灯光与情感因素涉及考虑对象的范畴之中。

其中，较为重点的就是不能忽视光色的结合运用。因为众所周知，有光才有色，没有了光，色也便无从谈起。在同一室内空间中，某一物体呈现出来的颜色不是一种因素所促成的，它是物体的本身固有色、光源色与环境色相互协调的组成效果；同样在一张室内效果图中，其物体间的色相关系也应是亲密无间的。

在图面中为了迎合于水面（如图1-28所示），在许多装饰造型的细节处也都相应采用了湖蓝色的基调，同时通过3D溢色技术的处理，进而将室内空间中固有色为白色的顶面，渲染成与湖蓝色的环境色及偏蓝色室外光源色综合处理过的协调效果。

此外，再巧妙地结合偏暖黄色的装饰点缀，一幅冷暖关系搭配适中的艺术效果图便浮现眼前。其中，影响3D溢色技术的处理中的特殊材质非常重要，尤其是水面、玻璃、陶瓷、金属等反射强烈的材质的表现比较突出（如图1-29所示）。

图1-28　溢色效果凸现三维立体空间关系　　　　图1-29　反射材质直接影响的溢色效果空间

　　可见，即使室内效果图是模拟立体空间的平面作品，但其毕竟是三维软件的杰作，其内在的本质是凸现立体的效果，同时结合艺术色彩的烘托。

　　另外，被赋予了人性情感特性的色相，在某种程度上还可肩负起改善物理环境的重任。例如：在较冷的地区尤其在小居室空间设计中，室内色相应以暖色为宜，红色、橙色和暖黄色会给人以活力和温暖之感。但要注意其中运用色彩的细节之处，要因色而异，因物而异。

　　由于暖红色又叫做前进色，因为它们看起来更容易使人产生亲近感。若将此种色系运用到家具上，不仅会使家具更具特色，重要的是可以提高整体居室空间的视觉空间感；相反，要是将墙面涂刷成暖红色，墙似乎会显得距离视线过近，会立刻减小室内的整体视觉空间（如图1-30所示）。

　　反而言之，蓝绿色、紫色等冷色系会给人以凉爽、平静的感觉，将此种后退色运用到装饰物上，则会缩小物体的重量感。倘若把墙面涂刷为墙色，也会扩大室内的整体视觉空间。

　　可见，不同色相的使用面积会决定其效果，家具等实体装饰物是单独色彩区域，而墙、顶、地则应是围绕型色彩区域，在选色搭配上应该小心慎用。

2. 明度属性在室内空间中的作用

　　明度，即为色彩的明暗程度，也称为深浅度、光度。或许在无色彩中，明度关系更容易被理解，它显示了纯白（满光）和纯黑（无光）之间的色彩敏感程度，但这并不意味着不同色相的色彩之间就不存在明度，它是由色光反射光线的数量决定的，也就是在绘画艺术中常被提及的素描关系要领（如图1-31所示）。

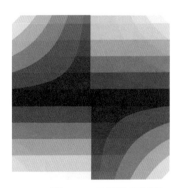

图1-30　暖色调的居室空间　　　　　　　　　　图1-31　色彩明度渐变

从纯白到纯黑的色彩之间是无数灰色的明度等级，此时即使尚不考虑不同色相的影响，在任意室内空间中色彩的明度特征也是十分微妙的。倘若在一个室内空间中所有的装饰项目几乎全部选用由明色或暗色处理，往往这样的空间不是显得过于明亮、严肃，就是给人以昏暗、压抑甚至阴森恐怖之感。

室内空间中明度的强烈对比会带来强烈而刺激的效果，可以使家具的形状更为凸现，而这种刺激效果是其他色彩各种对比形式所无法比拟的。所以，在强调对比时，一定要谨慎使用，多数对比是要在其中添加适当的中间色调，以避免刺目，使用自然过渡（如图1-32所示）。大面积白色的窗体与黑色的座椅形成了鲜明的对比，设计师鉴于画面的协调关系，便将地面、墙壁与装饰家居组构成不同的中间明度，进而绘制出融合整体图面明度关系的娴熟处理杰作。

在设计选色时，由于明色反射光线更强，似乎可以起到扩大视觉空间的作用，所以多数设计师会将明色应用于较小的室内空间中，比如：房高尺寸紧张的空间，切勿使用吸收光线效果较差的暗色，否则会无形中产生更为低矮的视觉效果。如果必须使用，可将其造型改为以线条为主的格栅造型，以忽视其过大面型对视觉的冲击力（如图1-33所示）。

图1-32　明度对比协调的办公空间

图1-33　顶部暗色格栅线条造型的公共空间

3. 纯度属性在室内空间中的作用

纯度，即为色彩的纯洁程度，它是表示颜色中所含某一色彩的成分比例，也可称为饱和度。凡有纯度的色彩必有相应的色相感，色相感越明确、越纯净，其色彩的纯度就越高，反之则越低。

纯度可以分为多个或几个等级，100%的纯度只有在色彩具有标准明度时才能达到，通常被称为高纯度或强纯度；而那些纯度偏于中性的则理所当然被称为低纯度或弱纯度（如图1-34所示）。

在绘制室内效果图时，设计师往往会直接借鉴大自然中的色彩组成规律，即大面积采用低纯度色，其中穿插少量活泼生动的高纯度色。因为大面积非100%纯度的色彩在影响人们视觉效应上会显得更为舒适，而过度地使用鲜艳色彩易使人引起视觉疲劳甚至头晕目眩。

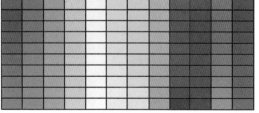
图1-34　色彩纯度渐变

这一点在庄重的办公空间设计中的表现尤为突出（如图1-35所示），而在绘制现代休闲空间效果图时可放松考虑（如图1-36所示），但即便如此也要适度为宜。

图1-35　低纯度色调的公共办公空间　　　　　　　图1-36　高纯度色调的现代休闲空间

　　色彩是室内效果图中最为突出也最受主观思维影响的因素了，从它对人的吸引力以及人们的反应来看，色彩无疑是室内设计中最为瞩目的一个组成部分。

　　总之，室内设计师要对复杂的色彩属性有一个深入的理解。

　　首先要明确色彩的色相、明度、纯度3大属性是不可分割的，改变色彩的任意一个属性，其他两个属性都会随之改变。

　　其次，采用不同的色彩处理方式，房间的大小、形式乃至整体效果图面的效果都会随之改变。

　　所以无论是在室内设计的开始，还是在着手绘图的开端，空间整体色彩的搭配都应和其他设计元素同时考虑。设计师只有把色彩艺术与科学原理有机结合起来，才能创作出赋予灵感色彩的室内设计作品（如图1-37所示）。

图1-37　光色迷幻的灵感空间

　　作为一名优秀的室内设计师，除了要对以上这些基础设计原理熟练掌握以外，更为重要的是在设计过程中要必须恪守其设计原则。

1.3 家居空间设计原则

人们在探索并创作新事物的过程中，总是可以从自然界与艺术之中摸索到其中蕴含的某些规律性原理，通过反复地实践，继而归纳总结成相应的原则，对于室内设计来讲，同样也不例外。这些相应的设计原则是根据不同空间的特殊要求量身定制而成的，在设计师设计构思的过程中起着指导性的作用。常言道："无规矩不成方圆。"想必其中的道理正在于此。

随着社会的进步，在当今人们的生活环境中，"家"扮演的角色日渐重要，家已经不仅是提供人们栖息的场所，更是代表主人个人生活品味的象征。对于每个人来讲，家是最能够令人放松的私人空间。所以在家居空间的设计中，"功能"二字会显得格外重要。

1.3.1 起居室的设计

起居室，在某种意义上又可称为客厅。它是供家人团聚活动和对外会客娱乐的场所，有时兼有学习、工作、用餐功能，甚至在较大的起居空间中局部还会设置兼具坐卧功能的家具等。

因此，起居室是一个家庭中使用功能最为集中、使用效率最高的核心空间，该空间的设计原则应首先服从于空间中真正的使用功能，根据功能而定位，进而体现主人的品味与身份。

设计师通过创意造型和灯光烘托，进一步绘制出一幅真正符合主人审美感的起居画面（如图1-38所示）。

图1-38 功能完备的起居室

1.3.2 卧室的设计

卧室空间是人们经过一天紧张工作后的最佳休息和独处的自由生活空间，它应具有安静、温馨、私密的特征。就该空间中的功能分配而言，满足人们睡眠需求的功能与其他众多辅助功能相比，是不可相提并论的。

因此，在卧室空间除了必要的家具以外，应尽可能简洁。设计师在选材搭配上，仍要确保私密与舒适为前提，所绘制的效果图面应尽量保持暖色系为基调，以便营造出利于主人安睡的卧室空间（如图1-39所示）。

图1-39　安逸舒适的卧室

1.3.3　儿童房的设计

儿童房有别于成年人的卧室空间，它可以被规划为多功能室，其功能相对更为完整，富于多样性。因为在普通家庭中，除了儿童房以外，很难再有其他空间提供给儿童游戏、储物和学习。功能相对较多，室内空间中的家具也更为琐碎，那么便要求室内设计师对其内部布局安排的标准要更为严谨，任何装饰设计的创意都是在确保儿童安全的前提上发挥的。

同时，为了激发孩子丰富的想象力，在对其装饰材料的用色选择上，可以选用更为大胆的色彩，可适当采用对比强烈的高纯度色来调节空间气氛，所绘制的图面也就必然会更加活泼、自然（如图1-40所示）。

1.3.4　老人房的设计

老人房的设计更是要以注重实用功能为前提，居室布置格局应以老年人的身体条件为依据。家具选择也同样要以满足其行动方便的产品为优先，装饰物品宜少不宜杂，应遵循实用与美观相结合的原则。

同时，设计师所绘制效果图面的色彩也要与其内部家具的颜色相呼应，尽量选用低纯度的颜色，以保持凝重暗淡的风格，再配合不同层次的灯光，从而使老年人的视线转换更为平和，力求达到整体、统一的艺术效果（如图1-41所示）。

图1-40　色调明快的儿童房

图1-41　色调沉稳的老人房

1.3.5　书房的设计

书房作为家庭办公空间，其功能已经由早期仅提供给人们学习阅读、工作思考的空间，转化为集学习工作、个人会客为一体的私密空间。因此，设计师在设计构思时，更应该注意该空间的用料选材，要确保在空间静谧隔音的前提下科学采光，以满足主人的多方面要求。

同时，对于设计师来讲，该空间更高的设计要求便是在满足基本功能的前提下，将主人个性特征巧妙地融入办公环境中。继而所绘制出的效果图面，其清净优雅的氛围恰似艺术画面般令人陶醉，能够使人产生轻松自如的遐想意境（如图1-42所示）。

1.3.6　餐厅的设计

餐厅空间的设计功能布局无非要便于家人就餐，但真正能够引发人们食欲的就餐环境，其气氛的营造的确不应忽视。

在表达该空间的效果图时，首先，无论室内的灯光还是整体装饰的色彩都要以温馨和谐的暖色调为宜，进而有利于菜肴色彩的衬托。

同时，由于多数餐厅与客厅相邻或贯通，所以在风格定位上尽量要与客厅保持一致。再有，便是酒柜、备餐台等家具是餐厅中必不可少的组成元素，它不仅具有实用性，更重要的是其不可替代的装饰意味。民以食为天，餐厅空间的设计构思也自然应区别对待（如图1-43所示）。

图1-42　清新优雅的书房

图1-43　惬意温馨的餐厅

1.3.7　厨房的设计

在居室的装饰过程中，厨房的设计技术含量可谓在众多空间中位居榜首，其可操作性功能设计的运用，源自人体工程学原理的合理布局。

厨房空间的整体布局形式结合居室空间的内在结构可分为：开放式与封闭式。开放式可以大大地扩充房间视觉范围，但对于烹调油烟所造成的污染难题，的确会引发众多家庭主妇的不满，所以鉴于我国饮食的烹调习惯，建议在选用开放式厨房时，一定要三思而行。

但是即使选择了封闭式空间的处理方法，其内部的布局也会根据不同的使用功能给予特殊划分，可分为一字形（如图1-44所示）、L形、U形、走廊型、变化型（如图1-45所示）等多种形式。

图1-44　一字形橱柜组合厨房　　　　　　　　　图1-45　变化形橱柜组合厨房

　　但无论其形式如何多变，但万变不离其宗，根据主人不同的操作习惯，科学合理地配比划分才是重中之重。在绘制厨房的效果图时，同样要注意把握橱柜模型的标准尺寸，在一些细节处可适当运用小装饰物加以配合点缀，以增加整体画面的表现情趣。

1.3.8　卫生间的设计

　　现代家居空间中的卫生间，已经不只单纯停留在满足人们日常洗漱等要求的层面上了，其功能的多样性正在促使该空间向舒适、豪华等多元化方向发展。甚至，有时可以从其内部装饰水平的高低隐约衡量到整体居室装饰定位的走向。

　　优秀的设计师在对任意一间卫生间设计时，无论其空间的大小，首先考虑的都应是尽量做到干湿分区，力求达到便溺、洗漱、沐浴、洗衣、化妆互不干扰。在制作卫生间效果图的过程中，洁具的模型尽量选用与整体空间氛围相协调的造型，同时其色彩的应用更要把握与背景墙面对比呼应的原则，当放置于整体浅色的空间中，可适当选用彩色的卫生洁具，以增加图面整体的立体感（如图1-46所示）。

图1-46　功能分区明确的卫生间

1.4 公共空间设计原则

公共空间是指建筑实体中存在的开放空间体，是提供给大众进行公共交往，举行各种活动的开放性场所，是满足于人们精神生活的重要基地，其目的是服务于广大公众，同时它对国家整体建设也起着至关重要的作用。其中公共空间几乎涉及社会生活的方方面面，诸如办公、商业、娱乐、餐饮、宾馆、医疗、学校、展馆等一系列城市服务相关的场所。

这些公共空间的设计各具特殊性，这一点是毋庸置疑的，但所有空间的共性之处在于其"公共"二字。为此，便要求室内设计师在把握各空间个性功能的前提下，重点理解"公共"的含义。不难看出，其中的规律就是所有空间都是被包含在公共空间这一实体之下的。故此，"以人为本"，以满足广大民众之需便是公共空间设计的关键原则。

即便每个公共空间从其内部布局到其相关设施，其要求各不相同，但设计师在对公共空间进行设计时，遵循"以人为本"的设计原则，可从如下几方面着手设计。

1.4.1 主体定位风格

无论任何公共空间的主体使用空间都是主宰建筑使用性质的关键区域，现如今的多数建筑就其内部使用性质划分来讲，都是综合性的建筑实体。其中，包括一般的工作用地及群众集会用地。前者如办公空间中的私人办公室（如图1-47所示）、医院中的诊室、病房、学校中的教室及宾馆中的客房等；后者则指相对前者人流量较大的区域，如医院、学校、宾馆的中庭共享（如图1-48所示）以及公共餐厅、文娱活动场所和集中办公区域（如图1-49所示）。

图1-47　私密安静的私人办公空间

图1-48　和谐大方的共享空间

图1-49　井然有序的公共办公空间

这些空间都是公共场所的设计主体，其风格定位要遵循"以人为本"的设计原则，同时根据其特有的使用性质区别设定。多数公共空间在制作电脑效果图时，要仔细选择观看视口，通过和谐的色调，统一的材质，进而加强其空间的整体性。在整体的格调下，每个空间协调运作，才能产生统一的美感。

1.4.2 附属设施完善

相关附属设施是指为保证正常使用目的而需要配备的附属设备用房。例如：公共场所的售票房、卫生间，工作人员的休息间、管理间、操作间、配电间、储藏间、消防控制中心等。在设计时，这些相关设施同样也不能忽视，要根据主体空间的比例关系尽量做到完备，该空间其功能的可操作性更是要遵循"以人为本"的设计原则，力求做到动静分区、各司其职（如图1-50所示）。

图1-50　设施完善的卫生间

1.4.3 交通流线顺畅

公共空间中的交通流线是指为联系上述各个空间及供人流、物流的疏导空间，主要包括门厅、大堂、走廊（如图1-51所示）及楼梯间、电梯间（如图1-52所示）等。它是衡量设计的等级标准之一。其路线设定得是否合理会直接影响整体公共空间的运营状态。

图1-51　连接主体的走廊

图1-52　方便快捷的电梯间

近几年，国内的设计师受到西方国家设计师的影响，如：在一些公共空间的入口及安全通道处，都会加设残疾人绿色通道；或者在大堂旋转门的两侧要配有平开门并要妥善处理其开启方向及通行尺度等这些"以人为本"的设计方案，这些都是确保交通流线顺畅的基本表现。

根据标准尺寸推算后的流线通道，往往在图面表达上会显得空间过于拥挤，此时设计师可以在绘制效果图时可以巧妙地运用一些具有反射、折射功能的材质，如不锈钢、玻璃等，从而解决了空间尺度的难题，又不乏为整体空间增添一份时代气息（如图1-53所示）。

图1-53　拓展空间的玻璃楼梯

综上所述，设计师无论在设计家居空间，还是在创意公共空间，遵循"以人为本"的设计原则是作品成功的关键。同时，充分挖掘不同空间的内部结构，恪守人体工程学原理，结合相应的设计风格，进而确定出创作方案。

1.5　风格迥异的室内设计

当今人类从祖先的手中继承了无数珍贵的文化遗产，其中通过前人创造构思逐渐演变而成的建筑室内设计形式，这便是不可忽视的一大瑰宝。它是根据不同时代的人文思潮和地域的自然特点所形成的艺术理论，其中蕴含不同的历史文化，这些多元化特征的艺术形式通过重组，继而形成风格迥异的室内设计。

1.5.1　中式韵味的室内设计

中国历史渊远流长，传统文化与民族气质博大精深，中国人将其独到的儒家理念与传统的造园方式相结合，形成了一种清幽博雅的中式室内设计风格。

传统的中式室内空间在其内部结构上，全部使用木质榫卯构架，如今随着科技的发展，现代居室的构造条件已经得到了全新的改善。

在中式韵味的室内空间中，多数设计师都会保留一些如漏窗、花罩、屏风、隔扇、条案、太师椅等装饰元素；但也不乏在一些大场景公共空间里，部分设计师会仿制古典斗拱、檐柱、梁枋的外形，将室内空间装饰氛围的气势营造得更为宏大。在制作效果图时，也可以尽量选用一些透视的表现手法，进一步突出了中国古典造景设计中的对称、均衡的艺术手段（如图1-54所示）。

同时，在选择用色上往往中式传统的家具其颜色偏重，虽便于烘托出稳重的效果，但若将其全盘用于现代室内环境中，或许会容易将整体空间陷于沉闷、阴暗的境地，所以建议设计师在勾画效果图时，可适当使用一些淡色的软装饰物来调和图面效果，以使空间达到安宁、和谐、清雅的意境（如图1-55所示）。

图1-54　均衡对称的中式室内设计　　　　　　　　图1-55　颇富儒雅的中式室内设计

1.5.2　经典欧式的室内设计

欧式风格是泛指19世纪以前西方古典的设计风格，包括希腊罗马时期、文艺复兴时期、洛可可乃至新古典主义时期的室内装饰风格。

欧式古典风格拥有厚重的西方文化底蕴，在豪华中不显奢侈，繁复中彰显典雅，追求的是格调和意味的统一，即能与现代家居风格完美融合，又能满足于使用者实用之需。在其内部的表现手法上，设计师往往多采用欧式流派家具作为体现风格的典型元素，同时结合相应的风格，在适当的位置可添置具有代表意义的柱式，多以多立克、爱奥尼克柱式为主。

但这并不代表建议设计师要全部照抄古典主义，遵循"弃其糟粕，取其精华"的设计原则，在绘制效果图时可适当从中摒弃一些过于繁复的装饰线条，其把握的准则以满足现代人真正的审美之需为前提，科学地组织画面（如图1-56所示）。

图1-56　雍容华贵的欧式室内设计

1.5.3 现代简约的室内设计

如今，现代简约主义的室内设计可谓是众多设计风格中被关注度最高的设计形式。它主张要将设计简化到其本质的根源之处，摒弃过多的"浮华"而大行其道，但这并非机械的减少或否定，其设计的重点是结构的简洁化、现代化与人性化的和谐并存。简约并不等于简单，简约是一种品位，是设计师经过深思熟虑后精炼创意的延展，绝不是简单的"堆砌"与平淡的"摆放"。

在绘制效果图过程中，由于该风格较多采用简易的直线条作为装饰，其软件中的设计元素在此也显得更易发挥，为了打破单调、生硬的线条造型，可在一些细节的装饰上下工夫（如图1-57所示）。

同时，多数设计师会在此选用更为大胆的时尚色彩的新型材料，从而衬托出现代简约室内设计的前卫新潮（如图1-58所示）。

图1-57　线条简洁的现代家居

图1-58　时尚前卫的现代室内设计

1.5.4 异域风情的室内设计

其实不管是何种室内风格，只要适宜于建筑的本体，能够满足于使用者自身的审美情趣，那都是优秀的设计创意。但往往人们会对自己身边熟悉的事物产生倦怠，而对于远在他乡的异域风情却是兴趣盎然。

异域风情的室内设计一直在众人心中被蒙着一层神秘的面纱，古老遥远的埃及风格，宁静深邃的印度风格，浪漫画意的地中海风格，欢快纯朴的田园风格，回归天然的日式风格，香艳婉约的东南亚风格，这些都是时下追求时尚人士所热捧的新宠。对于久居闹市，习惯了喧嚣的现代都市人而言，异域风情能给大众以返璞归真的感受，同时体现出随着生活水平的递升，现代人对于更高生活质量的期盼。

优秀的设计师在处理该风格的空间时，多数重点从细节装饰和整体用色着手设计。以地中海风格为例（如图1-59所示），在图中整体的用色以西班牙特有的蔚蓝海岸与白色沙滩，以及明媚的阳光为主调——蓝、白、黄相间组合，同时在柱体造型上并无过多复杂的线条，而是在细节处巧妙地运用拼贴的马赛克模拟彩贝的方法加以装饰，再加上搭配小鹅卵石砌成地面，一切将地中海式"悠闲自由"的生活韵味发挥到了极致。

图1-59　悠闲自由的地中海风格室内设计

　　无论哪种流派的室内设计风格，它们都是特定时期历史文化沉淀的产物，其中蕴含着一个时代人们对室内空间的使用要求与品味。各个时期室内设计风格与流派中精华的部分，都是如今现代室内设计可以借鉴的宝贵精神遗产，将其合理地应用，会使当代室内环境更加丰富多彩。

　　同时，设计师通过对各种室内设计风格的学习，还能为其今后的设计生涯带来十分有益的影响。

1.6 室内设计师三维创意的逼真预览

　　对于从事室内设计的设计师来讲，只单纯地掌握计算机设计软件绝对是行不通的，但不能熟练地操作软件也是不行的。室内设计师运用设计软件来表现设计空间的逼真模拟预览效果，这是在展示其设计构思的同时，更好地与客户交流的一种方式。所以对于设计师而言，无论在整体业务洽谈中，还是最终的建造施工的现场，效果图的表现都是至关重要的保障依据。

1.6.1　设计软件在室内设计中的地位

　　目前市面上使用电脑制作建筑效果图的软件数不胜数，其中有涵盖建模、材质、灯光、动画等强大功能的综合软件，也有小巧实用、功能较为单一的小型软件。在众多的制作软件中，实属3ds Max、VRay和Photoshop成为设计师的新宠，建议每位设计师都要将其熟练掌握。

1. 3ds Max

　　3D Studio Max，常被简称为3ds Max或MAX，是Autodesk公司开发的基于PC系统下的三维动画渲染和制作软件，其在当前世界上的销售量堪称众多三维软件之首。现已被广泛应用于艺术设计、工业设计、建筑设计、影视广告、多媒体制作、辅助教学、游戏娱乐以及工程可视化等多个领域。

　　由于其功能强大，扩展性较好等多方面的优势，早先室内设计师会单一使用此软件进行电脑效果图的完整绘制（如图1-60所示），但随着技术的更新，与其他相关软件的配合愈加密切，所以如今多数室内设计师会选择在3ds Max中科学快速地建造模型，而配合更为便捷的相关软件完成效果图的最终渲染。

2. VRay

　　VRay是由保加利亚的Chaos Group开发的一款高质量的渲染软件，目前该软件可以称为业界最受欢迎的一个渲染引擎，基于V-Ray 内核开发的有VRay for 3ds Max、Sketchup、Maya、Rhino等诸多版本。

　　作为室内设计师而言，只要熟练掌握VRay for 3ds Max的使用方法，便可轻而易举地将室内效果图转化为如同照片般的艺术作品（如图1-61所示）。VRay的开发显然将3ds Max渲染水平提高到一个崭新的平台，其真实性和可操作性能够让用户为之震撼，极快的渲染速度可以将模拟材质与灯光的技术呈现出前所未有的真实场景。

图1-60　单纯使用3ds Max渲染的室内场景

图1-61　使用3ds Max配合VRay渲染的室内小场景

3. Photoshop

　　Photoshop可以说是图像处理软件中的龙头，早在1990年，Adobe公司已经将Photoshop软件正式发行。该软件在图像色彩调整方面功能显著，被广泛用于平面设计、网页制造、彩色印刷以及多媒体制作等多个领域。

　　多数室内设计师会选用Photoshop软件进行效果图的后期处理，如在场景中适当添加人物、背景等，进而弥补三维软件在环境氛围营造等方面的不足（如图1-62所示）。

图1-62　运用Photoshop处理室内场景效果

1.6.2　制作室内效果图的工作流程

　　基于对此类设计软件的了解，同时结合优秀室内设计师的工作经验，从中总结出该图面表达的效果之所以如此成功，是与其科学严谨的制图流程密不可分的。一张杰出的室内效果图从构思到成图，基本可分为7大步骤，以下便是针对每个阶段做出的详细阐述。

1. 方案分析

　　在具体制作之前，每套方案都必须经历分析方案的过程，要在其平面、立面图纸（如图1-63所示）上将每个细节的尺寸核算准确，同时搜集相关的材质图片，进而对模型创建的顺序及方法展开初步构思，重点确凿场景中不同软件的分工任务。

2. 创建模型

　　模型的创建是制作一张完美效果图的关键，它不仅直接影响到最后造型结构的展示效果，而且其制作方法的科学性会对整体制作过程的速度起到至关重要的制约作用。

　　现如今的设计师基本都是采用3ds Max软件绘制模型，但其组建模型的方法基本分为两种：其一，是采用3ds Max直接建立模型；其二，便是采用AutoCAD软件绘制出整体空间的平面图和立体图，然后在3ds Max中将其导入，以此作为精准参考数据进而绘制三维模型。

　　两种方法各有利弊，前者更为方便快捷，但容易造成比例失调，较适用于尺度概念较为丰富的设计师；后者虽精准但程序麻烦，对于经验不是很多的初学者而言，使用此种方法更为妥善。

　　不过，无论使用哪种方法创建，面线的复杂程度与展示效果才是关键。建议读者可以根据自身水平选择更加适合自己的创建方法，以确保建立模型比例正常的同时，尽量节约面线更好地适用于后续程序的编辑与修改（如图1-64所示）。

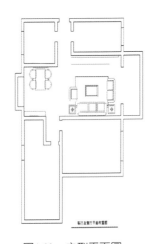

图1-63　房型平面图

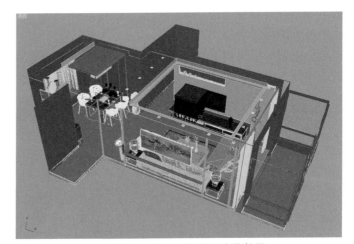

图1-64　效果图的模型建造效果

3. 创建摄像机

　　设置摄像机就是为了得到一个较为理想的观察视角，设计师会使用3ds Max软件中创建摄像机命令在计算机虚拟环境中对整体场景进行设定，该设定便是模拟现实场景中人们的观察角度。重点要确定摄像机的视角，从而突出空间的特点，其位置和方向应尽可能地保持开阔，有必要时可适当添加景深特效（如图1-65所示）。

图1-65　模型设置摄像机后的效果

4.调配材质

　　此时显示在视图中的模型虽然已经创建相对精细，但是物体没有质感体现，其显示效果就如同堆垒的积木，这样的视觉差异只有赋予材质或贴图才能够马上解决。例如地面瓷砖、墙面乳胶漆、玻璃窗折射、不锈钢反射等这些都可以通过3ds Max与VRay软件中的材质编辑功能结合模拟。但是即便如此，多数能够熟练操作软件的设计师都是将此步操作与创建模型的步骤交互进行，这样做的最大好处是：在复制某一物体时，会将其材质一起复制，对于同样的物体，对其相同的材质进行复制一遍即可，显著地提高了制图效率（如图1-66所示）。

图1-66　调配材质后的效果

5.设置灯光

　　如果能够体会到光对于现实生活中的重要作用，那么就可以很容易理解，在室内效果图中如果缺少了灯光，场景效果该是多么的灰暗。因为这里所提及的灯光不单纯针对于3ds Max灯光，只有通过VRay渲染器调试过的光感才能够与真实场景媲美。优秀的室内设计师为了能够创作出传奇的图面效果，在此环节上往往会不遗余力地将灯光参数反复调试，以烘托场景气氛（如图1-67所示）。

图1-67　设置灯光后的效果

6. 渲染与输出

就渲染而言，无论是在效果图制作过程中，还是在场景最终调整完成之后，此过程必然是不可缺少的，而且其数量应该是无法估算的。尤其对于初学者来讲，因为只有通过渲染才能预览到每个细节的制作效果。无可厚非，过程反复过多，势必会对制图效率造成影响。

所以，往往优秀的室内设计师会从中加以总结，首先要区分出过程渲染与最终渲染的不同对待模式。前者应该尽量把握以使用3ds Max软件中局部渲染方法为主体，渲染尺寸尽可能地减小，渲染精度也可适当降低，以达到能够将细部看到为止；而后者则应采取整体渲染方法，不仅渲染尺寸要适中，而且渲染精度也应随之提高，必要时应使用VRay软件提前渲染光子图片，以在提高渲染图片质量的同时加快渲染速度。

为了能够更高效地进行后期处理，所以多数设计师不仅会根据要求将效果图渲染成一张较大尺寸的平面图片（如图1-68所示），而且还会在随后增加渲染一张同等尺寸的通道图片（如图1-69所示）。

图1-68　渲染输出后的效果图片

图1-69　渲染输出的通道图片

7. 后期处理

此处所指的后期处理，是指通过使用Photoshop软件，为已经渲染出的效果图适当地添加配景或调整特殊光效，这样可以使整体图面更富有灵性，从而起到画龙点睛的奇效（如图1-70所示）。在整体室内效果图的制作过程中，这一步骤较前几个环节虽然工作量甚微，但是对设计师艺术的审美能力及想象能力要求颇高。

图1-70　后期处理后的效果

　　由此可见，利用计算机操作表现室内效果图相对于手绘创意看起来好像更为简单快捷，但是真正地将其掌控于手中并非一件轻松的事情。作为一名室内设计师，只有将这7个步骤规范使用才能够绘制出效果逼真的艺术画面，从而更好地指导设计思维，在现实生活中真正地创作出赋予美感的设计空间。

1.7 本章小结

　　本章主要讲述了室内设计及制作室内效果图相关的理论知识，其中室内设计师成功设计的宝典、不同室内空间的定位设计原则以及室内设计的风格是需要读者重点掌握的内容。希望大家能够在阅读的过程中，从宏观角度对"室内设计师"这一职业形成初步认识，进而将其贯穿于自身的设计理念中，为进一步学习下一章节奠定基础。

　　在以后的章节中，本书从3ds Max基础知识开始讲述，循序渐进，以制作室内模型实例带动命令学习为主线，最终让大家在轻松地制作模型过程中熟练掌握3ds Max命令的编辑操作。

第2章

初识室内造型巨匠——
3ds Max

DVD

超值视频教学版

贴图

DVD 03\素材与源文件\贴图\第2章
初识室内造型巨匠——3ds Max

渲染效果图

DVD 03\素材与源文件\渲染效果
图\第2章 初识室内造型巨匠——
3ds Max

源文件

DVD 03\素材与源文件\源文件\第
2章 初识室内造型巨匠——3ds
Max

3ds Max是由美国Autodesk公司开发的软件，在其界面设置上也以英文界面显示。虽然继3ds Max 7版本之后，中文版3ds Max已经问世，但是在其命令术语翻译的细节之处，中、英文两个版本还是存有一定的差距，往往令初学者感到十分困惑。由于中文版本的问世都存在一定的后置性，所以目前在一些规模较大的设计公司中，有的优秀的室内设计师还会使用英文版本。

鉴于这种状况，本书在编写的过程中会在难以理解的必要之处，使用中、英文版本对照显示的方式深化讲解，进而使读者通过学习成为独当一面的Max高手。

2.1 熟悉3ds Max界面分区

3ds Max是一款十分庞大的三维动画制作软件，其功能十分强大，命令与参数众多。但就室内设计师而言，倘若使用该软件进行室内电脑效果图制作，其中所使用的命令相对较少。

在此以3ds Max 2009为例，其工作界面可以简单划分为菜单栏、工具栏、命令面板、视图区、视图控制区、提示及状态栏、动画控制区这几大分区（如图2-1所示）。下面便对其重点部分的功能进行详细讲解。

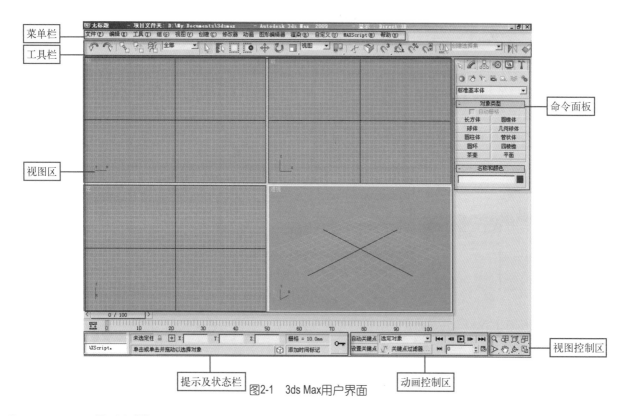

图2-1　3ds Max用户界面

2.1.1 菜单栏

3ds Max的菜单栏位于标题栏的下方，它与Windows文件菜单模式及使用方法基本类同。该区域共有14个菜单（如图2-2所示），这些菜单集中了3ds Max大部分的使用命令，为用户提供一个用于文件管理、编辑、渲染的接口。

图2-2　菜单栏的形态

2.1.2　工具栏

　　3ds Max具有功能强大的工具栏，它涵盖了3ds Max中大部分命令相应的快捷按钮，这样便免于反复查找菜单栏，提高制图效率。

　　工具栏由两部分构成：主工具栏和浮动工具栏。

　　其中主工具栏就是上述所提到的3ds Max中常用任务快捷按钮，这些工具是用于对已经创建的对象进行选择、变换、渲染等（如图2-3所示）。

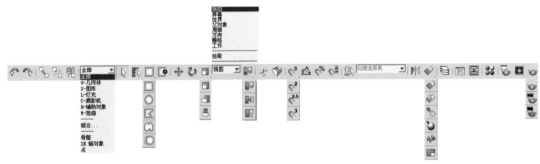

图2-3　主工具栏的形态

　　浮动工具栏是3ds Max为了方便用户编辑，所提供的隐藏工具栏，在默认状态下是不显示的，如需使用可通过"自定义"（Customize）|"显示UI"（Show UI）|"显示浮动工具栏"（Show Floating Toolbars）菜单命令，将其浮动显示（如图2-4所示）。

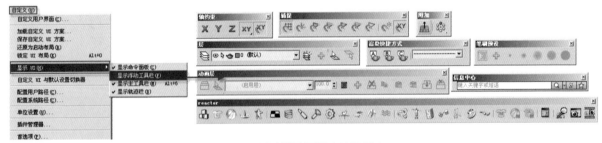

图2-4　浮动栏的调用方法及形态

　　●注意：在3ds Max中许多按钮都会在其右下方带有"◢"标记，这表示该按钮为含有多重选择按钮的复选按钮。鼠标按住此按钮不放，便会弹出按钮选择菜单，将鼠标移到所需选的按钮之上，松开鼠标便可将其选择。

　　●技巧：将鼠标移至工具按钮上方，便会出现按钮功能提示，方便用户查找。

2.1.3　命令面板

　　命令面板是位于3ds Max界面中最右侧的区域，由6个切换标签（如图2-5所示）和数个卷展栏组成。它同主工具栏一样都是3ds Max中较为频繁访问的核心区域。其中 "创建"（Create）

命令面板、"修改"（Modify）命令面板、 "显示图标"
（Display）命令面板属于需要重点掌握的面板。

图2-5 3ds Max 6个命令面板

●注意：在命令面板下的卷展栏中，带有"+"符号表示此卷展栏处于折叠状态；而相反，带有"-"符号则表示该卷展栏已被展开，单击卷展栏的标题栏可将两种状态互换。

2.1.4 视图区

视图区占据3ds Max工作界面的大部分显示空间，是供用户进行创作的主要区域。在默认状态下，3ds Max的视图区是由顶视图（top）、前视图（Front）、左视图（Left）、透视视图（Perspective）组成（如图2-6所示）。同时，每个视图窗口还可以使用每个视图的左上角的英文单词的首写字母进行切换（如表2-1所示）。

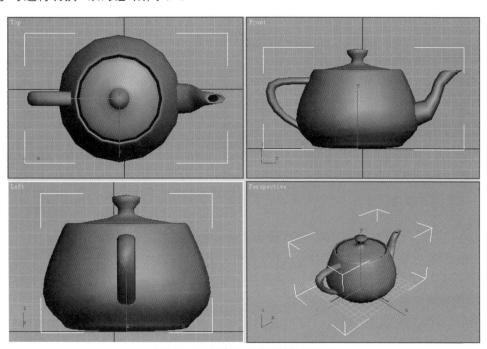

图2-6 默认4个视图显示物体的状态

表2-1 3ds Max视图切换快捷键

快 捷 键	视 图	快 捷 键	视 图
T	顶视图（Top）	B	底视图（Back）
F	前视图（Front）	U	用户视图（User）
L	左视图（Left）	C	摄像机视图（Camera）
P	透视视图（Perspective）	Shift+4	灯光视图（spot）

但在特殊条件下，用户也可根据自身要求将视图设置为其他布局方式。其更换方法为：

Step 单击"视图"（Views）|"视口配置"（Viewport Configuration）选项。

Step 在随后弹出的"视口配置"对话框中单击"布局"（Layout）选项卡，在软件所提供的多种视图布局方式中，可选择一种符合要求的选项，最后单击 确定 按钮即可（如图2-7所示）。

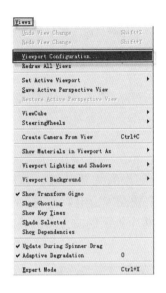  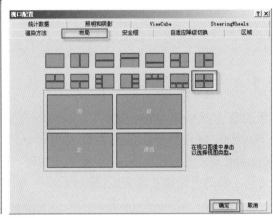

图2-7　视图布局转换

　　同时每个视图的大小还可以根据需要调整，将鼠标移动到任意视图的边界处，使光标转换为双向箭头显示，拖动鼠标，便可以实现视图的任意缩放。

　　●技巧：默认状态下3ds Max的顶、前、左这3个正交视图是采用"线框"（Wireframe）的显示模式，而透视视图则选用"光滑+高光"（Smooth+Highlights）的显示模式。其中光滑的模式显示效果固然逼真，但刷新速度也会受到相应的限制，在制作大型的效果图时，建议将4个窗口全部改为线框模式，以加快其显示速度。其方法为：在透视视图名称区域右击，在弹出的快捷菜单中选择"线框"（Wireframe）模式（如图2-8所示）。

2.1.5　视图控制区

　　在3ds Max工作界面的右下方有8个图形按钮，这便是视图控制区（如图2-9所示），这些按钮主要用于为了更为清晰地观察场景中的对象，进而调整视图显示的大小与方位。其中，有些按钮如"缩放""平移""最大化视口切换"等按钮是需要在制图过程中反复使用的，所以建议熟记常用命令按钮的快捷键，例如：使用【Shift+Z】组合键，可取消当前视图操作；使用【Shift+Y】组合键，可重做当前视图操作。其中常用按钮的详细操作如表2-2所示。

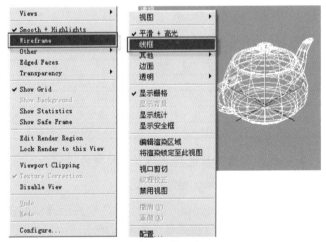

图2-8　视图显示类型

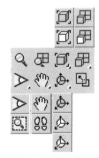

图2-9　视图控制区按钮

表2-2 视图控制区各工具按钮详解

按钮	名　　称	快捷键	功能与方法
⌕	缩放	Alt+Z	激活此按钮在任意视图中拖动，被激活的视图成缩放变化，等同于使用鼠标中键的上下滚动效果
⊞	缩放所有视图	/	激活此按钮在任意视图中拖动，视图中所有窗口都进行缩放变化
⊡	最大化显示	Alt+Ctrl+Z	激活此按钮后，所有对象以最大化的方式显示于被激活的视图窗口中
⊡	最大化显示选定对象	/	激活此按钮后，所选择的对象以最大化的方式显示于被激活的视图窗口中
⊞	所有视图最大化显示	（取消对象选择后）+ Z	激活此按钮后，将场景中所有对象以最大化方式显示于所有窗口中
⊞	所有视图最大化显示选定对象	（选择对象后）+ Z	激活此按钮后，将场景中所有被选择的对象以最大化方式显示于所有窗口中
⊠	缩放区域	Ctrl+W	此按钮仅限于正交视图，激活按钮后，在窗口中框选局部区域，便可将其放大
▷	视野调整	Ctrl+W	此按钮与缩放区域按钮类同，但只能用于透视视图或摄像机视图，在透视视图反复拖动，可以改变焦距尺寸
🖐	平移视图	Ctrl+P	激活此按钮后，可在任意在视图窗口中四处拖动，同时进行平移观察，等同于按住鼠标中键拖动鼠标
88	预排	/	此按钮仅限于透视视图及摄像机视图，在视图中拖动鼠标，可改变摄像机的目标点
⟳	弧形旋转	Ctrl+R	此按钮仅限于透视视图及用户视图，围绕视图中的景物进行视图旋转
⟳	弧形旋转选定对象	Ctrl+R	功能用法同"弧形旋转"工具，区别在于只围绕视图中的被选择的对象进行视图旋转
⟳	弧形旋转选定子对象	Ctrl+R	功能用法同"弧形旋转"工具，区别在于只围绕视图中的被选择对象的子集进行视图旋转
⊡	最小/最大化视口切换	Alt+W	选择此按钮，可将所激活的窗口切换为全屏显示

2.1.6 提示及状态栏

提示状态栏位于3ds Max工作界面底部左侧，主要用于当前所选择物体的显示状态、坐标定位等。在制图过程中，经常会使用到其较为精准的坐标输入区来定位物体的变换细节（如图2-10所示）。

图2-10 提示及状态栏的形态

2.1.7 动画控制区

动画控制区位于3ds Max工作界面底部偏右侧区域，该按钮主要用于动画时间的相关控制（如图2-11所示）。

图2-11　动画控制区各按钮的形态

　　通过对3ds Max工作界面的讲述，使得刚刚开启室内设计大门的初学者对3ds Max软件有了初步的认识。但是距离真正绘制一张杰出的室内电脑效果图还有很大的差距，此时忌埋头死学，当务之急应突破点滴技巧进而掌握3ds Max基本操作才是重中之重。

2.2　突破点滴技巧掌控3ds Max基本操作

　　在创建模型的过程中，优秀的设计师经常会借助一些快捷的工具来提高工作效率与质量，比如单位设置、对齐、捕捉、隐藏等，这些工具并不是直接创建物体模型的直观命令，所以常常被人忽视，但是它是培养良好制图习惯的根源，本节将重点讲解这些命令的用法。

2.2.1　建模单位的设置

位置：DVD 01\Video\02\2.2.1建模单位的设置.avi　　|AVI| 时长：1:11　大小：3.58MB

　　3ds Max中建模单位设置对于整体的制图过程至关重要，这是在建造任何模型时场景设置中的第一步，忽视此项不仅直接影响到模型比例，重要的是对后期VRay渲染造成更大的阻碍。建模单位的设置方法如下：

Step　单击菜单栏中的"自定义"（Customize）|"单位设置"（Units Setup）命令，此时将弹出"单位设置"对话框。

Step　在"单位设置"对话框中单击"公制"（Metric）单选按钮，在下面的下拉列表框中选择"毫米"（Millimeters）选项，再单击最上方的"系统单位设置"（System Unit Setup）按钮（如图2-12所示）。

Step　此时将会弹出"系统单位设置"（System Unit Setup）对话框，在其"系统单位比例"（System Unit Scale）选项下方的下拉列表中选择"毫米"（Millimeters）选项，单击 确定 按钮（如图2-13所示）。

图2-12　"单位设置"对话框

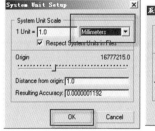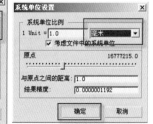

图2-13　"系统单位设置"对话框

Step　最后再返回"单位设置"对话框中，单击 确定 按钮以结束3ds Max单位设置。

　　●技巧：倘若根据个人习惯也可将单位设置为"厘米"、"米"，可以在建模过程中减少"0"的输入次数，但一般建筑室内工程计算都以"毫米"为标准单位，若采用其他单位应精确换算。

2.2.2 快捷键的设置

位置：DVD 01\Video\02\2.2.2快捷键的设置　　　AVI 时长：4:02　大小：13.8MB

一些高手设计师在制作室内效果图时，几乎不用工具栏和菜单栏操控，熟练地驾驭在3ds Max专业模式平台上，他们热衷于快捷键操作，如同前边所讲的使用键盘按键进行视图切换一样，快捷键可以为设计师在制图过程中提供一种更为高效的工作方法。可根据个人制图习惯对3ds Max中默认的快捷键进行添加、修改，进而使操作变得更加人性化。快捷键的设置方法如下：

Step 01 单击菜单栏中的"自定义"（Customize）|"自定义用户界面"（Customize User Interface）命令，此时将弹出"自定义用户界面"对话框（如图2-14所示）。

图2-14　通过自定义菜单查找自定义用户界面

Step 02 在"自定义用户界面"对话框中单击"键盘"（Keyboard）选项卡，在其下方的列表中选择"镜像"（Mirror）命令，同时在右侧的"热键"（Hotkey）文本框中输入【Alt+M】键，单击 指定 (Assign)按钮，以完成对"镜像"命令的快捷键设置（如图2-15所示）。

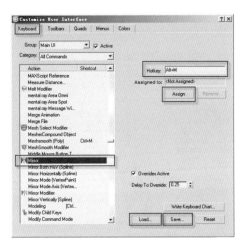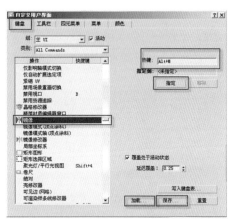

图2-15　"自定义用户界面"对话框

Step 03 最后单击 保存... （Save）按钮，将所有设置的快捷键保存起来，其扩展名为*.kbd。

●技巧：只要将保存好的*.kbd快捷文件复制到任何一台计算机中，然后单击"自定义用户界面"对话框中的 加载... （Load）按钮将其载入，便可随时享用。

2.2.3 自动备份功能优化

位置：DVD 01\Video\02\2.2.3自动备份功能优化　　　AVI 时长：2:22　大小：7.09MB

在使用3ds Max软件制作室内效果图的过程中，一些初学者由于对软件掌握尚不熟练，错误命令过多便会引起死机，甚至导致文件受损，鉴于这种问题只有科学合理地备份文件才能一解燃眉之急。

在默认情况下，3ds Max的系统自动备份功能为每隔5mm备份1次，总共备份3个文件，依次更

37

新。建议在确保系统运行稳定的情况下，根据场景文件的规模可适当调整，应将复杂场景的备份时间适当延长，以提高其制作效率。具体操作方法如下：

Step 01 单击菜单栏中"自定义"（Customize）|"首选项"（Preferences）命令，随后弹出"首选项设置"对话框（如图2-16所示）。

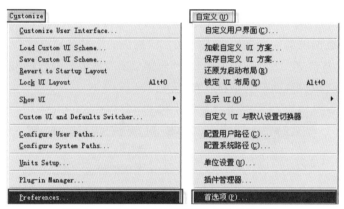

图2-16　通过自定义菜单调整自动备份功能

Step 02 在"首选项设置"对话框中单击"文件"（Files）选项卡，将"自动备份文件的数量"（Number of Autobak files）选项值改为5，"备份间隔（分钟）"【Backup Interval（minutes）】选项的数值设置为10，最后单击 确定 按钮以结束优化自动备份功能（如图2-17所示）。

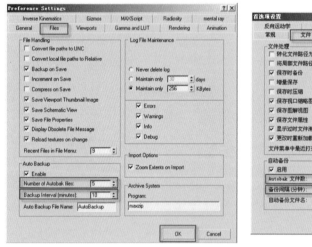
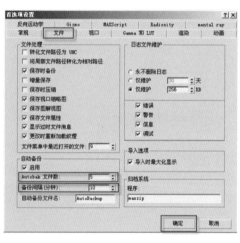

图2-17　"首选项设置"对话框

所备份的文件会自动存储于3ds Max安装目录下的Autoback文件夹中，其文件名会以默认的AutoBakup01.max、AutoBakup02.max、AutoBakup03.max命名，修改时间最晚的文件则为最新的备份文件，以方便查找。

2.2.4　对象的选择

对象选择可以算是3ds Max中最为基本的建模辅助命令，因为对场景中的物体无论做任何命令操作，都离不开要先将该物体进行选择，在3ds Max众多选择方法中，针对不同的情况以何种方式进行选择最为适用，才是本节讲述的重点（如表2-3所示）。

表2-3　工具栏中重点选择按钮详解

选择图标	选择名称	适用情况	功 能 与 方 法
⌖	单击 点选	适用于在简单场景中选择数目较少的对象	该方式较为便捷，在视图区使用鼠标单击需要选择的对象，便可完成选择命令，可按下【Ctrl】键选择多个对象
⌖	按名称 选择	适用于较为复杂的场景	该方式相对更为精准，通过对象名称进行选择，但要求对象名称必须具有单一性
⊹ ↻ ▫	选择并移动 选择并旋转 选择并缩放	适用于在简单场景中快速选择数目较少的对象	此方式是最为方便的一种选择，可以在选择的同时对所选中的对象施加移动、旋转、缩放的命令
▫ ○ ▱ ▱ ▱	区域选择	适用于较为复杂的场景	在不同的方式下，可以通过鼠标拖拽出不同的框选区域，故而可以非常方便地将对象从众多交错的物体中选取出来
⊙ ⊙	窗口/交叉范围选择	适用于在一般场景中选择数目较多的对象	两种方式为切换选择方式，通过鼠标拖拽出框选区域，根据对象处于选框窗口之内或是与窗口交叉来判定其选择状态
All ▼　全部 ▼ All　全部 Geometry　G-几何体 Shapes　S-图形 Lights　L-灯光 Cameras　C-摄影机	通过筛选选择	适用于较为复杂的场景	当场景中的对象种类复杂多样时，可根据物体类型通过"选择过滤器"下拉列表锁定对象的选择范围，进而继续选择，以防止误选

2.2.5　变换与坐标控制

3ds Max系统默认是基于网格坐标的基础之上的，如果需要对所选择的对象进行变换或修改，如移动、旋转、缩放、阵列等操作都离不开坐标轴的指引，下面将着重介绍一下3ds Max坐标系统。

1. 熟识变换与坐标

通过使用上述工具栏中所提到的 ⊹ "选择并移动"工具、↻ "选择并旋转"工具、▫、▫、▫ "选择并缩放"工具，围绕着工具栏中的 X、Y、Z 或 XY、YZ、ZX 轴向控制按钮便可以将物体变换位置，或者也可以将鼠标移至物体相应的坐标轴上（单向变换）或两坐标轴之间（平面变换），工具栏上相应的坐标按钮会自动变化。

视图窗口中坐标轴较工具栏坐标轴具有很多便捷之处，其快捷键为【X】。可以通过"+"和"-"号来增大与缩小其显示形式（如图2-18所示）。

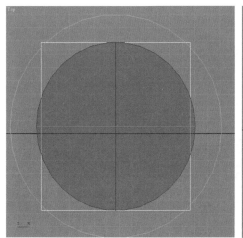
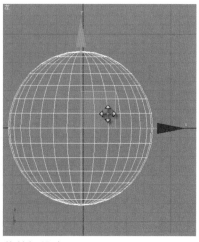

图2-18　绕不同轴向旋转与移动

2. 精确变换

如需精确变换时，还可通过在上述工具按钮上右击，在随之弹出的变换对话框中输入准确的变量，以完成精准变换（如图2-19所示）。

图2-19　移动、旋转、缩放变换输入对话框

2.2.6　对象群组设定

位置：DVD 01\Video\02\2.2.6对象群组的设定.avi ┃ AVI 时长：3:37　大小：12.4MB

通过上述对3ds Max的学习，便会发现随场景物体的增多，若能够对众多对象施加共同的修改命令进行统一管理，那么其整体场景中的状态便会显得更为合理化，此时可通过使用"对象群组设定"这一重要命令来完成这个任务。下面便通过沙发成组设定的实例来学习这一命令（如图2-20所示）。

Step 打开随书光盘DVD02中的"源文件下载"|"第2章初识室内造型巨匠"|"群组设定A.max"文件，按【Alt+A】组合键，将沙发的所有造型物体选中，单击菜单栏中的"组"（Group）|"成组"（Group）命令（如图2-21所示）。

图2-20　成组后的沙发

图2-21　对象群组设定

Step 在随后弹出的"组"对话框中将其名称命名为"沙发"，单击 确定 按钮以结束沙发成组设定（如图2-22所示）。

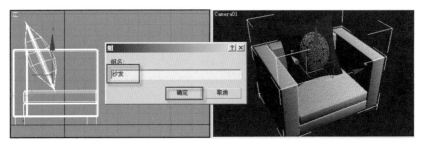

图2-22　将沙发成组

●技巧：虽然通过"成组"命令将沙发的所有物体已经群组为一体了，若要修改其各部件中的细节也是可以的。此时可通过单击"组"|"打开"命令进行修改，随后再选择修改过的物体并使用"组"|"关闭"命令，便可以将其重新组合完整。

2.2.7 活用对齐与捕捉工具

位置：DVD 01\Video\02\2.2.7活用对齐与捕捉工具.avi　　AVI 时长：8:41　大小：30.6MB

　　无论是对齐操作或是捕捉操作都是比较单纯的手动方法，这两种方法具备其内在的统一性，但在实际的操作中要根据其具体情况具体分析。往往内部结构复杂且较难以捕捉的物体，在其精确移动时会选用对齐命令（如图2-23所示）。

图2-23　对齐与捕捉的效果

1. "对齐"命令

Step 打开随书光盘DVD02中的"源文件下载"|"第2章初识室内造型巨匠"|"对齐设定A.max"文件，将场景中的所有物体在顶视图中最大化显示。选择"沙发02"成组对象，单击工具栏中的 ◆ "对齐"按钮，当鼠标变为对齐光标显示时，单击"单人沙发01"造型，在弹出的"对齐当前选择"（Align Selection）对话框中设置其对齐位置参数（如图2-24所示），此时两个沙发便沿Y轴对齐了，单击 应用 （apply）按钮。

Step 随后仍保持在此对话框中，继续修改对齐位置参数，将其轴向修改为X轴，分别修改"当前对象"(Current Objects)与"目标对象"(Target Objects)的位置坐标，最后单击 确定 按钮，将两个沙发物体完全对齐（如图2-25所示）。

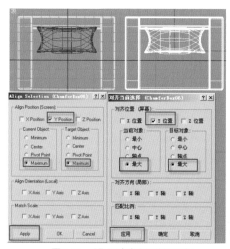

图2-24　将两沙发沿Y轴对齐

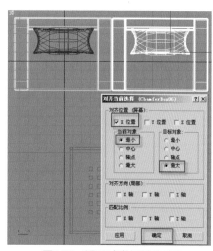

图2-25　将两沙发沿X轴对齐

　　●注意：无论对于"当前物体"还是"目标物体"，其"最小"和"最大"都是指对于不同的轴向。其中，对于X轴而言，"最小"指对于其最左边，"最大"也就是其最右边显示；而对于Y轴而言，"最小"指对于其最下边，"最大"也就是其最上边显示。

Step 同样仍然保持在顶视图中，将"果盘"成组对象选中，单击工具栏中的 "对齐"按钮，当鼠标变为对齐光标显示时，单击"茶几"造型，在弹出的"对齐当前选择"（Align Selection）对话框中同时选中X轴与Y轴，并且将"当前对象"（Current Objects）与"目标对象"（Target Objects）的位置坐标均改为"中心"（Center）（如图2-26所示），此时"果盘"与"茶几"物体便会居中对齐，单击 确定 按钮以结束操作。

Step 将已经居中对齐的"果盘"与"茶几"组成群组并命名为"茶几组合"。

●技巧：居中对齐可谓对齐命令中使用最频繁的命令，其便捷之处是捕捉等其他命令难以比拟的，而且由于两个沙发的扶手都是由边线较多的倒角方体制作而成的物体，其最靠外界的边缘处是很难使用鼠标捕捉对齐的，所以使用工具栏中的对齐命令是最为妥当的方法，相反，对于边线简单的几何形体的放置方法则建议选择鼠标捕捉的方法进行操作。

2."捕捉"命令

"捕捉"命令的具体使用方法如下：

Step 仍然保持在此场景中，在工具栏中单击 "2.5维捕捉开关"按钮，并在其上右击，在弹出的"栅格和捕捉设置"（Grid and snap settings）对话框中设置"捕捉"（Snaps）与"选项"（Options）两个选项卡（如图2-27所示）。

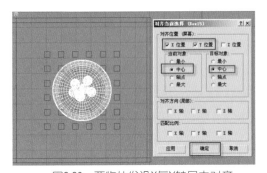

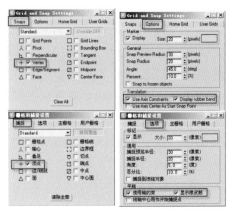

图2-26 两物体发沿X与Y轴居中对齐   图2-27 "栅格和捕捉设置"具体参数设置

Step 单击工具栏中的 "选择并移动"按钮，在左视图中将"茶几组合"群组对象选中，将鼠标移至该物体的最底部任意处，便会出现蓝色顶点坐标，将该坐标与"沙发01"最底部坐标沿着Y轴方向对齐，两物体便坐落在同一水平面之上（如图2-28所示）。

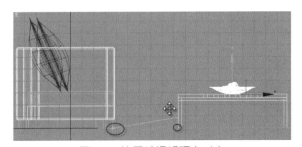

图2-28 使用捕捉将顶点对齐

Step 在顶视图中将"沙发03"成组对象选中，同时单击工具栏中的 "角度捕捉切换"按钮，在"栅格和捕捉设置"对话框中将"选项"（Options）选项卡下的"角度"（Angle）设置为45°，单击 "选择并旋转"按钮，围绕着Z轴将"沙发03"旋转为45°（如图2-29所示）。

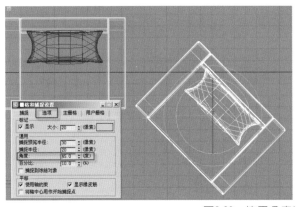

图2-29 使用角度捕捉将物体精确旋转

●注意: 在使用捕捉命令的同时, 不能单纯地只对捕捉参数加以设置, 切记要将 各个相应的捕捉开关置于开启状态, 才能真正地起到捕捉的功效。

2.2.8 对象的复制

位置: DVD 01\Video\02\2.2.8对像的复制.avi   ᴬᵛᴵ 时长: 7:43   大小: 27.6MB

在制图过程中, 经常会遇到需要创建相同对象的情况, 便可以使用对象的复制这一功能, 以帮助设计师达到事半功倍的效果。下面通过实例练习, 重点掌握"移动复制"、"旋转复制"、"镜像复制"、"缩放复制"的具体操作方法(如图2-30所示)。

图2-30 对象复制的效果

Step 01 打开随书光盘DVD02中的"源文件下载" | "第2章初识室内造型巨匠" | "对象复制A.max"文件, 在文件中为了方便操作, 已将沙发模型事先成组。

Step 02 单击工具栏中的 ✥ "选择并移动"按钮, 将"沙发01"群组对象选中, 同时按住【Shift】键, 在顶视图中按住鼠标左键将其沿X轴拖动出一定的距离之后松开鼠标, 随后便弹出"克隆选项"(Clone Options)对话框, 单击"实例"(Instance)单选按钮, 最后单击 确定 按钮, 以完成"移动复制"命令(如图2-31所示)。

Step 03 同样还是处于顶视图中, 将刚刚复制出来的"沙发02"选中, 按【A】键, 将 ◬ "角度捕捉"设置打开, 默认状态下其捕捉角度以5° 递增。单击工具栏中的 ↻ "选择并旋转"按钮, 此时仍然再按住【Shift】键, 在顶视图中将沙发沿Z轴方向旋转, 在随后弹出的"克隆选项"(Clone Options)对话框, 单击"实例"(Instance)单选按钮, 以完成"旋转复制"命令(如图2-32所示)。

43

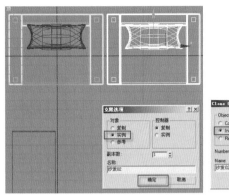

图2-31 "移动复制"命令

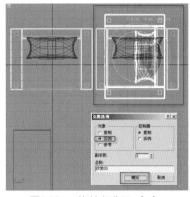

图2-32 "旋转复制"命令

Step 使用工具栏中的 ✛ "选择并移动"工具将沙发移到适宜的位置上。

Step 将刚刚复制出的"沙发03"选中，单击工具栏中的 ⚏ "镜像"按钮，在其随后弹出的"镜像：屏幕坐标"（Mirror Coordinates）对话框中如前两种复制形式一样，选择"实例"（Instance）复制形式，随后将"镜像轴"（Mirror Axis）设置为X轴，同时设置"偏移"为-3000，单击 确定 按钮，以完成"镜像复制"命令（如图2-33所示）。

Step 在顶视图中将"套几01"群组对象选中，单击工具栏中的 ⬚ "缩放"按钮，在确保按住【Shift】键的同时，将该群组对象沿X、Y、Z轴的轴心均匀缩小，同时将"副本数"（Number of Copies）设置为2，最后单击 确定 按钮（如图2-34所示），这样便通过"缩放复制"的方法复制出依次缩小的两个套几。

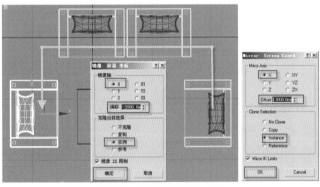

图2-33 "镜像复制"命令

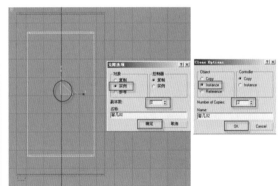

图2-34 "缩放复制"命令

Step 最后分别使用 ✛ "选择并移动" ↻ 和"选择并旋转"命令并结合 ⚟ "2.5维捕捉"或 ◈ "对齐"命令，将三个套几的位置调整舒适，完成最终效果（如图2-35所示）。

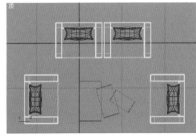
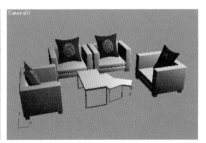

图2-35 最终复制效果

2.2.9 使用阵列工具

阵列工具是3ds Max中一个极其重要且功能强大的多重复制命令，但它却有别于"复制"命令，它是通过在对话框中设置好相应的数值后，一次性复制数量较多的物体的命令，而且还可以控制在二维以上空间进行操作，常用于制作大量有序的复制物体，如餐厅、放映厅的座椅等。下面便通过实例分别讲解不同的阵列形式。

1. 普通阵列

位置：DVD 01\Video\02\2.2.9-1使用阵列工具（旋转阵例）.avi 　　AVI 时长：5:39　大小：21.2MB

该阵列方式可分为"移动阵列""缩放阵列""旋转阵列"3种阵列方式。其中旋转阵列是阵列工具中较难理解的一种形式，倘若将其熟练掌握，其余两种也便会随之迎刃而解，它们之间的操作是互通的，希望设计师在学习本节内容时能够举一反三，从而熟练利用阵列命令绘制模型（如图2-36所示）。

图2-36　旋转阵列的效果

Step 打开随书光盘DVD02中的"源文件下载"|"第2章初识室内造型巨匠"|"旋转阵列A.max"文件，在文件中为了方便操作，已将部分模型事先成组。

Step 激活顶视图，按【Alt+W】组合键，将顶视图最大化显示。

Step 单击命令面板中的 "层级"按钮，在弹出的下拉菜单中单击 仅影响轴 （Affect Pivot Only）按钮，确认 "2.5维捕捉"为开启状态之后，使用 "选择并移动"命令在顶视图中将"餐椅01"的轴心与"餐桌"的轴心重合（如图2-37所示）。

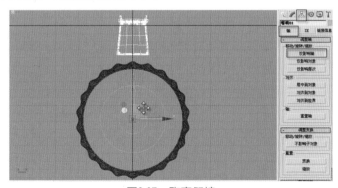

图2-37　改变餐椅

45

Step 将鼠标放置于工具栏的空白处，当鼠标变为 状态时，右击，在弹出的快捷菜单中选择"附加"
（Extras）命令（如图2-38所示）。

Step 确认"餐椅01"处于被选择的状态，单击 "阵列"按钮，在弹出的"阵列"（Array）对话框
中设置参数（如图2-39所示）。

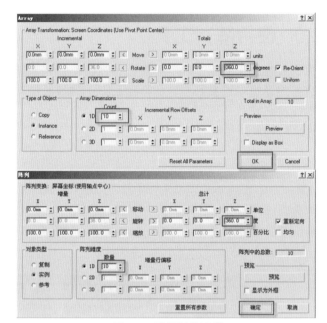

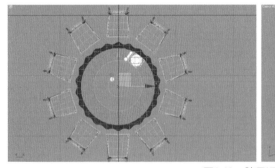

图2-38 显示"附加"工具栏

图2-39 设置阵列参数

Step 使用同样的方法可将"餐具01"也围绕餐桌中心旋转一周，便会得到较为完整的阵列效果（如
图2-40所示）。

图2-40 阵列后的效果

●技巧：在"阵列"对话框中设定参数时，要根据情况来选择"总计"（Total）或"增量"（Incremental）的具
体坐标位置，在本例中旋转一圈的总量较单位度数更易计算，所以在"总计"下Z轴方向键入360°，设置"数量"
（Count）为10个，倘若阵列物体较多可使用该对话框中的 （Preview）按钮进行预览，以便更为快捷地完
成阵列命令。

2. 间隔阵列

位置：DVD 01\Video\02\2.2.9-2使用阵列工具（间隔阵例）.avi　AVI 时长：14:51　大小：60.4MB

间隔阵列是指被复制的物体沿着选择的样条曲线，或是用鼠标单击的两点之间进行复制的一种形
式。该方式较其他复制形式来讲更为直接地受控于操作者，所以在使用的过程中也会随之表现出更为

多变的效果（如图2-41所示）。

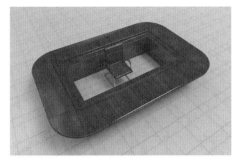

图2-41　间隔阵列的效果

Step 01 打开随书光盘DVD02中"源文件下载"|"第2章初识室内造型巨匠"|"间隔阵列A.max"文件，同时激活顶视图，按【Alt+W】组合键，将顶视图最大化显示。

Step 02 确认"椅子01"是被选择的状态之后，在工具栏中按住 ⚙ "阵列"按钮不放，便会弹出按钮选择菜单，并将 ⚙ "间隔工具"按钮激活。

Step 03 在所弹出的"间隔工具"（spacing Tool）对话框中单击 拾取路径 按钮，然后在视图中选择作为路径的"间隔路径线"，此时 拾取路径 按钮会自动转换为 间隔路径线 按钮，同时调整"间隔工具（Spacing Tool）"对话框中的参数设置（如图2-42所示），随后便可在视图中看到间隔阵列的效果。

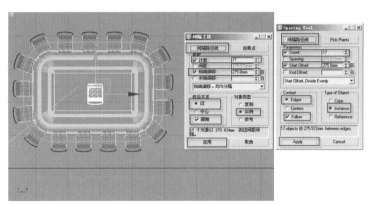

图2-42　"间隔工具"对话框参数设置

Step 04 最后使用 ✎ "对齐"工具将所有"椅子"群组对象与地板对齐，同时删除"椅子01"群组对象以完成间隔阵列，每一把座椅便会非常严谨地沿会议桌的四周有序安置（如图2-43所示）。

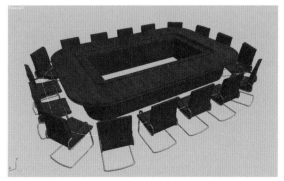

图2-43　按指定路径间隔阵列的效果

2.2.10　对象的隐藏与冻结

> 位置：DVD 01\Video\02\2.2.10对象的隐藏与冻结.avi　　AVI　时长：4:8　大小：15.9MB

当场景中的物体过于复杂时，对象的隐藏与冻结便会发挥其非比寻常的功效。该功能可以暂时将不使用的模型隐藏或冻结起来，对管理场景与高效利用系统资源都起到至关重要的作用。

Step 打开随书光盘DVD02中的"源文件下载"|"第2章3ds Max/VRay/photoshop走近室内设计师"|"隐藏与冻结A.max"文件。

Step 选择场景中的"沙发03"群组对象，然后在其上右击，在快捷菜单的"显示"（Display）子菜单中（如图2-44所示），为用户提供了常用的关于隐藏与冻结的命令。

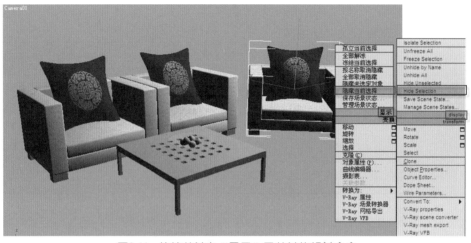

图2-44　快捷菜单中"显示"子菜单的相关命令

Step 选择"隐藏当前选择"（Hide Selection）命令，则当前选择的"沙发03"群组对象便会从视图中消失（如图2-45所示），并在透视图中将其渲染（如图2-46所示）。可见，一旦在视图中某对象被隐藏显示，那么其渲染过程也不参与运算，进而节省了部分资源。

图2-45　在视图中隐藏对象的显示效果

图2-46　在视图中隐藏对象的渲染效果

Step 继续在视图中右击，在快捷菜单的"显示"子菜单中选择"全部取消隐藏"（Unhide All）命令，场景中的全部物体便会被显示出来（如图2-47所示）。

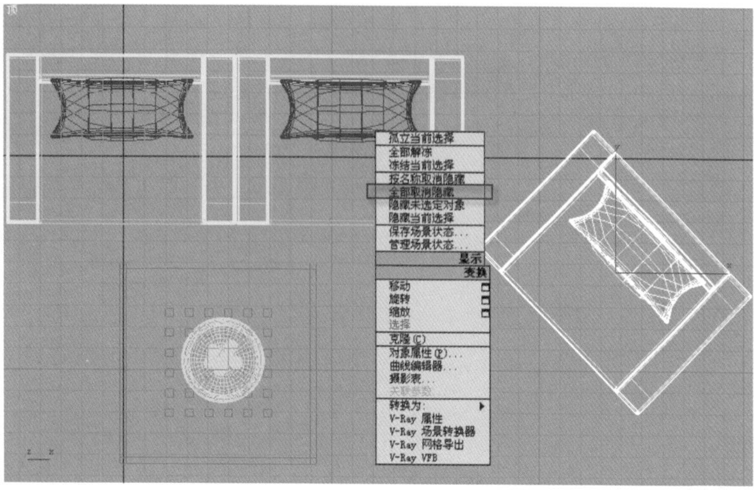

图2-47　在视图中显示全部对象

Step 03 此时，在视图中将“沙发01”与“茶几”群组对象一同选择，随后在快捷菜单中选择“冻结当前选择”（Freeze Selection）命令，则当前选择的两个群组对象便会在视图中呈灰色显示（如图2-48所示），说明该物体已被设置为冻结状态。在解冻之前，这些物体虽不能再加以修改，但仍可以被渲染显示出来（如图2-49所示）。

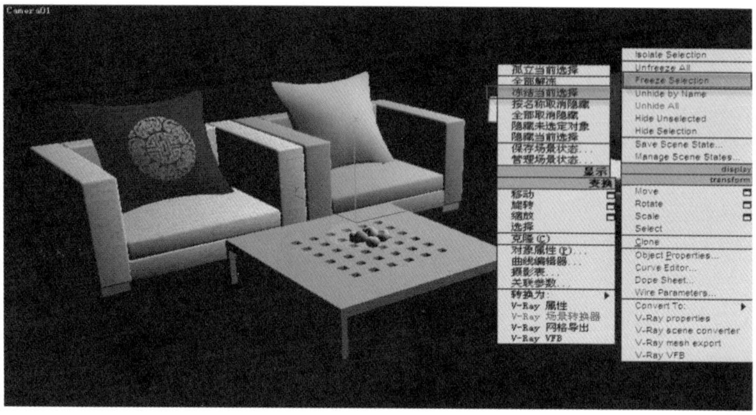

图2-48　冻结对象在视图中的显示效果

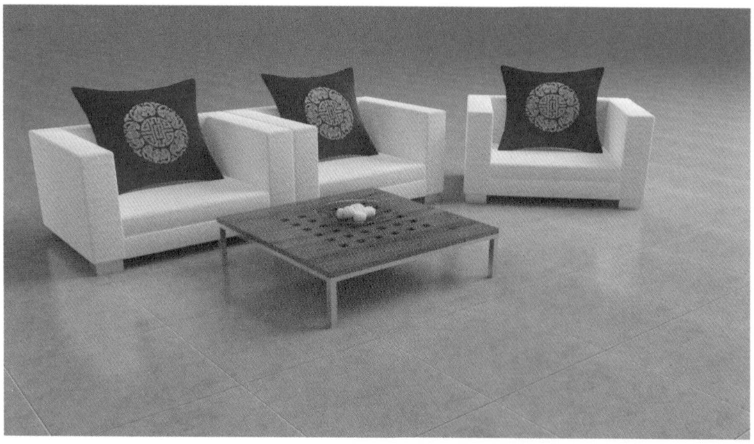

图2-49　冻结对象在视图中的渲染效果

●技巧：由此可见，冻结对象显示在场景中且在渲染时是参与计算过程的。所以在复杂场景中，为了减少内存用量，还是使用"对象的隐藏"命令较好。而"对象的冻结"命令主要用于在场景中需要锁定位置，但又需要渲染的物体，如此场景中的Plane01地面物体。另外有关"对象的隐藏与冻结"更多的命令可在命令面板中 🔲 "显示"（Display）图标中查找，由于较易理解，在此就不做详细讲述了。

2.3 本章小结

　　本章主要介绍了3ds Max界面分区与基本操作，使刚刚接触到该软件的用户对整体软件的构架有了一个感性认识。其中一些必知的建模辅助技巧，是本章的重点内容，更是设计师日后轻松驾驭室内造型巨匠——3ds Max所享有的独门秘籍。希望读者能够灵活地掌握本章所讲的基本操作，为后续章节的学习奠定基础。

第3章

高效优化创建室内模型

DVD

超值视频教学版

贴图

DVD 03\素材与源文件\贴图\第3章
高效优化创建室内模型

渲染效果图

DVD 03\素材与源文件\渲染效果
图\第3章 高效优化创建室内模型

源文件

DVD 03\素材与源文件\源文件\第3
章 高效优化创建室内模型

通过前两个章节的学习，对堪称三维造型巨匠的3ds Max应该有了初步感悟，设计师无论是对在三维空间中进行立体思维设计，还是对在现实场景细节之处进行精密核算，3ds Max都在其中发挥着神奇的功效，但真正熟练地驾驭该软件却取决于是否能够对所创建的室内模型进行高效优化的组合。这种"高效优化"的建模方式，对于室内效果图制作整体过程来讲是至关重要的，因为只有好的模型才是优秀的传递效果和快速处理进程的直接引线（如图3-1和图3-2所示）。

图3-1　结构严谨的场景模型　　　　　　　图3-2　严谨模型的最终渲染效果

使用3ds Max创建室内模型的过程，从某种意义来讲，与童年时搭建的玩具积木有几分相似之处，其中主要是利用软件中所提供的基本几何体进行创建基本构架，此后再根据具体要求进行合理地修改，直至完成模型的创建。

其中如何运用更为科学合理地修改方法，使这些几何体演变为室内效果图中的三维模型，便是本章重点讲述的主要内容。

3.1 妙用基本体建模

本书此处所指的"基本体"指的是3ds Max中命令面板为用户所默认提供的几十种基本几何体，用户可以通过对这些"基本体"进行适当的参数修改而不添加任何其他修改命令，便可组合成为室内模型。

其中涉及室内效果图模型绘制的基本体主要包括：三维基本体、建筑模型体和二维基本体。虽然这些都是3ds Max模型建造中最为基础的模型，但其自身却兼具使用方便，面片数量少等诸多优势，所以设计师在创建室内模型的过程中，早已将其归为推崇使用的模型种类。

3.1.1 标准基本体

3ds Max为用户提供有方体、球体、柱体、茶壶、平面等十种几何体（如图3-3所示），其创建的方法基本相同，在此以几种在室内场景中使用频繁的形体为例来介绍其创建的方法。

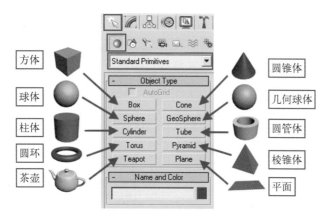

图3-3 标准基本体

1. 长方体

长方体是在室内三维模型创建过程中，使用最为广泛的形体，因为无论是在现实生活中，还是在三维虚拟场景中，长方体的造型遍布我们身边的每一个角落，从顶棚造型到地面桌椅，每一样基本上都离不开各种方体（如图3-4所示）。其中3ds Max中长方体的创建与其他许多形体的创建是存在许多共性特征的，下面便通过其具体创建命令来了解3ds Max标准基本体的创建方法。

创建方法①——视图区域拖动创建

该方法较为方便快捷，适用于简单模型的创建。单击 "创建" "几何体"，进入到 标准基本体 （Standard Primitives）创建命令面板，随后单击 长方体 （box）图中按下鼠标拖动便可创建出一个方体（如图3-5所示）。其中 名称和颜色 （Name and Color）卷展栏下方的指示区域为该物体的名称和颜色显示，可以根据个人要求随时进行修改。

图3-4 "长方体"的现实用途

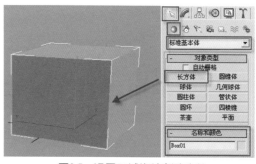

图3-5 视图区域拖拽创建方体

创建方法②——设定参数准确创建

该方法较拖动创建而言更为严谨，更适用于结构精密的模型创建，创建命令完成之后不用再继续调整尺寸。其具体方法与视图区域拖动创建的方法类似，只是在最后一步时，不选择拖动而是在其命令面板下方的 键盘输入 （Keyboard Entry）卷展栏中输入相应数值，以结束命令操作（如图3-6所示）。

无论使用何种创建方法创建基本体，其修改方法都是一致的，倘若对所创建的物体尺寸不满意，可在创建完成后先不右击鼠标，在创建面板中的 （Parameters）卷展栏中直接调整其创建参数（如图3-7所示），否则只能将其选择，然后在修改面板中作进一步调整。

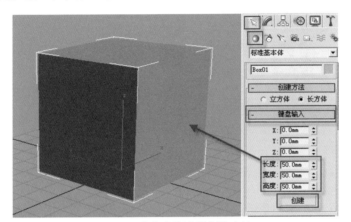

图3-6　设定参数准确创建方体　　　　　　　　　　图3-7　修改物体细节的"参数"卷展栏

●技巧：在创建长方体时按住【Ctrl】键，此时创建的长方体会自动地锁定为正方体。

●注意：在"参数"卷展栏中有一个非常值得关注的细节参数——分段，所谓"段数"指的是几何体在某一方向的划分数，当物体需要后期修改变形时，每一个段数点都是曲面细节的转化关键点（如图3-8所示）。当物体需要修改为具有曲面变化的物体时，倘若没有段数划分或划分数量不够，物体的最终变化效果自然也会不尽人意。但如果物体表面没有曲面变化要求或曲面变化效果不明显时，对于段数的编辑则把握"能省即省"的优化处理原则，应以最少的段数来表达最好的渲染效果，进而达到加快处理速度的目的，这也正是辨别一名设计师是否经验丰富的有力依据。

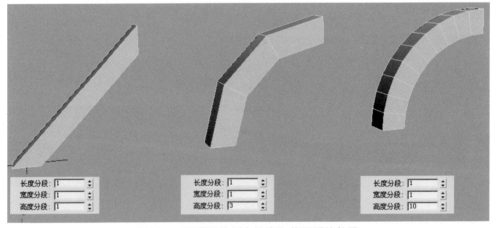

图3-8　不同段数的长方体变化曲面后的效果

2. 球体

通过对球体基本体的参数修改，可以创建光滑与不光滑的球体、半球体。在制作效果图时主要用来制作装饰球、灯具等造型（如图3-9所示）。

创建方法：球体的创建方法十分简单，与创建长方体基本相同（如图3-10所示），同样是通过创建面板下的相关命令进行设定，但曲线物体的一些参数设置与方形物体不同。具体如下：

球体造型灯具

图3-9　作为装饰灯具的球体

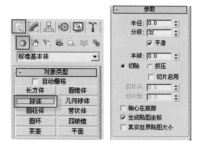

图3-10　球形物体的创建方法

- "平滑"（Smooth）：该选项用于球体表面光滑与棱角切换，可以根据空间物体的实际要求进行相关处理（如图3-11所示）。
- "半球"（Hemisphere）：对球体进行切除，可以通过不同的半球参数将球体设置为不同形体的显示状态，既而用来模拟不同的物体（如图3-12所示）。

勾选平滑的效果

未选平滑的效果

半球参数为0　　　　半球参数为0.5

半球参数为0.8

图3-11　球形物体的不同光滑设定显示效果　　　　图3-12　球形物体的不同半球参数显示效果

- "切片启用"（Slice On）：勾选此复选框后，可利用下方的"切片从"（Sline From）与"切片到"（Sline To）进行调整球体的切片效果，以加强不同形态的组合（如图3-13所示）。

●注意：其余的标准基本体的参数调整与长方体、球体的具体参数调整基本相同，所以希望设计师在设计制图的过程中能够举一反三，灵活掌握，在此便不一一介绍了（如图3-14所示）。

勾选光滑的效果

未勾选光滑的效果

切片启用的效果

图3-13　球体的不同切片效果　　　　图3-14　圆柱体的不同切片效果

3.1.2　标准基本体实例造型——电视柜制作

位置：DVD 03\Video\03\3.1.2标准基本体实例造型——电视柜制作.avi　[AVI] 时长：14:51　大小：60.4MB

实训目的：通过制作"电视柜"造型效果图（如图3-15所示），进一步熟悉标准基本体的创建方法及参数的精确修改，制作过程中重点把握"复制"(Clone)命令的使用。

Step 01 确认将单位设置为"毫米"，依次单击 "创建"按钮、 "几何体"按钮，在"对象类型"卷展栏中 长方体 （box）按钮，在顶视图中创建一个长方体，并将其命名为"柜体"，修改其参数（如图3-16所示）。

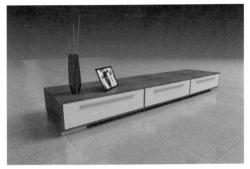

图3-15　电视柜的表现效果

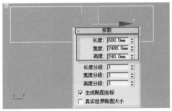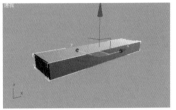

图3-16　"柜体"的形态及参数

Step 02　在顶视图中继续创建一个"长方体"，并将其命名为"柜腿01"，单击 ✎ "修改"按钮进入修改面板，然后对其参数进行适当的调整（如图3-17所示）。

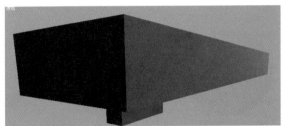

图3-17　调整"柜腿"的细节参数

Step 03　按【Alt+W】组合键将顶视图最大化显示，再按住【Shift】键的同时在工具栏中单击 ✥ "选择并移动"按钮，再配合顶点捕捉形式将"柜腿01"分别以"实例"复制形式将其分别复制到"柜体"的四个角落（如图3-18所示）。

图3-18　调整"柜腿"的精确位置

Step 04　在前视图中创建两个长方体，作为"把手01"和"抽屉01"，参数设置如图3-19所示，然后使用步骤03的复制方法将其复制并移动到柜体之上。

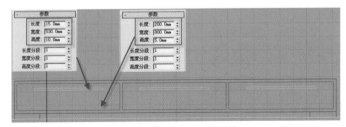

图3-19　制作抽屉及把手

Step 05　最后依次单击 "创建"按钮、 "几何体"按钮，在打开的"对象类型"卷展栏中单击 茶壶 按钮和 圆柱体 按钮，配合 "选择并非均匀缩放"按钮，制作花瓶，并将其移动适当的位置（如图3-20所示）。

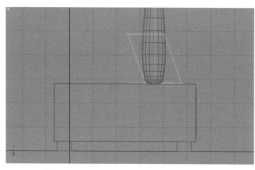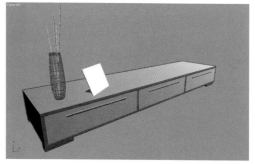

图3-20　电视柜最终效果

Step 08 单击菜单栏中的"文件"（File）|"保存"（Save）命令，将此模型存储为"电视柜.max"。

此时，电视柜模型便制作完毕，关于材质与灯光的调整会在后边的章节中逐步介绍，希望设计师通过该模型的创建可以熟悉"标准基本体"的制作方法，进而将其灵活运用到室内效果图的制作过程之中。

3.1.3　扩展基本体

"标准及基本体"是3ds Max中最为基本的形体之一，若设计师想创建一些带有切角或形态多变的模型，就需要通过"扩展基本体"帮助实现，在某种意义上可以将其看成"标准及基本体"的一个延展。

其创建方法也与前者基本相同，同样是依次单击 "创建"按钮、 "几何体"按钮，随后单击"标准及基本体"（Standard Primitives）的下拉菜单，进入"扩展基本体"（Extended Primitives）面板，同"标准基本体"面板相似，（如图3-21）所示。

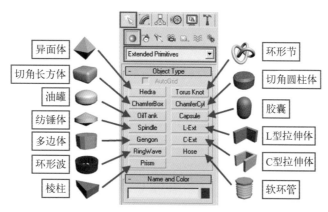

图3-21　扩展基本体

在图3-21中可以看到3ds Max中的"扩展基本体"为用户提供了13种形体，但就制作室内效果图而言，能够经常用到的只有"切角长方体"（Chamfer Box）、"切角圆柱体"（Chamfer Cyl），下面就其用途与具体参数的调整进行详细介绍。

1. 切角长方体

切角长方体与标准长方体的外表形态虽然有点相同，但从名称上来看，两者的不同也一目了然，切角长方体可通过"平滑"（Smooth）设置区分圆角与直角的切角变化（如图3-22所示），在室内效果图中常用于制作沙发、家具等构件（如图3-23所示）。

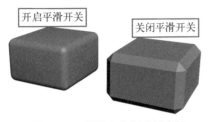

开启平滑开关 关闭平滑开关

图3-22　不同形态的切角长方体

切角方体沙发

图3-23　切角长方体在室内效果图中的应用

创建方法：切角长方体的创建方法与标准长方体基本相同，从其参数面板的设置上便可知（如图3-24所示），切角长方体的参数面板上具有"圆角"（Filet）与"圆角分段"（Filet Segs）两个选项，在制作的过程中两个选项要结合使用，才能准确地绘制出物体的细节转折（如图3-25所示）。

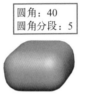
圆角：40
圆角分段：5

圆角：20
圆角分段：3

圆角：5
圆角分段：2

圆角：0
圆角分段：1

图3-24　"切角长方体"的参数面板

图3-25　切角长方体"圆角"与"圆角分段"的有效配合

●技巧：任何扩展基本体物体尺寸相对不变的同时，其切角可以多变。当其"圆角"（Filet）数值增大，该物体的"圆角分段"（Filet Segs）数值也随之相应递增，展示效果会更加出色。

2. 切角圆柱体

"切角圆柱体"（Chamfer Cyl）也是室内效果图中常用的一个基本体，其不同角度切角的圆柱体通常会被用来制作效果图中的桌面、茶几等各种家具的构建（如图3-26所示）。

创建方法：切角圆柱体的创建方法与切角长方体的创建方法基本相同，无非就是将"长（Length）、宽（Width）"改为"半径（Redius）"，其中"圆角"（Filet）与"圆角分段"（Filet Segs）的划分保持其内在的统一性就可以了（如图3-27所示）。

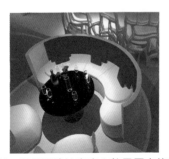

圆角：40
圆角分段：1

圆角：40
圆角分段：2

圆角：40
圆角分段：5

图3-26　切角圆柱体在室内效果图中的应用

图3-27　切角圆柱体"圆角"与"圆角分段"的有效配合

3.1.4 扩展基本体实例造型——沙发制作

位置：DVD 03\Video\03\3.1.4扩展基本体实例造型——沙发制作.avi ┃AVI┃ 时长：18:46 大小：60.7MB

实训目的：通过制作"基本体沙发"造型效果图（如图3-28所示），进一步熟悉扩展基本体的创建方法及参数的精确修改，其中在制作过程中注意"对齐"命令的应用。

图3-28 沙发的表现效果

Step 确认将单位设置为"毫米"，单击 🖳"创建"按钮、 ◉"几何体"按钮、在"对象类型"卷展栏中单击 切角长方体 （ChamferBox）按钮，在顶视图中创建一个切角长方体，将其命名为"底垫"，然后修改其参数（如图3-29所示）。

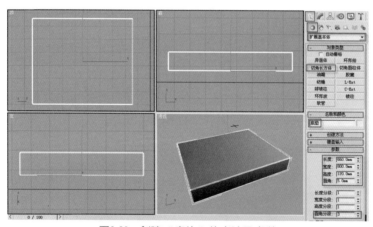

图3-29 创建"底垫"的方法及参数

Step 在前视图中将切角长方体选中，将其沿Y轴采用"复制"（Clone）的方式复制出一个切角长方体，同时修改其"圆角"（Filet）为20，将其命名为"坐垫"（如图3-30所示）。

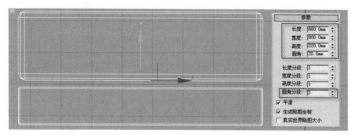

图3-30 沿Y轴复制的"坐垫"参数

59

Step 确认"坐垫"为选择状态后，将工具栏中的 ."对齐"按钮激活，在前视图中单击"底垫"物体，在弹出的"对齐当前选择"对话框中设置其参数（如图3-31所示）。

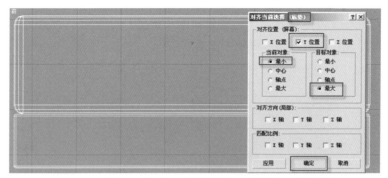

图3-31 在"对齐当前选择"对话框中设置参数

Step 在前视图中再次创建一个切角长方体，其设置参数（如图3-32所示），将其命名为"扶手"，并将其与"坐垫"进行对齐操作。

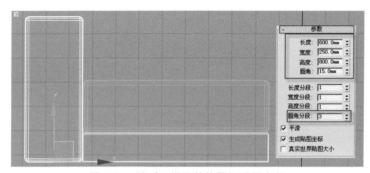

图3-32 "扶手"模型的位置与设置参数

Step 在"扶手"模型的下部再次创建一个"长方体"（Box），作为"沙发腿01"，同时再复制出"沙发腿01"，并将其与"扶手"进行捕捉对齐（如图3-33所示）。

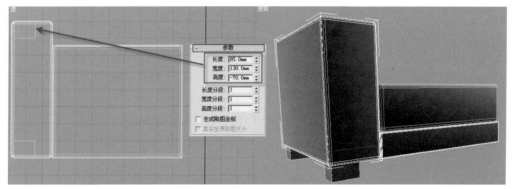

图3-33 "沙发腿"模型的位置与设置参数

●技巧：在创建模型的过程中，始终都要遵循"节约面片"的原则，在不影响物体造型的情况下应该合理地控制好物体的面片数量，如在创建"沙发腿"这些细小造型时，应该尽量使用长方体来造型，而不是切角长方体。

Step 在前视图中选择编辑好的"沙发腿"与"扶手"，然后沿X轴采用"实例复制"（Instance）的方式，将其复制到"坐垫"的另一侧，并注意对齐其位置关系（如图3-34所示）。

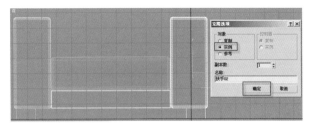

图3-34 复制后的沙发形态

Step 07 将前视图激活，继续使用切角长方体创建"靠背"，其具体位置与参数如图3-35所示。

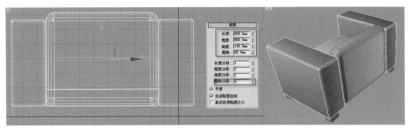

图3-35 "靠背"的位置与参数

Step 08 依次单击 ▶ "创建"按钮和 ◉ "几何体"按钮，在"对象类型"卷展栏中单击 切角圆柱体
（ChamferCyl）按钮，在左视图中创建一个切角圆柱体，将其命名为"头枕"，然后修改其位置与参
数（如图3-36所示）。

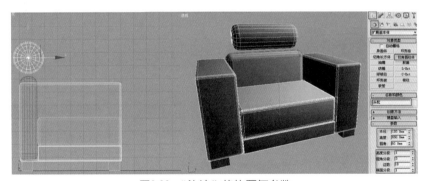

图3-36 "头枕"的位置与参数

Step 09 在顶视图中创建一个"圆柱体"（Cylinder），安置于"头枕"下方，作为"支撑杆01"，同时
调整其位置与参数，以完成"沙发"的整体造型（如图3-37所示）。

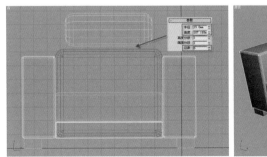

图3-37 沙发的最终形态

Step 10 最终单击菜单栏中的"文件"（File）|"保存"（Save）命令，将此模型存储为"基本体沙发.max"。

61

3.1.5 建筑模型建模

建筑模型主要是为了方便用户创建建筑效果图，从3ds Max 6.0版本起新增了ABC扩展对象。对于绘制室内效果图而言，这些模型大部分都能用于室内，对于缺少设计美感的个别模型造型，室内设计师一般会在不牵扯设计成分的前提下，将其运用于一些细节之处。其中包括：门窗、楼梯、墙体等，下面就一些模型造型进行讲解。

1. 门

在"门"（Doors）命令创建面板中，3ds Max向用户提供有枢轴门、推拉门和折叠门3种类型的模型（如图3-38所示），其中可以根据设计师的设计要求进行选择其具体格局与尺寸，既可以是双向开启的，又可以是单向的；它可以帮助设计师满足制作门体的基本雏形的要求，但如果需要进一步设计还需使用其他命令深入制作（如图3-39所示）。

图3-38　门的创建面板

图3-39　门的种类与形态

2. 窗

无论是对于建筑效果图还是室内效果图来讲，"窗"（Window）基本上都是必不可少的组件之一。其中3ds Max向用户提供了6种规格的窗体模型，其创建方法是依次单击 "创建"按钮和 "几何体"按钮，在其下拉菜单中选择"窗"，此时便打开其创建面板了（如图3-40所示）。对于不同的窗体模型，其尺寸规模可以各不相同，但其调整的程序基本相差无几（如图3-41所示）。

图3-40　窗的创建面板

图3-41　窗的种类与形态

3. 墙

使用"墙"（Wall）命令可以创建墙体模型，是3ds Max AEC 扩展 命令面板中的一个子

命令，在使用过程中可以通过单击命令面板中的 ✏ "修改"按
钮，利用其中所自带的编辑命令将墙体轻松地分开或连接（如
图3-42所示），同时配合工具栏中的 ⚙ "选择并连接"工具还
可将"门""窗"绑定于墙上，在连带移动的同时，会自动将
墙体进行布尔剪切运算，进而使制作过程更为简单。

但其布尔运算的破碎面片形状及数量较难把握（如图3-43
所示），所以制作经验较为丰富的设计师在制作大场景的室内
效果图时，会慎用此方法（如图3-44所示）。

图3-42　墙的编辑面板

图3-43　"布尔运算"后产生的破碎面片

图3-44　墙体造型

4. 栏杆

"栏杆"（Railing）命令和"墙"（Wall）命令一样，同样归属于3ds Max 的 AEC 扩展
（AEC Extended）命令面板。此命令用于制作参数化的栏杆模型，如走廊楼梯等造型简易的围栏
（如图3-45所示），在制作过程中可以通过调整默认的控制参数，既能够制作出直线或曲线等不
同造型特点的围栏，而且其扭曲方向及不同组件的尺度也可随意组合（如图3-46所示）。其缺点
是个体造型较为简易，不适用于设计含量较高的空间，可利用其作为模型基础框架，从而进一步
深入制作。

图3-45　栏杆的种类与形态

图3-46　栏杆的创建面板

5. 楼梯

在一些大型的室内建筑空间中经常会遇到创建楼梯的需要，3ds Max命令面板下的"楼梯"

（Stairs）子菜单中为用户提供了4种楼梯的创建方法（如图3-47所示），此种创建方法会比"标准基本体"（Standard Primitives）创建更为快捷与方便。但由于其各细节构件较为模式化，所以建议设计师在使用的过程中应该与室内空间结构的具体构架结合组建（如图3-48所示）。

图3-47　栏杆的创建面板

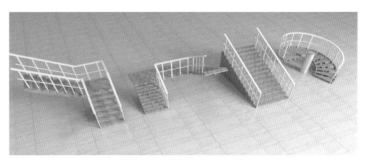

图3-48　楼梯的种类与形态

3.1.6　二维图形建模

二维图形在室内效果图制作过程中的使用频率，相对于三维形体会更为频繁。因为一般较为简单的形体，如前边所讲的"基本体沙发"和"电视柜"等其边缘处的造型往往更为模式化，而现实生活中还存在着更多造型复杂的形体，在3ds Max中绘制这些模型就要求设计师必须掌握二维图形建模的方法。

想要绘制出结构精准且多变的造型，设计师只有在熟练地掌握绘制二维图形的技法的同时，结合使用相应的修改器，进而才能将二维图形转化为多视角的三维物体（如图3-49所示）。可见，二维图形建模在室内效果图中的关键作用不容忽视，下面就其具体细节重点介绍如下：

1. 二维图形的绘制

在3ds Max中使用二维图形创建室内效果图模型，主要指的是使用"样条线"（Spline）面板中的部分命令。其查找方法为，依次单击 "创建"按钮和 "图形"按钮，进入到 样条线 创建命令面板，在其下方的"对象类型"（Object Type）卷展栏中便会列出11种图形类型（如图3-50所示）。

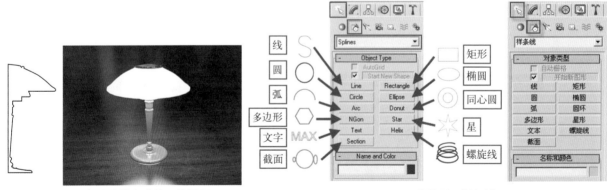

图3-49　由二维线生成的三维模型　　　　　　　　图3-50　样条线

> ●注意：分别将以上按钮激活，在视图区拖拽绘制便会制作出相应的图形。在默认情况下"对象类型"（Object Type）卷展栏下的 开始新图形 （Start New Shape）复选框是被勾选的，则绘制出的每个图形都是独立的个体；相反将其取消勾选，则创建的所有图形线便会自动成为一个整体。

2. 二维图形的编辑

单纯通过创建面板所绘制生成的基本体，在表达设计作品的外观造型上难免会略有差强人意之感，真正造型严谨的模型多数都要通过编辑命令进行调整，二维图形自然也不例外。通过"样条线"（Spline）命令面板所创建的图形都可以将其修改为可编辑的样条曲线，既而继续进行修改，其方法包括有两种。

方法一：选中二维图形，单击"修改"按钮，进入修改命令面板，在其中选择"编辑样条线"（Edit Spline）修改器（如图3-51所示），该方法可以保留原创建基础参数，便于日后调整。

方法二：选中二维图形，在任意视图或修改器上右击，在弹出的右键菜单中选择"转换为"（Convert To）｜"转换为可编辑样条线"（Convert to Spline）命令，将物体塌陷为"可编辑样条线"（如图3-52所示）。

图3-51　添加"编辑样条线"修改命令　　　　图3-52　快捷转换菜单

只要使用以上任意一种方法都可以将二维基本图形转入到"编辑样条线"修改命令面板，并可以进一步编辑。可以看到样条修改包括 "顶点"（Vertex）、 "分段"（Segment）和 "样条线"（Spline）3个子物体层级，选择不同的子对象即可进入相应的修改层级，同样在"几何体"（Ceometry）卷展栏中也会激活相应的修改命令。

●技巧：分别将【1】、【2】、【3】数字键按下，便可快速进入"顶点"、"分段"和"样条线"3个子物体层级，从而方便修改。

3.1.7　创建二维图形实例造型——铁艺围栏制作

位置：DVD 03\Video\03\3.1.7创建二维图形实例造型——铁艺围栏制作.avi　　[AVI] 时长：14:58　大小：48.4MB

"样条线"创建面板中所有图形的具体绘制方法虽然都不相同，但其原理基本相似。每个命令被激活后所显示的创建面板，无非都是由"渲染"（Rendering）、"插值"（Interpolation）、"创建方法"（Creation Method）、"键盘输入"（Keyboard Entry）这4个卷展栏组建而成。

在此分别以利用"线"（Line）命令和"矩形"（Rectangle）命令来绘制一组"铁艺围栏"为例，深入讲解其绘制方法（如图3-53所示）。

实训目的：通过制作"铁艺围栏"造型效果图，进一步熟悉二维图形的绘制方法及参数的精确修改，在制作过程中重点把握"镜像"（Mirror）命令的具体操作方法。

Step 01 在确保将单位调整为"毫米"设置的基础上，依次单击 "创建"按钮和 "图形"按钮，进入到 样条线 创建命令面板，在其下方的"对象类型"（Object Type）卷展栏中单击 线 （Line）按钮，同时将前视图最大化显示，在"键盘输入"（Keyboard Entry）卷展栏中，确保X、Y、Z轴输入框中数值为0，单击 添加点 按钮（如图3-54所示），此时在视图网格0点的位置处便会出现一个坐标轴。

Step 02 确认持在前视图中，在"键盘输入"卷展栏中将Y轴更改为3000mm，单击 添加点 按钮，便会形成一条垂直线形，然后在其"渲染"（Rendering）卷展栏中调整相应的参数（如图3-55所示）。

图3-53　铁艺围栏渲染效果

图3-54　创建"线"命令面板

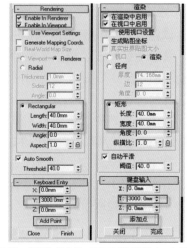

图3-55　设置"渲染"及"键盘输入"参数

●注意：在默认状态下，二维线形是不能渲染显示的，只有在"渲染"卷展栏中将"在渲染中启用"（Enable in Renderer）和"在视口中启用"（Enable in Viewport）两个复选框全部勾选，才可以在渲染图像的同时，在视口也能同步显示，进而更好地观察其尺寸设置。

Step 在前视图中使用"线"命令绘制铁艺花饰，注意其"创建方法"卷展栏中的点的"起始类型"（Initial Type）与"拖动类型"（Drag Type）的设置，为更易把握线形可以先以直线的方式绘制，并且只绘制其一花饰即可，将其命名为"花饰01"（如图3-56所示）。

Step 按【1】键，进入花饰的 "顶点"子物体层级，选中"花饰"的所有顶点，右击，在弹出的右键菜单中选择"平滑"（Smooth）命令，从而得到转折圆滑的线形（如图3-57所示）。

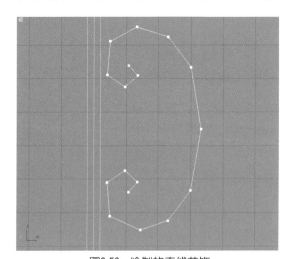

图3-56　绘制的直线花饰

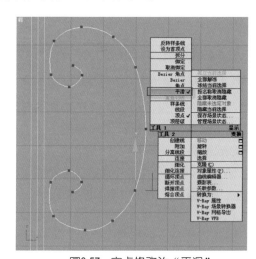

图3-57　定点修改为"平滑"

Step 为了加快渲染速度，可以将"插值"（Interpolation）卷展栏进行优化处理（如图3-58所示）。

●注意在调整曲线圆滑度的同时，注意其"插值"（Interpolation）卷展栏的相关设置，其"步数"（Setp）的设置可根据曲线的扭转程度进行相应调整，虽然数值增大会提高其平滑度，但也会由于两点之间的短直线的增多而减慢图形计算时间。所以建议设计师在不影响设计造型的基础上，科学调整模型的"步数"设置，同时保持勾选"优化"复选框（如图3-59所示）。

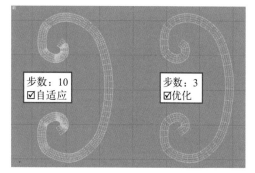

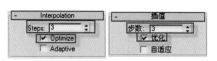
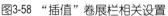

图3-58 "插值"卷展栏相关设置　　　　　　图3-59 不同"插值"设置的面片显示形式

Step 倘若个别顶点没有修改到位，可对其进行单独编辑，在确保选中该顶点的基础上，右击选择"贝塞尔"（Bezier）模式。通过贝塞尔所特有的控制手柄修改曲线的局部造型，以完善"花饰01"的曲线效果（如图3-60所示）。

> ●注意：3ds Max为用户提供了4种不同的顶点设置模式，分别为"平滑"（Smooth）、"角点"（Corner）、"贝塞尔"（Bezier）、"贝塞尔角点"（Bezier Corner）。可以根据不同顶点的设置方式科学选择，尽量别过多添加顶点，以节省面片数量。

Step 确保将 "顶点"子物体层级关闭，设置其"渲染"参数，将"花饰01"的厚度显示于视口之中（如图3-61所示）。

Step 单击工具栏中的 "镜像"按钮，在弹出的"镜像：屏幕坐标"（Mirror Coordinates）对话框中调整其镜像参数，单击 确定 按钮，以得到"花饰02"造型（如图3-62所示）。

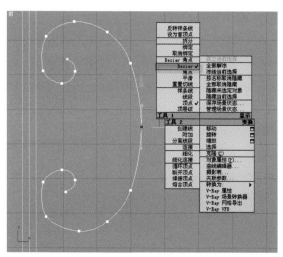

图3-60 修改个别顶点为"贝塞尔"　　　图3-61 "渲染"卷展栏的参数设置　图3-62 镜像复制"花饰02"

Step 右键单击工具栏中的 "缩放"按钮，在弹出的"缩放变换输入"对话框中设置其缩放参数（如图3-63所示）。

Step 使用复制的方式生成"花饰03"，并将其与"花饰01"进行对齐操作（如图3-64所示）。

Step 使用镜像复制的方式生成其他的"花饰"，同时利用"矩形"工具绘制其边框，最终效果（如图3-65所示）。

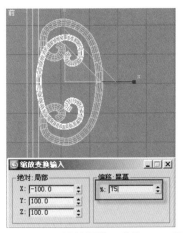 

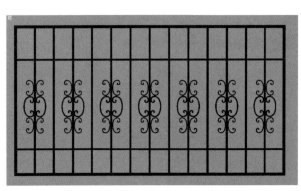

图3-63 缩放调整"花饰02"　图3-64 调整花饰位置关系　图3-65 "铁艺围栏"视图最终显示效果

Step 最终单击菜单栏中的"文件"（File）|"保存"（Save）命令，将此模型存储为"铁艺围栏.max"。

3.1.8　编辑二维图形实例造型——中式窗饰制作

位置：DVD 01\Video\03\3.1.8编辑二维图形实例造型——中式窗饰制作.avi　AVI 时长：14:06　大小：49.4MB

　　无论处于哪个层级，其中的修改命令相对整体造型来讲都较为复杂，鉴于设计师制作室内效果图的需要，重点应把握部分命令即可。下面就以"中式窗饰"为例，具体针对二维图形修改应掌握的重点命令进行深入讲解（如图3-66所示）。

　　实训目的：通过制作"中式窗饰"造型效果图进一步熟悉二维图形的编辑修改方法及参数的精确调整，在制作过程中重点把握"镜像"（Mirror）命令的具体操作方法。

Step 将单位设置为"毫米"，在前视图中创建一个370mm×270mm的矩形，在其上右击，在弹出的右键菜单中选择"转换为可编辑样条线"（Convert to Spline）命令，将该物体塌陷为"可编辑样条线"。

Step 按【2】键，进入该物体的 "分段"（Segment）子物体层级，确保将上下两条长为270mm的边线选中，随后进入"几何体"（Geometry）卷展栏，在 拆分 （Divide）按钮右侧的编辑框中设置为2，再单击该按钮，这样便将该线段平均分为3份，随后再将长为370mm的边线使用同样的方法平分为4份（如图3-67所示）。

图3-66　中式窗饰渲染效果

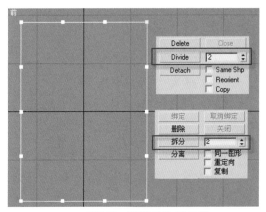

图3-67　被均分的样条线

Step 在"几何体"（Geometry）卷展栏中单击 `创建线` （Create Line）按钮，开启二维顶点捕捉设置，在均分各点之间创建垂直连线（如图3-68所示）。

Step 按数字键【3】，进入 "样条线"（Spline）子物体层级，在"几何体"（Geometry）卷展栏中单击 `修剪` （Trim）按钮，在前视图中修剪其边线（如图3-69所示）。

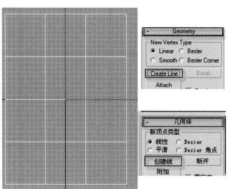
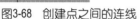

图3-68　创建点之间的连线

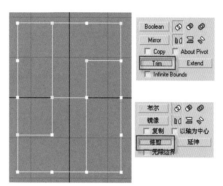

图3-69　修剪连接线段

Step 按数字键【1】，进入 "顶点"（Vertex）子物体层级，将中间相交的两个断点选中（如图3-70所示），单击"几何体"（Geometry）卷展栏中的 `焊接` "Weld"按钮，以形成闭合的连接点。

Step 按数字键【3】，进入 "样条线"（Spline）子物体层级，将中间连接的三条线选中，打开"几何体"（Geometry）卷展栏中，将线形轮廓勾边（如图3-71所示）。

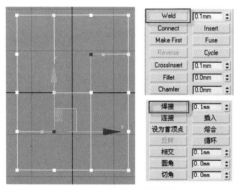

图3-70　修剪连接线段

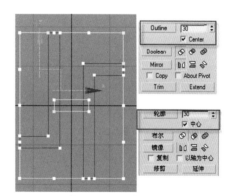

图3-71　轮廓勾画边线

Step 仍保持处于"样条线"（Spline）子物体层级状态，将3个密闭的轮廓线使用 `布尔` "布尔运算并集"的方式连接成一个整体（如图3-72所示）。

Step 按【2】键，进入该物体的 ✔"分段"（Segment）子物体层级，将中间密闭图形与外轮廓边框重合的4个小短边选中，分别朝自身水平方向平移（如图3-73所示）。

Step 按数字键【3】，进入 ⌒ "样条线"（Spline）子物体层级，在"几何体"（Geometry）卷展栏中单击 修剪 （Trim）按钮，在前视图中修剪图形边线，同样在修剪完毕之后必须回到 ⋯ "顶点"（Vertex）子物体层级，按【Ctrl+A】组合键将所有的顶点选中，并将其使用 焊接 （Weld）命令焊接完整（如图3-74所示）。

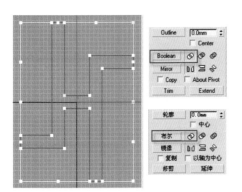

图3-72 二维布尔运算的效果与应用

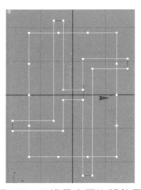

图3-73 分线段水平偏移效果

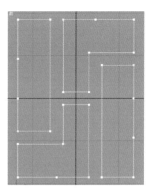

图3-74 图形修剪并焊接后的效果

●技巧：判断图形各断点间是否已经被焊接完整，只要观察某一图形中只有一个起止点（黄色的端点）即可。

Step 保持在 ⋯ "顶点"（Vertex）子物体层级状态，将所有辅助点按【Delete】键删除，进而得到一个完整的图形，将其子物体层级关闭。

Step 选中图形后，在工具栏中单击 ⋈ "镜像"按钮，在弹出的"镜像：屏幕坐标"（Mirror Coordinates）对话框中调整其参数（如图3-75所示）。

Step 按【Ctrl+A】组合键全选视图中的所有物体，继续将其镜像复制，效果（如图3-76所示）。

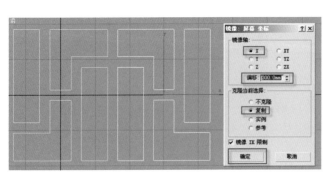

图3-75 图形沿X轴镜像效果与应用

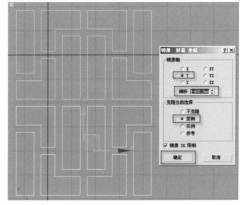

图3-76 图形沿Y轴镜像效果与应用

●注意：此处镜像数值是根据整体图形精密核算而成，切勿随意修改。

Step 在得到的4个图形中选择任意一个密闭图形，在"几何体"（Geometry）卷展栏中单击 附加多个 （Attach Mult）按钮，在弹出的"附加多个"（Attach Multiple）对话框中将视图所有图形物体选中，单击 附加 （Attach）按钮以结束设置，4个分离的图形便会附加为一个物体，将图形命名为"窗饰图案"（如图3-77所示）。

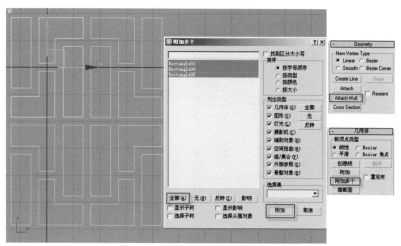

图3-77 附加多个对话框及图形附加效果

Step 选择"窗饰图案"并切换到 ┇ "顶点"（Vertex）子物体层级，按【Ctrl+A】组合键将所有的顶点选中，右击将点转化为"角点"（Corner），做好切角准备（如图3-78所示）。

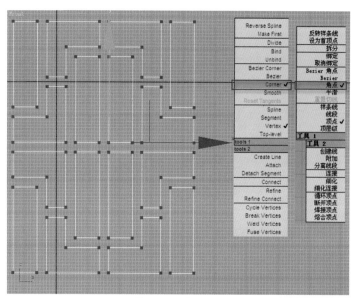

图3-78 转化"角点"效果与应用

●技巧：将所有顶点转换为"角点"（Corner）模式，对于下一步"切角"（Chamfer）命令是十分重要的准备步骤，倘若不加以实行，必会形成切角大小不均的后果。

Step 确保在 ┇ "顶点"（Vertex）子物体层级中，选中"窗饰图案"中间的两排顶点，将"几何体"（Geometry）卷展栏中的 切角 （Chamfer）命令右侧的参数调整为37，以完成切角命令（如图3-79所示）。

●注意：使用"可编辑样条线"命令将顶点倒角的功能共有两种，包括 切角 （Chamfer）、 圆角 （Fillet），可以分别对顶点产生直倒角与圆倒角的不同变化。

Step 同样在前视图中制作一个830mm×630mm的矩形，并将其与"窗饰图案"中心对齐，并将其命名为"窗饰外框"（如图3-80所示）。

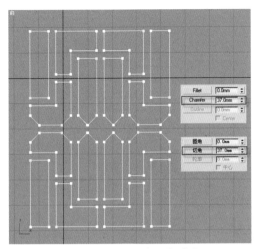

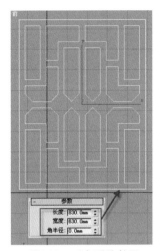

图3-79　图形切角效果与应用　　　　　　　　图3-80　对齐后的效果

Step　观察其显示效果，分别修改"窗饰图案"与"窗饰外框"的"渲染"卷展栏参数（如图3-81所示）。

Step　最终显示效果（如图3-82所示），单击菜单栏中的"文件"（File）|"保存"（Save）命令，将此模型存储为"中式窗饰.max"。

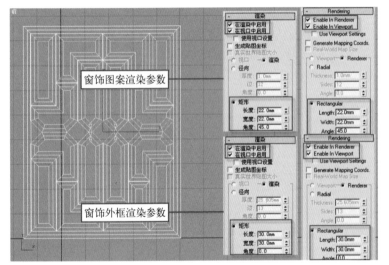

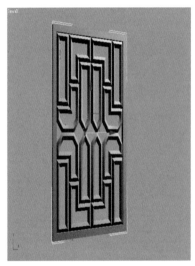

图3-81　渲染对话框设置及显示效果　　　　　图3-82　"中式窗饰"视图最终显示效果

　　本节在对3ds Max的三维基本体、建筑模型体和二维基本体的用途、创建、编辑修改方法的讲解过程中，力求以图、文、实例穿插结合的形式引导设计师快速走进制作效果图的大门。

　　希望在学习实例制作后，能够加深对命令的理解，从中了解此类基本体创建模型对制作室内效果图的重要作用，以便活学活用，为学习更加复杂的修改命令奠定基础。

3.2　攻克常用修改命令

　　通过前一节的学习，了解到简易的造型可以通过巧妙运用3ds Max的基本体组建即可，对于一些复杂、新奇的模型，可以通过在基本体的基础上添加适当的修改命令来完成。

前面所讲的对二维线形添加"编辑样条线"（Edit Spline）修改器，是属于最为简单的修改命令操作，对于制作结构复杂的造型，有时需要使用多个修改命令来完成。所以，在学习这些修改命令之前先来了解一下如何科学地管理修改面板。

3.2.1 科学设置修改面板

在熟练掌控模型的各个修改命令之前，了解修改命令面板的功能设置是迈向成功大门的第一步，杰出表现室内电脑效果图的高手往往其秘笈就在于此。

选择修改对象，单击命令面板中的 ▨ "修改"（Modify）按钮，进入修改命令面板，其结构如图3-83所示，下面就针对各部分的使用要点和重点进行详细介绍。

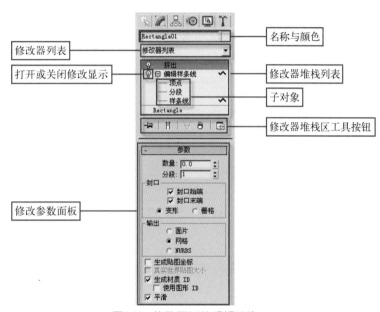

图3-83 修改面板的组织结构

1. 修改器堆栈列表

在计算机领域，"堆栈"是一个不容忽视的概念，"修改器堆栈"（Modiferiers Stack）主要用来管理修改器。在某种意义上，可以形象地将"修改器堆栈"理解为在场景中物体修改过程的档案记录，其中它不仅可以将每步添加操作命令逐一罗列显示，而且还可以在物体的修改过程中随时往返步骤重新设置，实乃快捷方便。

2. 修改器堆栈区工具按钮（如表3-1所示）

表3-1 修改器堆栈区工具按钮功能介绍

图标	名　称	功　能
⇥	锁定堆栈	当此按钮激活时，会锁定当前物体堆栈内容的显示状态
⑪	最终效果开/关切换	当此按钮激活时，自动显示场景物体最终修改效果
∀	使唯一	此按钮只针对于关联物体使用，激活该项后，当前物体会断开与其他被修改物体的关联关系
🗑	从堆栈中移除修改器	单击此按钮，可以将所选择的修改命令从堆栈列表中删除
🔲	配置修改器集	单击此按钮，弹出修改器分类列表

3. 设置修改面板

自从3ds Max 4版本以后，修改命令的按钮就被修改器下拉列表所取代，从而使其面板显示形式更加紧凑与简洁。在英文版本中，各个修改命令的开头字母就是查找该命令的快捷键，但这一优势在中文版本中被取消了，所以在众多的修改命令中，快速地查找到相应的修改器便成为设计师提高制图效率所要攻克的难关之一。

为此，多数设计师在使用中文版3ds Max时都会创建一套常用修改器按钮显示于修改面板之上，此举看似"绕行"实则"捷径"。具体操作方法如下：

Step 单击命令面板中的 ✎ "修改"按钮，在修改命令面板中单击 🖭 "配置修改器集"按钮，在弹出的菜单中选择"配置修改器集"（Configure modifier Sets）命令（如图3-84所示）。

Step 在弹出的"配置修改器集"（Configure modifier Sets）对话框中，在"修改器"（modifier）下的列表栏中选择常用的命令，然后将其拖动到右边的按钮上（如图3-85所示）。

Step 倘若按钮数量不足可以通过设置"按钮总数"（Total Buttons）进行增加，设置完成后在"集"（Sets）中键入"常用修改器"，随后单击 保存 按钮，将其保存以备后用（如图3-86所示）。

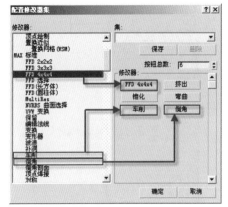
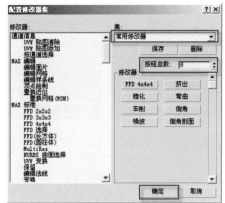

图3-84 查找配置修改器集菜单　　图3-85 "配置修改器集"对话框　　图3-86 保存"常用修改器"

Step 此时再单击 🖭 "配置修改器集"按钮，在弹出的菜单中便会新添一个名为"常用修改器"的选项，并将其选中，随后单击"修改器列表"，"常用修改器"的选项便会第一个显示（如图3-87所示）。

Step 随后再次单击 🖭 "配置修改器集"按钮，选择"显示按钮"（Show Button），"常用修改器"中所设置的按钮便会自动显示于命令面板之上，以便更为快捷的查找（如图3-88所示）。

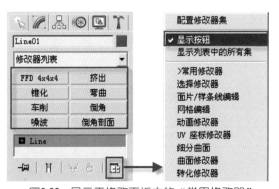

图3-87 在"修改器列表"中快速查找"常用修改器"　　图3-88 显示于修改面板中的"常用修改器"

3.2.2 二维图形的简易三维创意

能够科学高效地设置修改面板固然重要，但是为物体合理施加相应的修改命令，将二维平面图形创意转换成三维立体模型才是重中之重。在3ds Max众多的修改命令中，实际上只有部分命令对于创建室内效果图是极其常用的，而且并不是所有的修改命令都可以添加给任意物体，由于初始对象的属性不同，往往对象的修改命令也相应存在差异，如二维图形的修改命令是决不能施加给三维形体的。下面就针对部分常用的二维图形修改命令，通过实例造型制作进行深入的学习。

1. 挤出——居室房型制作

位置：DVD 01\Video\03\3.2.2-1二维图形的简易三维创意（居室房型）.avi ▐AVI▌时长：3:59　大小：12.3MB

实训目的：通过制作"居室房型"造型，熟悉"挤出"（Extrude）修改命令的具体操作方法，其中重点掌握封闭或断开的二维图形挤出后的不同对比效果以及导入Auto CAD平面图的步骤与方法（如图3-89所示）。

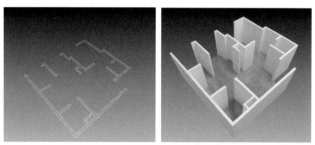

图3-89　执行"挤出"命令的渲染效果

Step　确保将场景尺寸调整为"毫米"后，单击菜单栏中的"文件"（Import）|"导入"（import）命令，在弹出的"选择要导入的文件"对话框中选择"居室平面图.dwg"文件类型为AutoCAD图形（*.DWG，*.DXF），单击 打开(O) 按钮（如图3-90所示）。

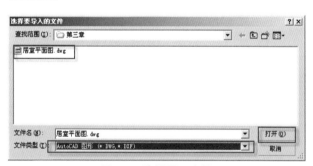

图3-90　选择导入文件

Step　在弹出的"AutoCAD DWG/DXF导入选项"对话框中单击"几何体"（Geometry）选项卡，在其下调整导入模型尺寸及线条闭合设置（如图3-91所示）。

●技巧：将"焊接"（Weld）复选框勾选后，此时导入场景中的模型便是自动闭合的线形，利于为其添加"挤出"（Extrude）命令。

●注意：一般情况下，建筑制图都是以毫米为计量单位，所以在导入AutoCAD二维平面图时，也同样要选择"毫米"，进而才能确保使用3ds Max结合VRay软件完美的渲染表现。

75

Step 在"层"（Layers）下只将"图层2"选中，单击 确定 按钮，将"居室平面图"导入3ds Max之中（如图3-92所示）。

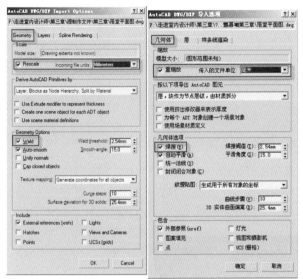

图3-91　"几何体"选项卡设置　　　　　　　　图3-92　"层"选项卡设置

Step 将导入场景的模型选中，单击 ✐ "修改"按钮，在"修改器列表"（Modifier List）中选择"挤出"（Extrude）命令，调整其"参数"（Parameters）面板（如图3-93所示）。

Step 最终显示效果（如图3-94所示），单击菜单栏中的"文件"（File）|"保存"（Save）命令，将此模型存储为"居室房型.max"。

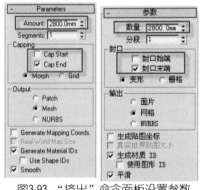

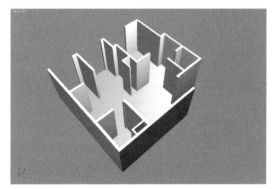

图3-93　"挤出"命令面板设置参数　　　　　　图3-94　"居室房型"视图最终显示效果

 ●注意：对于制作室内房型的鸟瞰图，运用二维图形执行"挤出"命令是最为恰当的选择。但线形必须确保是封闭的，否则"挤出"完成后会出现中间空心破面的后果。而如果只创建单体室内房型，建议结合使用"编辑多边形"命令进行单片创建，这种模型建造方法会在后面的章节中详细介绍。

2. 倒角——中式门饰制作

位置：DVD 01\Video\03\3.2.2-2二维图形的简易三维创意（中式门饰）.avi　│AVI│ 时长：2:22　大小：7.31MB

　　实训目的：通过制作"中式门饰"造型，熟悉"倒角"（Bevel）修改命令的具体操作方法，其中重点把握倒圆角细节参数的合理控制，从实质上理解各倒角层的逻辑关系（如图3-95所示）。

Step 打开随书光盘DVD02中的"源文件下载"|"第3章高效优代创建室内模型"|"中式门饰A.max"文件，该文件中的"门饰图案"的制作方法与前面所讲的"窗饰图案"基本相同，所以在此便不进行详细讲解。

Step 选中"门饰图案"物体，单击 ✐ "修改"按钮，在"修改器列表"（Modifier List）中选择"倒角"（Bevel）命令，调整其"倒角值"（Bevel Values）卷展栏（如图3-96所示）。

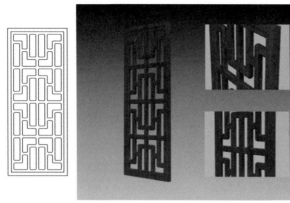

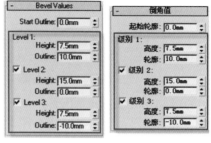

图3-95 执行"倒角"命令的渲染效果　　　　　图3-96 "倒角值"卷展栏

●技巧：在调整其倒角各层参数数值的同时，为了便于观察可按【F4】键将视图中物体的"边面"一起显示出来，通过其轮廓线的显示合理地添加倒角参数（如图3-97所示）。

Step 在此基础上还可以进行倒角操作，在其"参数"（Parameters）卷展栏中设置分段为3（如图3-98所示）。

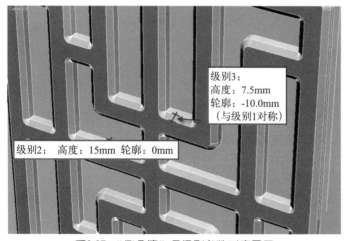

级别3：
高度：7.5mm
轮廓：-10.0mm
（与级别1对称）

级别2：高度：15mm 轮廓：0mm

图3-97 "倒角值"各级别参数对应显示　　　　图3-98 倒角"参数卷"展栏

●技巧：使倒角趋向圆滑，单纯将"曲面"（Surface）的"线性侧面"（Linear Sides）调整为"曲线侧面"（Curved Sides）是不能满足要求的，必须将其"分段数值"（Segment）根据倒角比例进行增加，但切勿过大以免影响显示速度。

Step 最终显示效果（如图3-99所示），单击菜单栏中的"文件"（File）|"保存"（Save）命令，将此模型存储为"中式门饰B.max"。

3. 车削——台灯制作

位置：DVD 01\Video\03\3.2.2-3二维图形的简易三维创意（台灯）.avi　　　AVI 时长：2:25　大小：8.24MB

实训目的：通过制作"台灯"造型，熟悉"车削"（Lathe）修改命令的具体操作方法，其中重点掌握"方向"（Direction）与"对齐"（Align）命令的合理使用方法，进而从实质上理解对称旋转体模型的创建原理（如图3-100所示）。

图3-99 "中式门饰"视图最终显示效果　　　图3-100 执行"车削"命令的渲染效果

Step 打开随书光盘中"源文件下载"|"第3章高效优化创建室内模型"|"台灯A.max"文件，该文件中"Line01"是由"可编辑样条线"通过使用 **插入** （Insert）、 **圆角** （Fillet）等编辑命令修改而得到的封闭图形，其制作方法与前面所讲"窗饰图案"基本相同，所以在此便不做详细讲解。

Step 选中"Line01"物体，单击 🖋 "修改"按钮，在"修改器列表"（Modifier List）中选择"车削"（Lathe）命令，在"参数"（Parameters）卷展栏中将其"方向"（Direction）改为 **Y** 轴，"对齐"（Align）方式改为 **最小** ，同时适当调整其他必要的参数，即可生成物体（如图3-101所示）。

●注意：在"参数"（Parameters）卷展栏中，"焊接内核"（Weld Core）选项是将中心轴向重合点焊接精减的选择方式，可根据车削物体的外形结构的复杂程度及边缘段量，选择是否使用，较为变形的物体建议不要将此项打开（如图3-102所示）。

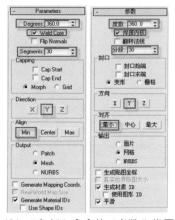

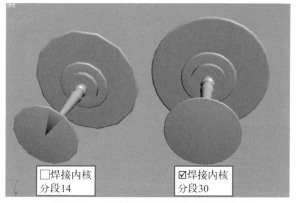

图3-101 "车削"命令的"参数"卷展栏　　　图3-102 不同参数设置的台灯显示效果

●技巧：在物体施加"车削"命令时，首先要确定不同物体的"对齐方式"及"方向"，要根据制作二维图形的创建视口及起止点有所区别对待。

Step 最终显示效果（如图3-103所示），单击菜单栏的"文件"（File）|"保存"（Save）命令，将此模型存储为"台灯B.max"。

4. 倒角剖面——会议桌制作

位置：DVD 01\Video\03\3.2.2-4二维图形的简易三维创意（会议桌）.avi　　　AVI 时长：2:22　大小：7.31MB

实训目的：通过制作"会议桌"造型，熟悉"倒角剖面"（Bevel Profile）修改命令的具体操作方法，其中重点把握"截面线"与"路径线"的比例关系以及理解倒角原理的实质，进而在室内设计更为广泛的模型制作领域中发挥创意（如图3-104所示）。

截面线

图3-103 "台灯"视图最终显示效果

图3-104 执行"倒角剖面"命令的渲染效果

Step 打开随书光盘DVD02中的"源文件下载"|"第3章高效优化创建室内模型"|"会议桌A.max"文件，该文件中名为"路径线"和"截面线"的二维图形都是通过"可编辑样条线"命令、**插入**（Insert）命令和 **圆角**（Fillet）命令等命令的修改而得到的封闭图形，其制作方法前面已反复提到，所以在此便不做详细讲解。

Step 在视图中将名为"路径线"图形选中，单击 "修改"按钮，在"修改器列表"（Modifier List）中选择"倒角剖面"（Bevel Profile）命令，在其"参数"（Parameters）卷展栏中单击 **拾取剖面**（Pick Profile）按钮，随后在视图中单击"截面线"图形，即可将两条二维线形转换为三维模型（如图3-105所示）。

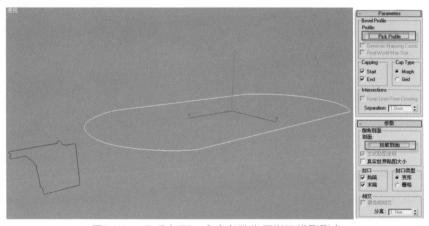

图3-105 "倒角剖面"命令参数卷展栏及线形形态

●技巧：为实施"倒角剖面"（Bevel Profile）命令所创建的"路径线"与"截面线"两条二维线形，其起始创建比例一定要成正比，否则即使使用缩放命令将其缩放，但组建出来的物体也未能展示其正常显示状态。

Step 最终显示效果（如图3-106所示），单击菜单栏中的"文件"（File）|"保存"（Save）命令，将此模型存储为"会议桌B.max"。

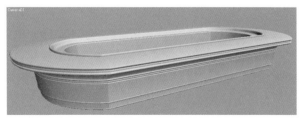

图3-106 "会议桌"视图最终显示效果

第 3 章 高效优化创建室内模型

79

实际上，以上这些3ds Max的二维修改命令所能创建的模型当然不止于此，只要读者切实掌握其二维图形，通过路径线条或参数设置，拓展延伸为三维立体造型，便可将其逐一突破，进而活学活用，真正地达到辅助设计的目的。

3.2.3 二维图形的复杂造型——放样

通过以上章节中实例的训练，读者对在3ds Max中的二维图形添加命令并将其编辑、转化为三维模型的概念已不再陌生了。但是，在现实室内设计场景中以上这些模型的造型结构还是相对较为简单的，对于复杂的三维模型来讲，恐怕这些简易的修改命令便会令人大失所望。

本节便介绍一种相对有些复杂，但在制图过程中极其实用的二维图形转换三维模型的修改命令——放样（Loft）。该命令在某种形式上与"倒角剖面"（Bevel Profile）命令存在着一定的相通之处，可以将其看成是"倒角剖面"的延展（如图3-107所示）。放样物体同样是使用"路径线"结合"截面线"组建而成的实体造型，但其截面变化相对而言更为多变，所以其功能表现也更为丰富。下面便通过两个实例对放样（Loft）命令进行深入地了解。

图3-107　运用不同"截面线"与"路径线"放样出的柱式

3.2.4 放样变形实例造型——窗帘制作

位置：DVD 01\Video\03\3.2.4放样变形实例造型——窗帘制作.avi　　时长：4:59　大小：16MB

"放样"之所以能够将二维平面转化成灵活多变的三维模型，其原因之一是由于其具备5个功能强大的修改变形命令，分别为"缩放"、"扭曲"、"倾斜"、"倒角"与"拟合"，它们分布在"放样"命令面板中的"变形"卷展栏之下，是专门针对"放样"物体而设定的（如图3-108所示），通过该项命令的修改可以将放样对象的截面产生意想不到的变化。即便如此，经常应用于室内效果图表现的命令还是较为有限的，下面便以常用的"缩放"放样为例制作一个最为典型的"窗帘"造型（如图3-109所示）。

图3-108 "变形"卷展栏

图3-109 "放样"变形修改后的窗帘渲染效果

实训目的：通过制作"窗帘"造型，熟悉"放样"（Loft）修改命令的具体操作方法，其中重点掌握"缩放"放样对话框的相关设置，明确"截面线"与"路径线"的内在关系，举一反三，能够从中引申到其他"放样"变形的操作。

Step 01 在确保将单位设置为"毫米"的基础上，在顶视图中绘制一条开放的曲线，将其命名为"窗帘截面"。同时在前视图中绘制一条直线，并将其命名为"窗帘路径"，注意两条线形的比例关系一定是正比（如图3-110所示）。

●注意：两条线段的比例关系要恰当，最好是按照正常的比例数值绘制，否则效果将会与预期希望的模型存在差距。

Step 02 在前视图将"窗帘路径"选中，依次单击 "创建"按钮、 "几何体"按钮，在其下拉列表中选择"复合对象"（Compound Objects）选项，在"对象类型"（Object Type）卷展栏中单击 放样 （Loft）按钮（如图3-111所示）。

图3-110 绘制的窗帘截面线与窗帘路径线

图3-111 在命令面板中选择"放样"命令

Step 03 在随后弹出的"创建方法"（Creation Method）卷展栏中单击 获取图形 （Get Shape）按钮，再在视图中单击"窗帘截面"，即可生成放样物体，将其命名为"窗帘01"（如图3-112所示）。

●技巧： 获取路径 与 获取图形 按钮功能基本相同，其使用方法取决于在选择"放样"命令之前所选择的图形的属性定位，倘若是"路径线段"，则在"创建方法"卷展栏中要选择 获取图形 ；反之如先选择的为"截面图形"，则要选择 获取路径 ，才能正确完成放样命令。

Step 04 在选中"窗帘01"物体的基础上，单击 （修改）按钮，进入其"修改"命令面板，将"蒙皮参数"（Skin Parameters）卷展栏下的"图形步数"（Shape Steps）设置为1（如图3-113所示）。

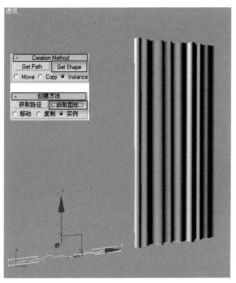

图3-112 "创建方法"卷展栏

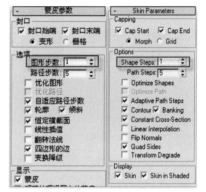

图3-113 "蒙皮参数"及"变形"卷展栏设置

●技巧：　"图形步数"和"路径步数"分别是设置横截面与路径每个分段区间的步数值。数值越大段数则越多，默认数值为5，要根据每个模型的曲面造型弯曲程度区别对待，以加快模型运算速度，此技巧会在后边章节中详细介绍。

Step 05　随后在"变形"（Deformations）卷展栏中，单击 **缩放**（Scale）按钮，在弹出的"缩放变形"（Scale Deformations）对话框中，在控制线上使用 "插入Bezier点"按钮为其添加一个控制点，调整形态（如图3-114所示）。

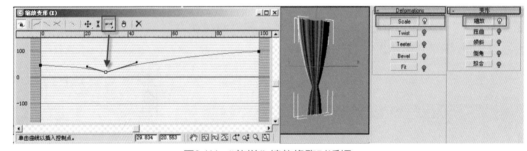

图3-114 "放样"缩放修改对话框

●注意：　在放样的各种变形对话框中，基本都是对物体添加控制点进行修改，该调整过程需要耐心，控制点分为"角点"、"Bezier—平滑"、"Bezier—角点"，可以通过在其上右击进行切换，进而调整成造型完美的三维模型。

Step 06　将调整好的"缩放变形"对话框关闭，继续保持"窗帘01"被选择的状态，在修改器堆栈列表中选择放样下的"图形"子物体层级，再在视图中选择位于窗帘底部的截面曲线，最后单击 **左** 按钮，呈现在视图窗口中的窗帘便会自动向一侧对齐，其形态（如图3-115所示）。

●注意：　在选择窗帘的截面曲线时，注意要结合其起始创建方法，倘若在施加"放样"命令之前，所绘制的"窗帘路径"的绘制方法为自上向下，其起止点自然在最上方。那么放样出的"窗帘01"其截面曲线必然也将在其上方，最好的选择方法就是将"窗帘01"物体整体框选，以便快速选取窗帘的截面。

Step 07　单击工具栏中的 "镜像"按钮，在弹出的"镜像：屏幕坐标"（Mirror Coordinates）对话框中调整其镜像参数，单击 **确定** 按钮，以得到"窗帘02"造型（如图3-116所示）。

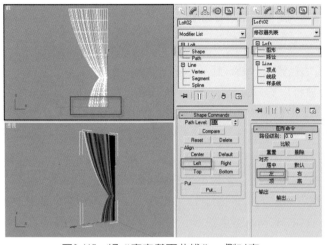
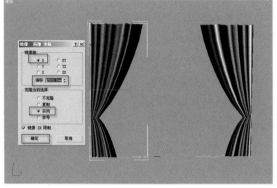

图3-115　将"窗帘截面曲线"一侧对齐　　　　　　　　　　图3-116　镜像另一侧窗帘

●技巧：由于所创建的截面为单线，所以"窗帘"造型也自然成单片显示，倘若其面片与视图背向，可将"蒙皮参数"（Skin Parameters）卷展栏下的"翻转法线"复选框勾选（如图3-117所示）。

Step 分别在前视图与左视图创建两根线条（如图3-118所示），使用同样的方法创建其上部的帷幔。

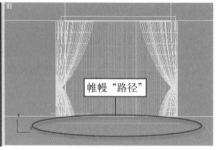

图3-117　设置翻转法线　　　　　　　　　　　　　图3-118　制作帷幔的"路径"与"截面"

Step 最终显示效果（如图3-119所示），单击菜单栏中的"文件"（File）|"保存"（Save）命令，将此模型存储为"窗帘.max"。

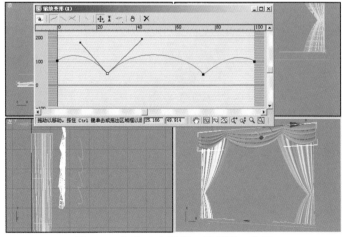

图3-119　制作窗帘帷幔及最终显示效果

3.2.5 多截面放样实例造型——餐桌桌布制作

位置：DVD 01\Video\03\3.2.5多截面放样实例造型——餐桌桌布制作.avi　　AVI 时长：10:48　大小：35.1MB

放样模型除了能够使用"缩放变形"等一系列功能修改以外，还可以在一条路径上获取多个截面，进而形成造型多变的放样物体。下面便使用"多截面放样"的方法制作一个圆形桌布（如图3-120所示）。

实训目的：通过制作"餐桌桌布"造型，熟悉多截面"放样"（Loft）的具体操作方法，其中重点掌握不同截面与路径的位置及比例关系，通过联系其他放样"变形"修改命令，真正掌握"放样"过程中各二维线形之间的必然联系。

Step 同样确保将单位设置为"毫米"，在顶视图中绘制一个"半径"（Radius）为750mm的"圆形"（Circle）和"半径"（Radius）为800mm、"边数"为26的"多边形"（NGon），将其分别命名为"圆截面"与"多边截面"，同时在前视图绘制一条长约750mm的直线段，并将其名称改为"路径"（如图3-121所示）。

图3-120　多截面"放样"的餐桌桌布渲染效果　　　　　　　图3-121　创建截面与路径

●技巧：添加多条"边数"的"多边形"（NGon），其外形虽然与"圆形"（Circle）几乎一模一样，但是其内在截点远远多于后者，更有利于下一步转变为曲线命令的编辑。

Step 选择多边形，将其转化成为"可编辑样条线"，随后按【1】键，进入其该多边形的 "顶点"子物体层级，将其"锁定控制柄"（Lock Handles）复选框选中，同时按【Ctrl+A】组合键，将其所有顶点选中，右击，在弹出的快捷菜单中选择"贝塞尔"（Bezier）命令，选择任意一个截点的绿色控制手柄，使用 "移动"工具拖动其手柄，此时所有手柄会随之一起移动，从而得到曲线圆形（如图3-122所示）。

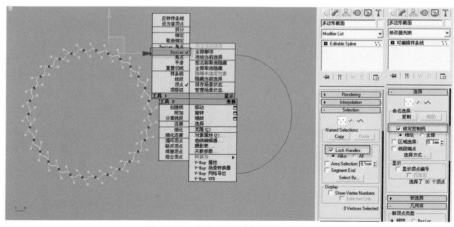

图3-122　改变"多边截面"形态

84

●技巧：曲线圆形也可由"星形"（Star）直接创建，但通过由多边形修改后制作出来的"多边截面"来绘制放样物体会较"星形"更为自然。

Step 03 选中"多边截面"，依次单击 ⬚ "创建"按钮、⬚ "几何体"按钮，选择"复合对象"（Compound Objects）下拉选项，在"对象类型"（Object Type）卷展栏中单击 ▢放样▢ （Loft）按钮。在相应的"创建方法"（Creation Method）卷展栏中单击 获取路径 （Get Path）按钮，随后在视图中单击"路径"，即可获得初步放样物体，然后将其命名为"餐桌桌布"（如图3-123所示）。

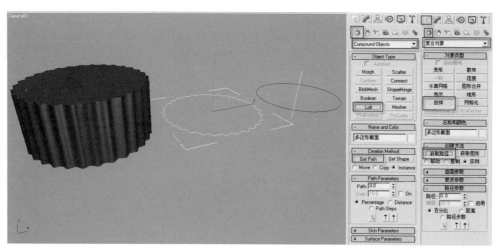

图3-123　初步放样结果

Step 04 仍确保选中"餐桌桌布"物体，在"路径参数"（Path Parameters）卷展栏中的"路径"（Path）数值框中输入100，再次单击 获取图形 （Get Shape）按钮，最后在视图中单击"圆截面"，随即可将放样物体真正调整为桌布外形（如图3-124所示）。

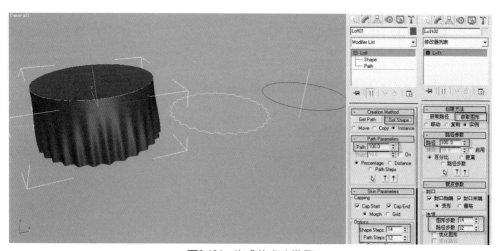

图3-124　生成的桌布造型

●注意：在非着色显示方式的视图中，当前路径位置会显示出黄色的十字交叉点，同时此位置的截面会显示为绿色轮廓线，建议在"路径"数值框中输入数值时，要时刻观察其绿色轮廓线的具体位置。

●技巧：根据造型创建完整的桌布细节变化，可以根据其具体细节变化对其"图形步数"和"路径步数"进行分别调整，以达到更为优秀的效果。

Step 05 随后单击"变形"（Defomations）卷展栏，在其中单击 ▣倒角▣ （Bevel）按钮，在弹出的"倒角变形"（Bevel Defomation）对话框中，在控制线上使用 ▣ "插入Bezier点"按钮为其添加一个控制点，调整形态（如图3-125所示）。

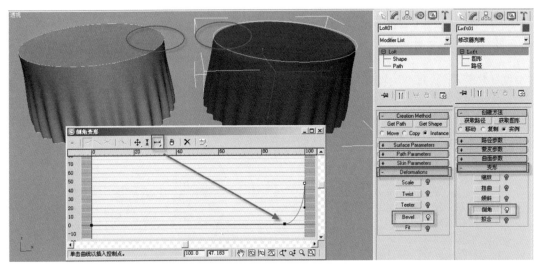

图3-125 "倒角变形"前后对比效果及参数调整

Step 06 单击菜单栏中的"文件"（File）|"保存"（Save）命令，将此模型存储为"餐桌桌布.max"。

使用"放样"（Loft）命令创建模型是构建室内模型中最常用的一种方法，通过"放样"命令所绘制出的复杂模型远不及于此，重要的是它所提供的诸多控制选项，与二维图形简单编辑而生成三维模型的命令相比，具有更强的可操控性，尤其是放样"缩放"（Scale）修改命令，在创建室内模型过程中起着十分重要的作用。

3.2.6 三维模型常用修改命令

将二维图形转换为室内场景中真正的立体模型，需要相应的修改命令，对于单纯的三维基本体而言，想要将其生成更为复杂的模型，同样也是需要通过命令进行修改的，甚至是在多种命令的叠加之后，才能达到预期的效果。

3ds Max软件为用户提供的三维模型修改命令为数众多，在短时间将其逐一掌握，对于初学者来讲是件不容易的事情，所以本节在此将其总结归纳，将常用于室内模型的三维修改命令贯穿于实例操作，希望广大读者能够将其尽快灵活掌握。

1. 弯曲、FFD——办公座椅制作

位置：DVD 01\Video\03\3.2.6-1三维模型常用修改命令（办公座椅）.avi　AVI 时长：19:38 大小：84.4MB

实训目的：通过制作"办公座椅"造型，熟悉"弯曲"（Bend）及"FFD"修改命令的具体操作方法，其中重点掌握"弯曲"命令的参数设置，以及"FFD"命令的应用方法（如图3-126所示）。

Step 01 在确保将单位设置为"毫米"的基础上，依次单击 ▣ "创建"按钮和 ▣ "几何体"按钮，在"对象类型"卷展栏中单击 ▣切角长方体▣ （ChamferBox）按钮，在顶视图中创建一个切角长方体，将其命名为"座椅"，修改其参数（如图3-127所示）。

图3-126 执行"弯曲"及
"FFD"命令的渲染效果

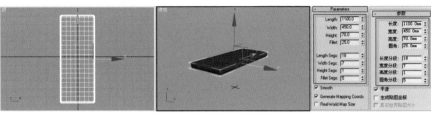

图3-127 创建切角长方体

Step 02 将"座椅"选中,单击 ✎"修改"按钮,在修改命令面板中为其增加"弯曲"(Bend)修改器,在其下方的"参数"(Parameters)卷展栏中调整相应数值,以完成第一次"弯曲"命令的设置(如图3-128所示)。

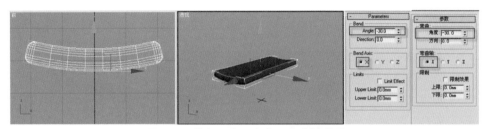

图3-128 施加一次"弯曲"的座椅效果

●技巧: 只有将物体面片数的相应段数进行科学切分,其弯曲效果才能合理,但切勿一味增加其段数,以免在渲染时间上造成没必要的浪费。

Step 03 继续为"座椅"添加"弯曲"(Bend)修改器,在调整其弯曲参数的同时在其"修改器堆栈列表"中将此次弯曲命令的"中心"子对象层级选中,并在视图中使用 ✦"选择并移动"工具将其弯曲中心移至到"座椅"中部(如图3-129所示)。

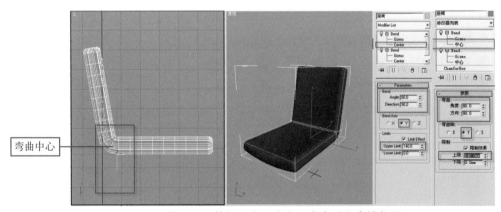

弯曲中心

图3-129 施加二次"弯曲"命令后的座椅效果

●注意: "限制"是用于将弯曲效果限定在中心轴以上或以下的某个部位,通过此设定可以对物体产生局部弯曲的效果。

Step 04 在顶视图中绘制一个"圆柱体"(Cylinder),将其参数调整为"半径"(Radius)为15,"高度"为(Height)1700,"高度"(Height Segment)分段为40,"边数"(Sides)为15,同时将其命名为"椅子腿01"。随后也使用同样的方法对其添加"弯曲"(Bend)修改器,调整其参数并移动其弯曲中心(如图3-130所示)。

87

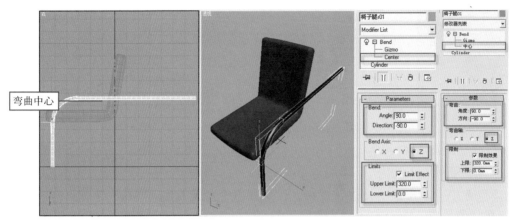

图3-130 施加一次"弯曲"的椅子腿效果

Step 以同样的方法为"椅子腿01"施加二次弯曲命令，同时适当调整其参数设置并移动其弯曲中心（如图3-131所示）。

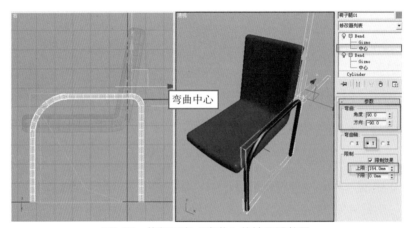

图3-131 施加二次"弯曲"的椅子腿效果

Step 选择"座椅"物体，单击 🖊️ "修改"按钮进入修改命令面板，在其中为其增加"FFD3×3×3"修改器，同时在其"修改器堆栈列表"中将此命令中的"控制点"（Control Points）子对象层级激活，并在视图中使用 ✛ "选择并移动"工具调整每个重要节点，其最终效果（如图3-132所示）。

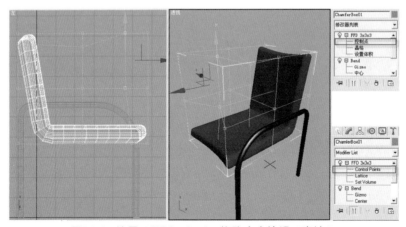

图3-132 使用"FFD3×3×3"修改命令编辑"座椅"

Step 选择"椅子腿01",同样单击 ✏ "修改"按钮,在打开的修改命令面板中为其增加"FFD box"修改器,在其下方的"FFD 参数"(FFD Parameters)卷展栏中单击 设置点数 按钮,在随后弹出的对话框中将其调整为"4×2×4",同时在其"修改器堆栈列表"中将此命令中的"控制点"(Control Points)子对象层级激活,并在视图中使用 ✛ "选择并移动"工具调整每个重要节点,其最终效果如图3-133所示。

🔧 ●技巧:"FFDbox"命令相对于"FFD4×4×4"、"FFD2×2×2"、"FFD3×3×3"更加灵活,可根据物体细节结构对应调整,从而通过适宜的控制点移动使格栅对象产生平滑一致的变形效果。

Step 最后将"椅子腿01"镜像复制到另一侧,与"座椅"对齐,其最终的显示效果如图3-134所示,单击菜单栏中的"文件"(File)|"保存"(Save)命令,将此模型存储为"办公座椅.max"。

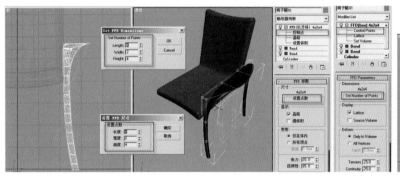
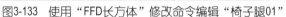
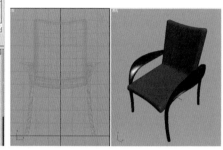

图3-133 使用"FFD长方体"修改命令编辑"椅子腿01" 图3-134 "办公座椅"视图最终显示效果

2. 锥化——瓷瓶台灯制作

📀 位置:DVD 01\Video\03\3.2.6-2三维模型常用修改命令(瓷瓶台灯).avi | AVI 时长:6:46 大小:24.3MB

实训目的:通过制作"瓷瓶台灯"造型,熟悉"锥化"(Taper)修改器的具体操作方法,其中重点掌握控制锥化的倾斜度及曲线轮廓曲度,从而实现物体的整体或局部锥化效果(如图3-135所示)。

Step 确认已将单位设置为"毫米",依次单击 ▸ "创建"按钮、 ◉ "几何体"按钮,在打开的卷展栏中单击 圆柱体 (Cylinder)按钮,在顶视图中创建一个圆柱体,将其命名为"底座",调整其参数(如图3-136所示)。

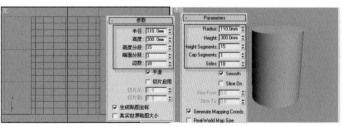

图3-135 执行"锥化"修改器的渲染效果 图3-136 创建圆柱体

🔧 ●技巧:增加该圆柱体的"高度分段",是为了在下一步为其添加"锥化"修改器并调整"弯曲参数"时达到更为圆滑的效果。

Step 选中"底座"物体，单击 "修改"按钮，在修改命令面板中为其增加"锥化"（Taper）修改器，在其下方的"参数"（Parameters）卷展栏中设置其具体参数（如图3-137所示）。

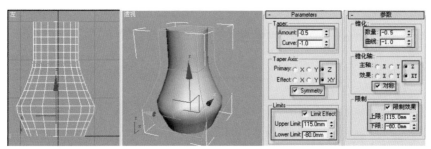

图3-137 "底座"的形态与参数

●技巧：此命令的限制结果与"弯曲"（Bend）修改器的"限制"选项的功能一样，都是为其设定一段局限的区域，以突出其造型变化。

Step 依次单击 "创建"按钮、 "几何体"按钮，在打开的卷展栏中单击 **管状体** （Tube）按钮，继续在顶视图中创建一个管状体，将其命名为"灯罩"，调整其参数（如图3-138所示）。

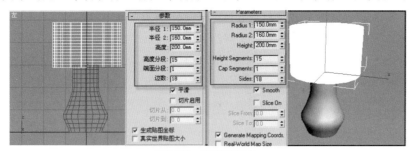

图3-138 创建管状体

Step 同样也为"灯罩"物体增加"锥化"（Taper）修改器，并适当调整其参数，以完成"瓷瓶台灯"的绘制，其最终的显示效果如图3-139所示。

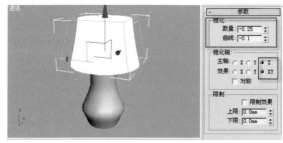

图3-139 "瓷瓶台灯"视图最终显示效果

Step 单击菜单栏中的"文件"（File）|"保存"（Save）命令，将此模型存储为"瓷瓶台灯.max"。

3. 扭曲、锥化——花瓶制作

位置：DVD 01\Video\03\3.2.6-3三维模型常用修改命令（花瓶）.avi	时长：9:47 大小：61.8MB

实训目的：通过制作"花瓶"造型，熟悉"扭曲"（Twist）和"锥化"（Taper）修改器的具体操作方法，其中重点掌握控制"扭曲"的角度与段数的合理运用，以提高制图效率（如图3-140所示）。

Step 确认已将单位设置为"毫米"，依次单击 "创建"按钮、 "图形"按钮，在打开的卷展栏中单击 **矩形** （Rectangle）按钮，在顶视图中创建一个边长为90mm×90mm，角半径为10mm的矩形，将其命名为"瓶底"（如图3-141所示）。

图3-140 执行"扭曲""锥化"
命令的渲染效果

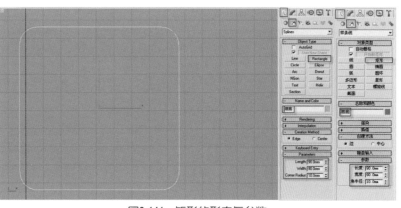

图3-141 矩形的形态与参数

Step 02 选择"瓶底"并将其复制，然后命名为"瓶身"，并将"瓶身"转化为"可编辑样条线"。按数字键【3】，进入"瓶身"的 ∧ "样条线"（Spline）子物体层级，将整体样条线激活，打开"几何体"（Geometry）卷展栏，设置轮廓参数为-5，将线形轮廓勾边（如图3-142所示）。

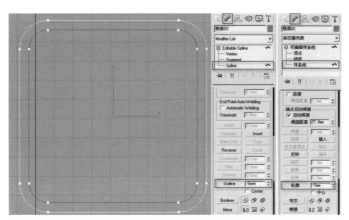

图3-142 使用"轮廓"修改器生成"瓶身"

Step 03 关闭"瓶身"物体的子集，分别为"瓶底"与"瓶身"图形添加"挤出"（Extrude）修改器，调整其参数为（如图3-143所示）。

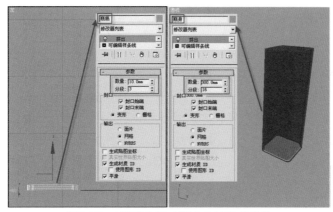

图3-143 "瓶底"与"瓶身"的挤出参数

91

Step 将刚刚挤出的两物体成组，单击 "修改"按钮，在修改命令面板中为其添加"扭曲"（Twist）修改器，在其下方的"参数"（Parameters）卷展栏中设置其具体参数（如图3-144所示）。

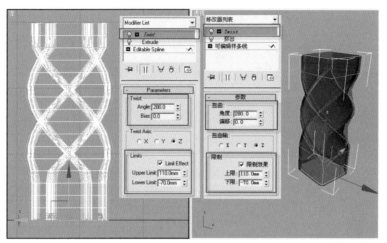

图3-144 "扭曲"参数及效果

Step 随后再继续为其添加"锥化"（Taper）修改器，其"参数"（Parameters）卷展栏中的具体参数（如图3-145所示），最后得到"花瓶"的最终效果。

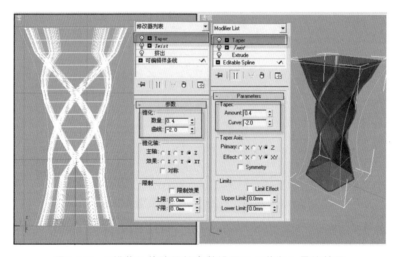

图3-145 "锥化"修改器的参数设置及"花瓶"最终效果

Step 单击菜单栏中的"文件"（File）|"保存"（Save）命令，将此模型存储为"花瓶.max"。

4. 布尔运算——墙体制作

位置：DVD 01\Video\03\3.2.6-4三维模型常用修改命令（墙体）.avi　　AVI 时长：14:52　大小：48.52MB

　　对3ds Max软件略微熟悉的用户，对"布尔运算"（Boolean）这一概念不会太陌生，"布尔运算"是该软件中较为原始的建模命令，它无非就是通过对两个或更多的物体之间进行并集、差集、交集的运算，进而得到所需的模型（如图3-146所示）。但此种运算命令由于容易出错，所以在创建模型时很少被推荐使用。正值此时，ProBoolean与ProCutter这两个命令便应运而生。这两种运算命令之所以被称之为"超级布尔"与"超级切割"，是因为它在原有"布尔运算"（Boolean）基础上大大加强3ds Max布尔运算的可操作性及展示效果，运行相对稳定，大大提高了制图效率。

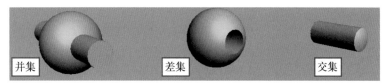

图3-146　布尔运算3种的运算形式

下面就以"墙体制作"为例，分别介绍以上3种命令的不同操作方法以及显示效果。

实训目的：通过制作"墙体"造型，熟悉"布尔运算"、ProBoolean与ProCutter3种运算命令的具体操作方法，其中重点掌握如何更加合理地选择运输方法，以便提高制图软件的系统稳定性（如图3-147所示）。

图3-147　执行"布尔运算"、"ProBoolean"与"ProCutter"命令的渲染效果

Step　打开随书光盘DVD02中"源文件下载"|"第3章高效优化创建室内模型"|"布尔墙体A.max"文件，该文件中已备有使用不同尺寸的"长方体"制作而成的三组墙体模型，下面就分别使用3种不同运算模式随其进行剪切（如图3-148所示）。

Step　将视图中的"墙01"选中，依次单击　"创建"按钮、　"几何体"按钮，在其下拉列表中选择"复合对象"（Compound Objects）下拉选项，在"对象类型"（Object Type）卷展栏中单击　布尔　（Boolean）按钮，进入其布尔命令面板（如图3-149所示）。

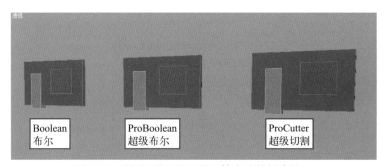

图3-148　即将添加3组不同运算方法的长方体

图3-149　复合对象创建面板

●注意：ProBoolean"超级布尔"和ProCutter"超级切割"命令按钮也同样显示于此命令面板之上，以下便不再逐一指引。

Step　在确认采取"差集A-B"操作的基础上，单击"拾取布尔"（Pick Boolean）卷展栏中的拾取操作对象 B（Pick Operand B）按钮，随后再选择视图中的"窗01"物体，随后在"参数"（Parameters）卷展栏下的"操作对象"（Operands）显示框中会自动出现A:墙01和B：窗01的字样，从而得到将"窗01"剪掉后的效果（如图3-150所示）。

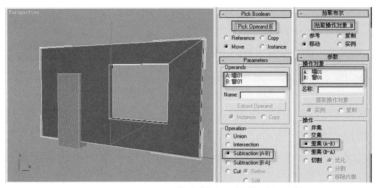

图3-150 使用"布尔"命令首次运算的过程及效果

Step 单击工具栏中的 ↳ "选择"工具，以结束此次布尔运算的全过程，再次确保将"墙01"选中，重复步骤③，以便将"门01"剪掉（如图3-151所示）。

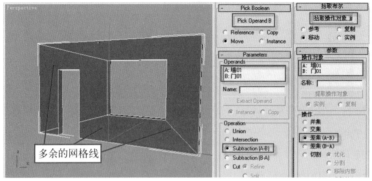

多余的网格线

图3-151 使用"布尔"命令二次运算的过程及效果

●技巧：通过两次"布尔"运算后的墙面便会产生许多多余的网格线，即便对被修剪的物体采取塌陷方式一起修剪，也很难避免"废线"的产生，这些废线会对后边的编辑产生一定的负面影响，所以在不得已情况下尽量少采用"布尔"运算方法制作室内模型。

Step 选择"墙02"，单击 ProBoolean "超级布尔"按钮，进入超级布尔参数面板，设置其参数（如图3-152所示），将 开始拾取 （Start Picking）按钮激活，随后在视图中连续单击"窗02"、"门02"物体，即可生成非常规则的墙体模型。

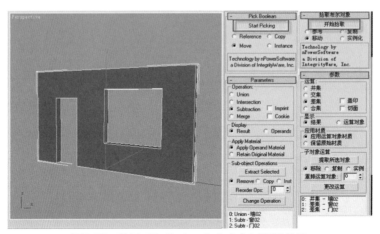

图3-152 使用"ProBoolean"命令的过程及效果

Step 06 选择"墙03",单击 [ProCutter] "超级切割"命令按钮,进入超级切割参数面板,设置其参数(如图3-153所示),勾选"原料外的切割器"(Cutter Outside Stock)复选框,再单击 [拾取原料对象] (Pick Stock Objects)按钮,随后在视图中连续单击"窗03"、"门03"物体,同样也可生成非常规则且没有多余网格线的墙体模型。

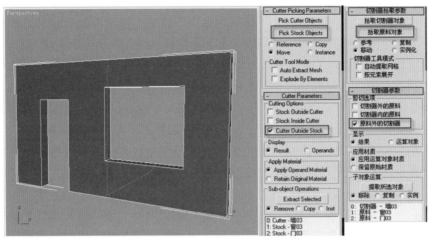

图3-153 使用ProCutter命令的过程及效果

Step 07 三面墙的最终显示效果(如图3-154所示),单击菜单栏中的"文件"(File)|"保存"(Save)命令,将此模型存储为"布尔墙体B.max"。

图3-154 执行"布尔运算"、"ProBoolean"与"ProCutter"命令的显示效果

●技巧:由此可见,使用3种运算命令制作的墙面效果还是存在一定差距的,所以在今后制作室内模型时要谨慎使用,比如墙体模型在不需要观察其厚度的前提下,可使用"编辑多边形"命令单面建模的方式代替,此方法会在后边章节中详细介绍。

本节重点讲述了二维图形及三维模型的常用修改命令,同时通过诸多具有代表性的实例,来向设计师充分展示了相应命令在创建室内模型过程中的重要作用。希望设计师能够在日后电脑绘图中,深入体会其中的含义并将其灵活运用。

3.3 解密高级建模必杀技

对于一名优秀的室内设计师而言,具备使用常见修改命令来创建室内场景中简单模型的本领自然不在话下,但是如何通过科学地使用各种高级模型修改技巧,创作出更为精细的室内模型,才算是真正的模型建造必杀技能。往往这些技能都是建立在熟识常见技能基础之上的,是常见修改命令勾勒模型细节之处的延展,是使室内模型建造过程更具科学性及可操作性的探讨。

3.3.1 探索高级建模命令技巧

本节中所讲的高级建模命令多数是建立在创建曲面模型的基础之上的，就模型细节的严谨性及科学性而言，是一般常见模型修改器无法比拟的。其中包括："编辑网格"（Edit Mesh）"编辑多边形"（Edit Poly）、"网格平滑"（MeshSmooth）"涡轮平滑"（TurboSmooth）等。就其功能表现与操作技巧来看，其中"编辑网格"与"编辑多边形"这两个修改器较为相似，而"网格平滑"命令与"涡轮平滑"命令更是极其相近，但两组命令在其细节应用及表现效率上还是具有一定的差异。

"编辑多边形"（Edit Poly）命令是"编辑网格"（Edit Mesh）命令的延伸，其命令操作功能的可调节性较后者而言具有飞跃地转化，堪称3ds Max领域中高级网格编辑技术的典范。但设计师在创建结构形式较为简单的模型时，仍然选择应用"编辑网格"（Edit Mesh）命令，原因是该命令具有相对界面功能简洁的优势。

这两种命令的添加方法都较为自由，既可以通过选择物体并在修改器堆栈中将其塌陷进行添加，也可以直接为物体添加，以便于日后修改（如图3-155所示）。

而"网格平滑"（MeshSmooth）与"涡轮平滑"（TurboSmooth）都是专门用来为简单模型添加细节的修改器。一般都是在使用"编辑多边形"或"编辑网格"修改器将模型大体框架创建之后，才对其添加修改，既而制作出造型完美的曲面造型。"涡轮平滑"修改器较"网格平滑"修改器虽不具备如此多的编辑功能，但其渲染速度却相对较快，所以多数经验丰富的设计师会将其选为渲染过程中较为理想的操作命令（如图3-156所示）。

使用"编辑多边形"与"编辑网格"

图3-155 创建的建筑结构

图3-156 创建的沙发模型

3.3.2 编辑网格、网格平滑、涡轮平滑、FFD、晶格——沙发脚凳制作

位置：DVD 01\Video\03\3.3.2编辑网格、网格平滑、涡轮平滑、FFD、晶格——沙发脚凳制作.avi　　⏵AVI 时长：28:32　大小：186MB

实训目的：通过制作"沙发脚凳"造型，熟悉"编辑网格"（Edit Mesh）、"网格平滑"（MeshSmooth）"涡轮平滑"（TurboSmooth）以及"晶格"（Lattice）、FFD等修改器的具体操

作方法，其中重点把握“编辑网格”中不同子集的选择方法及合理设置两种“平滑”命令的参数设置（如图3-157所示）。

Step 确保将单位设置为“毫米”，依次单击 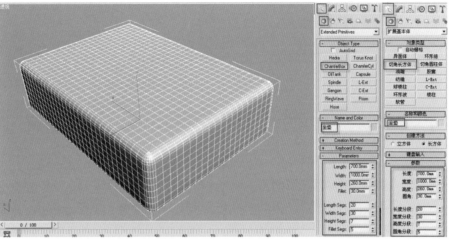 “创建”按钮、 “几何体”按钮，在打开的卷展栏中单击 切角长方体 （ChamferBox）按钮，在顶视图中创建一个切角长方体，将其命名为“坐垫”，修改其参数（如图3-158所示）。

分别使用“网格平滑”与“涡轮平滑”修改器制作模型

图3-157　执行“高级建模”命令的沙发脚凳渲染效果

图3-158　创建切角长方体

●技巧：在满足模型精度的前提下应尽量减少模型的多边形数量，但为达到其后期完美的制作效果可根据计算机运算速度给予适当地增加，为了方便观察可按【F4】键将边线同时显示。

Step 将“坐垫”物体选中，单击 “修改”按钮，在修改命令面板中为其添加“编辑网格”（Edit Mesh）修改器，按【1】键，进入其 “顶点”子物体层级，在“选择”（Selection）卷展栏下将“忽略背面”（Ignore Backfacing）复选框选中，同时在调整“软选择”（Soft Selection）的基础上在顶视图中间隔选取9个顶点，随后在左视图中将其向Y轴方向垂直下移，以形成下陷效果（如图3-159所示）。

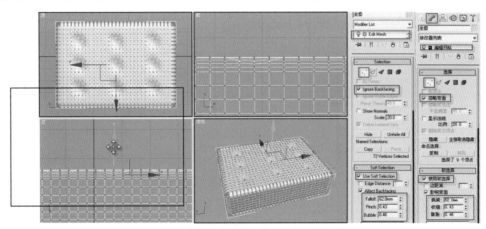

图3-159　“软选择”顶点下陷效果

●技巧：只有选择的顶点多一些，即初始网格数越多，软化效果才越明显。若所选顶点减少相应网格段数也应随之减少。

Step 将“软选择”关闭，按【4】键，进入“坐垫”的 “多边形”子物体层级，分别在4个视图中将“坐垫”的顶部边缘选中（如图3-160所示）。

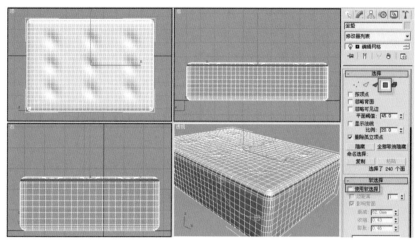

图3-160　选中顶部"多边形"

●技巧：在选取的过程中，可使用工具栏中的 回、回 "窗口/交叉"形式框选多边形，注意切勿错选。

Step 在"编辑几何体"（Edit Geometry）卷展栏下将"法线"（Normal）改为"局部"（Local）形式，随即调整两次"挤出"(Extude)与"倒角"（Bevel）参数，最终得到沙发上部边缘呈缝合线的效果（如图3-161所示）。

Step 使用同样的方法，制作下部边缘呈缝合线的效果（如图3-162所示）。

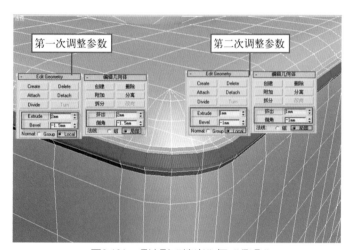

图3-161　多边形"挤出"与"倒角"

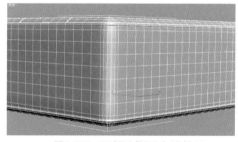

图3-162　下部边侧缝合线效果

Step 按【2】键，进入"坐垫"的 "边"子物体层级，在视图中将"坐垫"的凹陷周围的经纬线选中（如图3-163所示）。

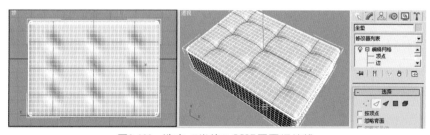

图3-163　选中"坐垫"凹陷周围经纬线

Step 适当调整"编辑几何体"卷展栏下的"切角"（Chamfer）参数，将选中的边变成双边（如图3-164所示）。

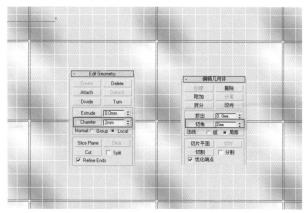

图3-164 "切角"后的边线效果

Step 按数字键【4】，进入"坐垫"的 ■ "多边形"子物体层级，将刚刚使用"切角"工具插入的所有多边形选中，同样为其执行"挤出"（Extude）与"倒角"（Bevel）命令，调整其参数以得到"坐垫"的凹缝经纬线效果（如图3-165所示）。

图3-165 "坐垫"的凹缝经纬线效果

Step 选中"坐垫"四周的"边"同样为其施加"切角"（Chamfer）｜"挤出"（Extude）｜"倒角"（Bevel）命令，以得到四角的缝合线（如图3-166所示）。

Step 将"坐垫"所有子集关闭，单击 ✐ "修改"按钮，在修改命令面板中为其添加"网格平滑"（MeshSmooth）修改器，在"细分量"卷展栏中将其"迭代次数"设置为2（如图3-167所示）。

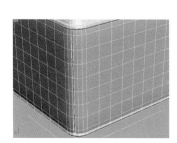

图3-166 "坐垫"四角的缝合线效果

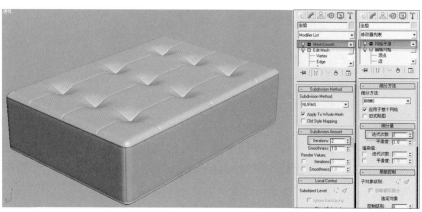

图3-167 "坐垫"执行"网格平滑"后效果

●技巧："涡轮平滑"（TurboSmooth）修改器与"网格平滑"（MeshSmooth）修改器的设置方法及展示效果极其相似，倘若考虑到计算机渲染时间过长，可将此处设置为"涡轮平滑"（TurboSmooth）（如图3-168所示）。

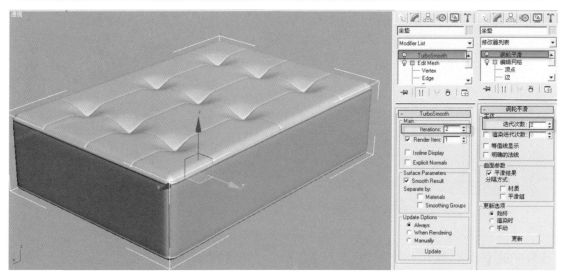

图3-168 "坐垫"执行"涡轮平滑"后效果

Step 将进行平滑后的"坐垫"选中，单击 "修改"按钮，在修改命令面板中为其添加"FFDbox"修改器，在其下方的"FFD 参数"（FFD Parameters）卷展栏中单击 设置点数 按钮，在随后弹出的对话框中将其调整为4×6×4，同时在其"修改器堆栈列表"中将此命令的"控制点"（Control Points）子对象层级激活，并在视图中使用 "选择并移动"工具适当调整各重要节点，其最终效果如图3-169所示。

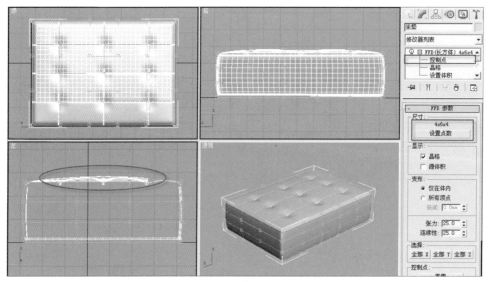

图3-169 "坐垫"最终效果

Step 依次单击 "创建"按钮、 "几何体"按钮，在打开的"对象类型"卷展栏中单击 长方体 （box）按钮，在"坐垫"下方创建一个长方体，调整其参数同时将其命名为"支撑架"（如图3-170所示）。

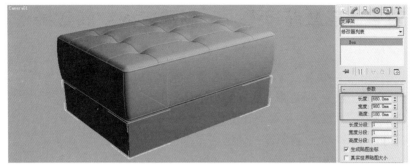

图3-170 "长方体"的形态及参数

Step 3 选择"支撑架",然后为其添加"晶格"(Lattice)修改器,调整其参数以显示其框架(如图3-171所示)。

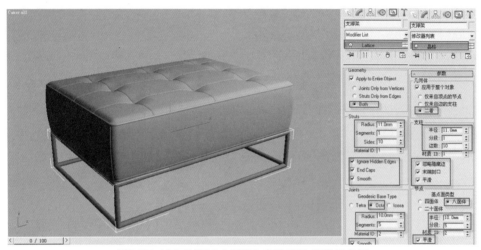

图3-171 长方体施加"晶格"修改器的参数及效果

●技巧: "晶格"(Lattice)修改器可以将物体各边和顶点转换为新的三维物体,既可以显示整体物体,同时也能够将部分局部单独显示,此功能对于表现栅格、框架的室内结构极有帮助,如: 格栅吊顶、骨架灯具等(如图3-172所示)。

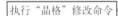
执行"晶格"修改命令

图3-172 执行"晶格"修改命令的格栅吊顶造型

Step 单击菜单栏中的"文件"(File)|"保存"(Save)命令,将此模型存储为"沙发脚凳.max"。

101

3.3.3　编辑多边形单面建模——创建室内空间效果

┃位置：DVD 01\Video\03\3.3.3编辑多边形单面建模——室内房型高效制作.avi　[AVI] 时长：17:46　大小：58.5MB

　　通过上一个实例的学习，读者应该对3ds Max的强大的创建高级建模功能有所了解，就同一物体
而言，会有诸多模型创建方法，因此选择科学高效的
建模方式是提高建模效率的关键。下面将通过使用
"编辑多边形"（Edit Poly）修改器创建一间室内单
面模型来掌握模型的高效制作方法。

　　实训目的：通过制作"室内房型"造型，熟悉
"编辑多边形"（Edit Poly）修改器的具体操作方法，
其中重点掌握使用该修改器来创建室内房型与单纯使
用"标准基本体"（Standard Primitives）或"扩展基本
体"（Extended Primitives）等初级建模的主要区别，
以及不同层次子集间的功能差异（如图3-173所示）。

图3-173　运用"编辑多边形"创建室内空间最终效果

1. 用"编辑多边形"修改器制作室内房型雏形——墙体构造

Step　首先启动3ds Max软件，根据前面章节所讲的方法，同样将其单位设置为毫米。

Step　依次单击 "创建"按钮、 "几何体"按钮，在打开的"对象类型"卷展栏中单击 长方体
（box）按钮，在顶视图中创建一个3500mm×4500mm×2800mm的方体，将其命名为"墙体"（如
图3-174所示）。

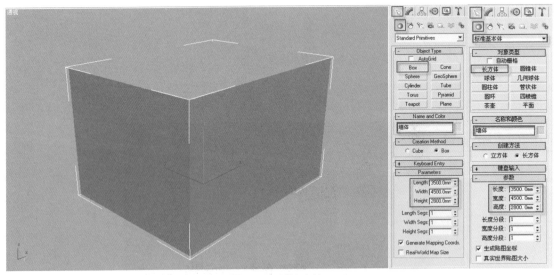

图3-174　创建方体

Step　将"墙体"转变成"编辑多边形"（Edit Poly）模型，在视图中右击，在弹出的快捷菜单中选择"转化
为"（Convert To）｜"转化为可编辑多边形"（Convert to Editable Poly）命令（如图3-175所示）。

Step　将"墙体"选中，按数字键【5】，进入该物体的 "元素"子物体层级，单击视图中的"墙
体"物体，在修改命令面板中的"编辑元素"（Edit Element）卷展栏下单击 翻转 （Flip）按钮，
将"墙体"法线翻转（如图3-176所示）。

102

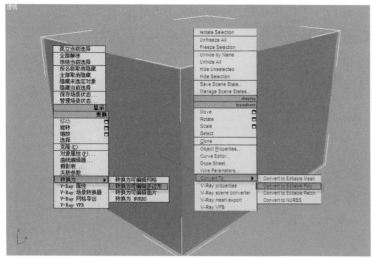

图3-175 将"墙体"转化为可编辑多边形

图3-176 翻转方体法线

●技巧：运用"编辑多边形"修改器进行单面建模的方法来创建室内房型，可以仅使用一个box方体，便能够同时满足组建包括空间中墙、地、顶等一套完善室内模型的要求，从而为VRay渲染提供了更为科学的基础模型平台，实乃便捷严谨。

Step 在任意视口中右击，在弹出的快捷菜单中选择"对象属性"（Object Properties）命令，在弹出的对话框中勾选"背面消隐"（Backface Cull）复选框（如图3-177所示），将单片房型正常显示于视图，完成室内房型墙体的创建（如图3-178所示）。

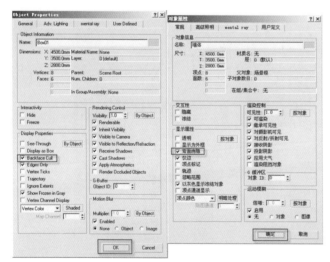

图3-177 开启背面消隐功能

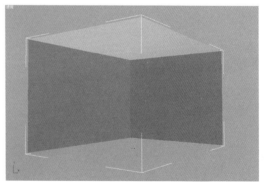

图3-178 "墙体"背面消隐后的显示效果

●注意：自从3ds Max8版本以后，"背面消隐"选项被默认保持关闭状态，故此建议在对模型使用翻转法线命令之后，手动开启3ds Max背面消隐功能，以便能够及时地观察到其制作效果。

2. 用"编辑多边形"制作室内房型雏形——窗口及窗体

Step 基于以上操作步骤，继续创建窗口及窗体。按下【F4】键，以显示物体的结构线框，以便在后面的操作过程中更为便捷地观察模型。

Step 在透视视图中选中"墙体"，按下【4】键，进入该物体的 ■ "多边形"子物体层级，选择即将制作窗洞的墙面，按【F2】键以确保该面以大红色显示。

第 03 章 高效优化创建室内模型

Step 单击"编辑几何体"（Edit Geometry）卷展栏中的 分离 （Detach）按钮，在弹出的"分离"（Detach）对话框中设"分离为"的名称为"窗面墙"，单击 确定 按钮。此时，被选中的表面将被分离开来（如图3-179所示）。

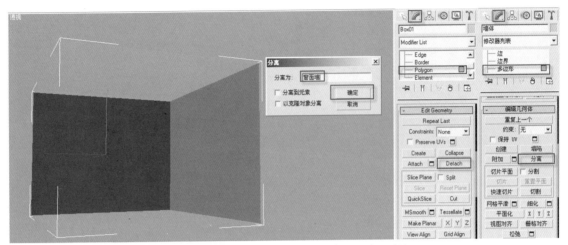

图3-179 将"窗面墙"从"墙体"中"分离"出来

Step 确认关闭子物体层级后，在视图中右击，在弹出的快捷菜单中选择"隐藏当前选择"（Hide selection）命令，将刚刚分离出来的墙面单独显示，整体便会视图清楚明了，为下一步创建窗口模型奠定基础（如图3-180所示）。

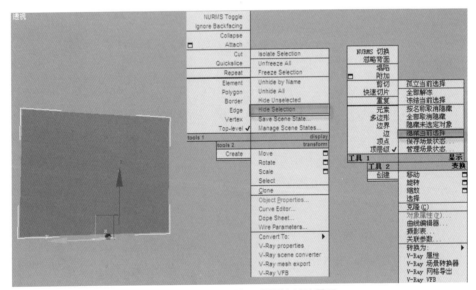

图3-180 将"窗面墙"设置为单独显示

Step 按键盘中【2】键，确认进入 （边）子物体层级，选择"窗面墙"面型的上下两条边线，选择"编辑边"（Edit Edges）卷展栏中的 连接 按钮，在随之弹出的"连接边"（Connect Edges）对话框中将其"段数"（segment）设定为2，"收缩"（Pinch）设定为30，单击 确定 按钮结束调整，随即"窗面墙"的面片则被插入两条水平段数（如图3-181所示）。

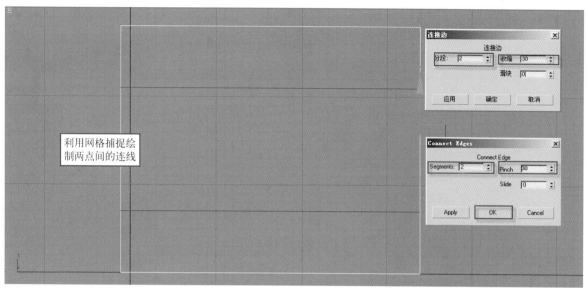

利用网格捕捉绘制两点间的连线

图3-181 为"窗面墙"面型上下两条边线执行"连接"命令的结果

Step 确保仍然是处于 ◁ （边）子物体层级中，使用同样的方法选择"窗面墙"面的水平方向四条边线，继续选择"编辑边"（Edit Edges）卷展栏中的 连接 □ 按钮，在随之弹出的"连接边"（Connect Edges）对话框中将其"段数"（segment）设定为2，"收缩"（Pinch）设定为40，单击 确定 按钮结束调整，从而为"窗面墙"增加一个内嵌面（如图3-182所示）。

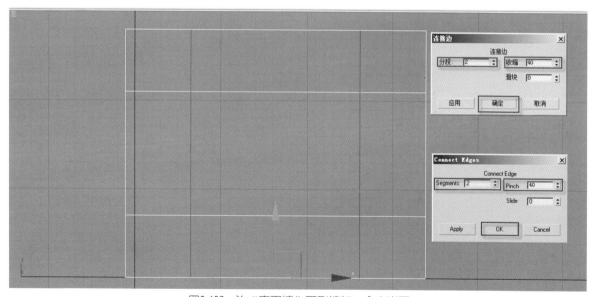

图3-182 为"窗面墙"面型墙加一个内嵌面

Step 确保仍处于 ■ "多边形"子物体层级，单击选择"编辑多边形"（Edit Polygon）卷展栏中的 挤出 □ （Extrude）按钮，并在弹出的"挤出多边形"（Extrude Polygons）对话框中将所选面挤出高度设置为-240mm，单击 确定 钮，制作出窗户与墙体的立体结构关系（如图3-183所示）。

●注意：一般正值都默认为坐标指认的方向，而负值则是与坐标指认的方向相反的方向。作为此处的窗洞，负值正是所需要的内凹面，而正值却为相反的外凸面。

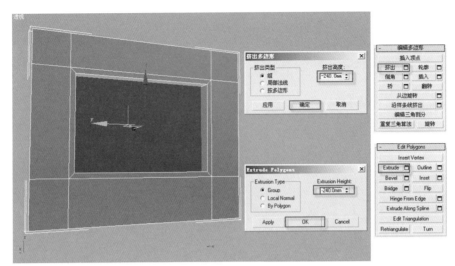

图3-183 执行"挤出"命令后生成窗洞结构

Step 按下【2】键，确认进入 ⊲ （边）子物体层级，选择刚被挤出生成面的上下两条边线（如图3-184 所示）。

Step 确保仍然保持 ⊲ （边）子物体层级状态，单击"编辑边"（Edit Edges）卷展栏中的 **连接** □ 按 钮，在随之弹出的"连接边"（Connect Edges）对话框中将其"段数"（segment）设定为2，单击 **确定** 按钮结束调整，随即窗体的面片则被均匀地插入两条段数，从而被分为三个连续面（如图3-185 所示）。

图3-184 选择上下两条边线的效果

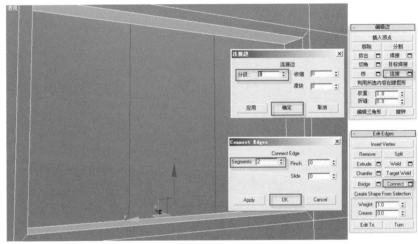

图3-185 执行"连接"命令的结果

Step 按下【4】键，进入所选物体的 ■ "多边形"子物体层级，将刚刚分成的三等分面片选中，同时 在"编辑多边形"（Edit Polygon）卷展栏中单击 **插入** □ （inset）按钮，在随之弹出的"插入多边 形"（inset Polygons）对话框中，务必注意要将其"插入形式"（inset Type）修改为"按多边形" （By Polygon）的方式，这是决定窗框分配形式的关键。此后，再将其"插入量"（inset Amount） 进行相应调整，在此建议输入数值50，单击 **确定** 按钮结束调整（如图3-186所示）。

Step 仍保持处于 ■ "多边形"子物体层级状态，操作方法同第⑦步，在"编辑多边形"（Edit Polygon）卷展栏中单击 **挤出** □ （Extrude）按钮，并在随之弹出的"挤出多边形"（Extrude

Polygons）对话框中将所选面形挤出高度设置为-50mm，单击 确定 按钮结束调整，三扇窗体立即呈现立体变化（如图3-187所示）。

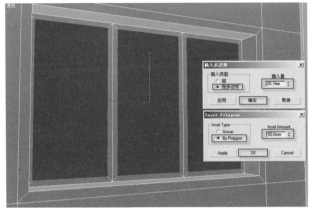

图3-186 "按多边形"方式分别插入面片

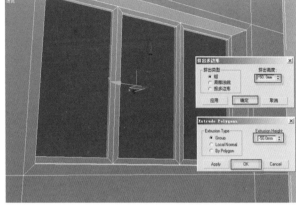

图3-187 执行"挤出"命令的将窗体立体化效果

Step 仍保持在 ■ （多边形）子物体层级状态中，选中窗口的4个面，操作方法同第⑪步，单击 挤出 □ （Extrude）按钮将窗口挤出为20mm，三扇尺寸等分、结构严谨的窗体的窗口便制作完成（如图3-188所示）。

●技巧：使用"可编辑多边形"（Edit Poly）修改器制作窗户，该制作方法不仅方便快捷，而且科学严谨，关键是充分节约面片数量。该方法相对于使用（Box）并结合（Boolean）运算的方式创建窗户造型，无论在技术含量上还是制作效果上都远远高于后者。

3. 用"编辑多边形"制作室内房型雏形——顶部造型

Step 在命令面板中单击 ▣ "显示"进入显示面板，在其下"隐藏"（Hide）卷展栏中单击"全部取消隐藏"（Hide Selected）按钮，所有物体便显示于视图中（如图3-189所示）。

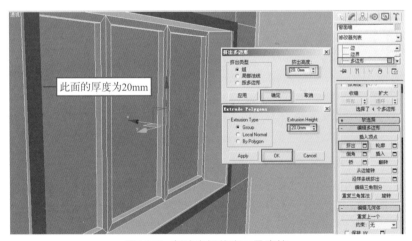

此面的厚度为20mm

图3-188 创建完好的窗口及窗体

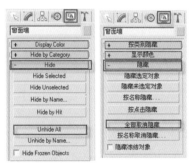

如图3-189 显示面板

Step 单击"墙体"物体，按下【4】键，进入墙体的 ■ "多边形"子物体层级，将顶部面片选取为大红色，在"编辑多边形"（Edit Polygon）卷展栏中单击 插入 □ （inset）按钮，在随之弹出的"插入多边形"（inset Polygons）对话框中将"插入量"（Inset Amount）设置为400mm，顶部造型便会随之增添一个边宽为400mm的内嵌面（如图3-190所示）。

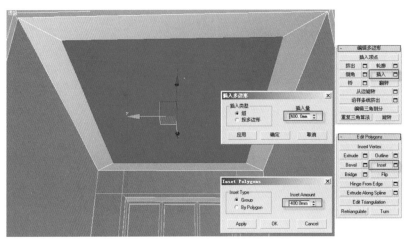

图3-190 执行"插入"命令将顶部添加内嵌面

Step 选择刚刚添加的内嵌面，在"编辑多边形"（Edit Polygon）卷展栏中单击 挤出 □ （Extrude）按钮，并在弹出的"挤出多边形"（Extrude Polygons）对话框中将挤出高度设置为-200mm，单击 应用 （Apply）按钮，随后再单击 确定 按钮，从而将该面向上挤出了两次，每次挤出高度为200mm（如图3-191示）。

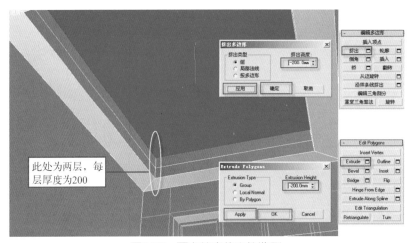

图3-191 两次挤出的立体造型

●技巧：将顶部面形看做窗面，两者的制作方法及内在本质上存在诸多异曲同工之处，学会灵活多变才是设计师攻克计算机操作难点的秘笈。

Step 在确保墙体模型仍处于 ■ "多边形"子物体层级的基础上，在左视图中选择刚刚被挤出层级中的4个中间面形。随后，在"编辑多边形"（Edit Polygon）卷展栏中单击 挤出 □ （Extrude）按钮，并在弹出的"挤出多边形"（Extrude Polygons）对话框中将"挤出类型"（Extusion Type）设置为"局部法线"（Local Normal），将挤出高度设置为200，但必须要保证为正值，单击 确定 按钮，完成吊顶造型（如图3-192所示）。

4. 用"编辑多边形"制作室内房型雏形——踢脚板造型

Step 首先单击"墙体"，关闭该物体的所有子集，随后单击"编辑几何体"（Edit Geometry）卷展栏中的 附加 （Attach）按钮，最后单击"窗面墙"，随即便将两者合并为一个整体（如图3-193所示）。

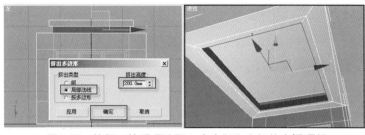
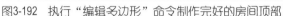
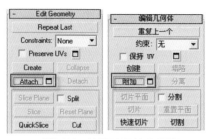

| 图3-192　执行"编辑多边形"命令制作完好的房间顶部 | 图3-193　编辑几何体卷展栏 |

Step　制作踢脚板的具体方法同截取窗洞的方法相同，同样单击"快速切片"（Quick Slice）按钮，在左视图中利用格栅点捕捉形式截取一段直线，其高度最好定位在距离地面100mm左右为宜（如图3-194所示）。

图3-194　截取出相应的踢脚位置

Step　进入 ■ "多边形"子物体层级，将刚刚被截取出来的4个踢脚面形选择为红色显示状态，单击"编辑多边形"（Edit Polygon）卷展栏中的 挤出 □（Extrude）按钮，在弹出的对话框中将"挤出类型"（Extrusion Type）设置为"按多边形"（Local Normal），将这4个面形向内挤出，挤出高度为20mm（如图3-195所示）。

●技巧：计算机虚拟场景虽然具备相应的真实性，但距离现实场景仍存在一定视觉差距，在此建议将踢脚板的挤出高度适当放大，以增强其真实质感。

Step　单击菜单栏中的"文件"（File）|"保存"（Save）命令，将此模型存储为"室内房型.max"。

　　至此为止，利用"编辑多边形"（Edit Poly）修改器已将室内空间全部模型创建完成（如图3-196所示）。该建模方法既满足多数设计师快捷制作模型的要求，又能使软件操作水平较为初级的学生培养一种科学严谨的建模习惯。

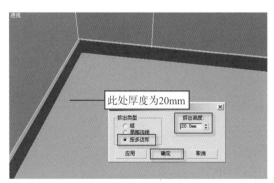

图3-195　挤出的踢脚板

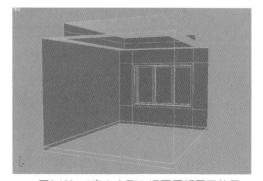

图3-196　"室内房型"视图最终显示效果

3.3.4 编辑多边形——现代沙发制作

> 位置：DVD 01\Video\03\3.3.4编辑多边形——现代沙发制作.avi　　AVI　时长：14:22　大小：52.6MB

只是简单通过制作房型的实例，即可发现"编辑多边形"命令的功能非常强大，以往通过多种基本形体配合多种编辑命令才能完成的造型结构，运用"编辑多边形"命令便可将其精确地表达出来，其翔实而便捷的界面操作的确令人折服。下面便通过制作"现代沙发"实例，再次证实"编辑多边形"修改器在3ds Max高级模型创建中的主导地位。

实训目的：通过制作"现代沙发"造型，熟悉"编辑多边形"（Edit Poly）修改器综合编辑的具体操作方法，其中重点把握该命令制作过程中的先后逻辑关系（如图3-197所示）。

图3-197 运用"编辑多边形"创建现代沙发最终效果

Step 将单位设置为"毫米"，单击 长方体 按钮，在顶视图中创建一长方体，将其边长调整为200mm×600mm×200mm，在其上右击，在弹出的快捷菜单中选择相应的命令将其转换为"可编辑多边形"，同时重命名为"现代沙发"（如图3-198所示）。

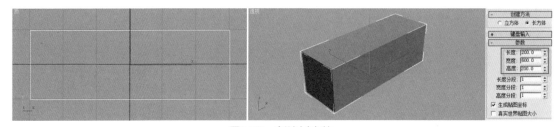

图3-198 创建长方体

Step 按键盘中【4】键，进入 ■ "多边形"子物体层级，选中"现代沙发"最上方的200mm×600mm的面型，单击"编辑多边形"（Edit Polygon）卷展栏中 挤出 □ （Extrude）设置按钮为其实行连续挤出命令，在弹出的对话框中将挤出高度陆续设置为150mm、130mm，以得到三段不同间隔数值的形体。（如图3-199所示）。

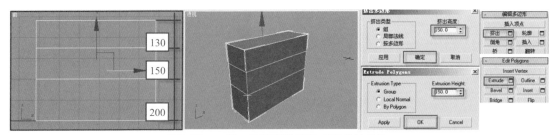

图3-199 三段不同间隔数值的"现代沙发"

Step ☐ 确保仍然是处于 ∎ "多边形"子物体层级，同时选中最下方两侧200mm×200mm的面型，继续单击 "编辑多边形"（Edit Polygon）卷展栏中 挤出 ☐（Extrude）设置按钮，在弹出的对话框中将挤出高度设置为200mm（如图3-200所示）。

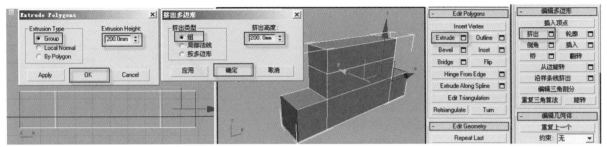

图3-200　侧面两面挤出多边形的效果

Step ☐ 继续使用同样的方法将刚刚挤出的面块的顶端选中，将其 "挤出高度"设置为150mm（如图3-201所示）。

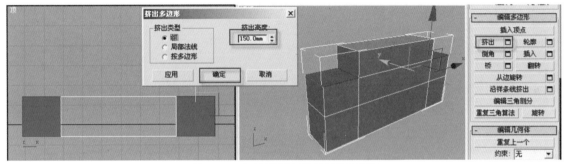

图3-201　上部两面挤出多边形的效果

●技巧：必须将其分别挤出，才能实现最终面块间隙的效果，否则便会与 "切角长方体"创建效果别无二样。

Step ☐ 继续使用同样的方法，选中 "现代沙发"两侧的面块，将其 "挤出高度"设置为400mm（如图3-202所示）。

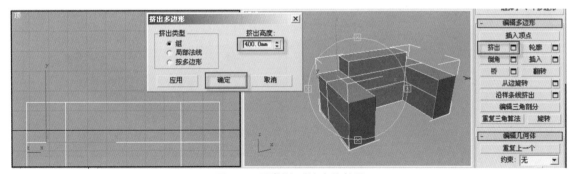

图3-202　两侧扶手挤出的效果

Step ☐ 选择中间的坐垫，同样适用 "挤出"（Extrude）的方法，将其连续挤出两次，其挤出高度分别为400mm和150mm（如图3-203所示）。

111

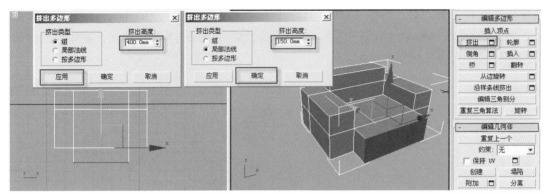

图3-203　前部坐垫挤出的效果

Step　最后选中"现代沙发"的刚刚挤出且最为突出面块的两个侧面，同样选择"挤出"（Extrude）命令，将其"挤出高度"设置为200mm，以完成"现代沙发"的雏形（如图3-204所示）。

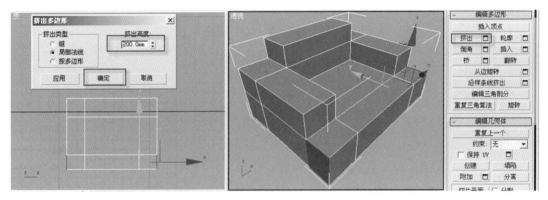

图3-204　运用"多边形"挤出的沙发雏形

Step　按数字键【2】，进入该物体的 ◁ "边"子物体层级，在视图中将其外轮廓边线选中（如图3-205所示）。

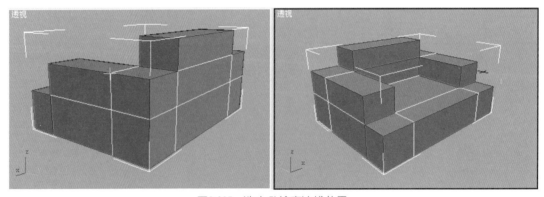

图3-205　选中外轮廓边线效果

Step　单击"编辑边"（Edit Edges）卷展栏中的 切角 □ （Chamfer）按钮，在随后弹出的"切角边"（Chamfer Edges）对话框中将其"切角量"（Chamfer Amount）设置为10mm，以得到切角棱边的效果（如图3-206所示）。

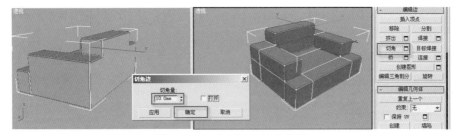

图3-206 切角外轮廓边线效果

Step 关闭"现代沙发"的所有子集，在其"编辑几何体"（Edit Geometry）卷展栏下单击 快速切片 （QuickSlice）按钮，同时使用工具栏中的 捕捉按钮，将其捕捉形式设置为"网格点"，在沙发的四周边缘转折处绘制切片线段（如图3-207所示）。

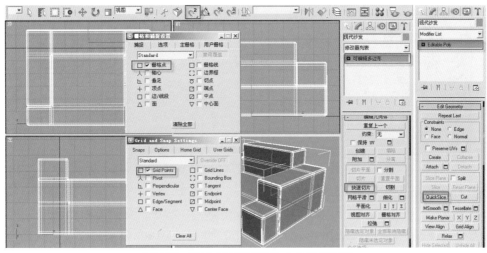

图3-207 施加"快速切片"命令后的效果

●技巧："快速切片"命令可以结合下一步的"细分曲面"命令同时进行，以更好地观察模型转折处的具体形态。

Step 同样确保子集关闭的前提下，在其下方"细分曲面"（Subdivision Surface）卷展栏中，勾选"使用NURMS细分"（Use NURMS Subdivision）复选框，同时把"迭代次数"（Iterations）设置为2（如图3-208所示）。

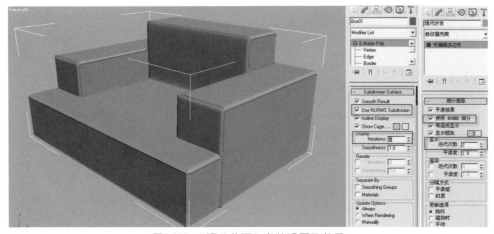

图3-208 "细分曲面"参数设置及效果

●技巧：可根据计算机的运行状态，尝试调整其迭代数值，数值自然是越大其显示效果随即便会更好，但时间会耗费过多，应视其情况做有针对性的调整。

Step 在顶视图中，单击 长方体 按钮，创建一个长方体，并命名为"沙发腿01"，对其适当调整参数，将其使用"复制"的形式分别复制、移动到"现代沙发"的4个顶角处（如图3-209所示）。

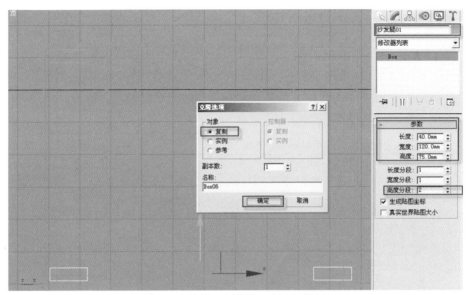

图3-209 使用"长方体"创建沙发腿

Step 将4个沙发腿单独显示，选中任意一个"沙发腿"并将其转换为"可编辑多边形"，在其"几何体"（Geometry）卷展栏中，单击 附加 □ （Attach Mult）按钮，在弹出的"附加列表"（Attach List）对话框中将视图中的所有图形物体选中，单击 附加 （Attach）按钮以结束设置，4个分离的"沙发腿"便会附加为一个整体（如图3-210所示）。

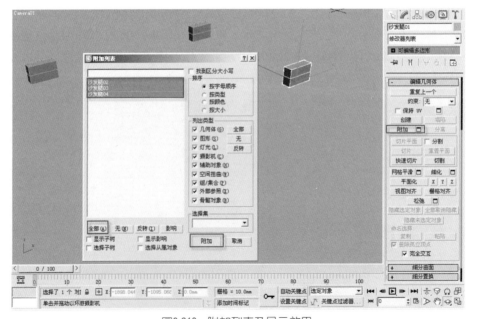

图3-210 附加列表及显示效果

Step 将透视视图最大化显示，随后按数字键【4】，进入其 ■ "多边形"子物体层级，在"编辑多边形"（Edit Polygon）卷展栏中，将 桥 按钮激活，在视图中分别用鼠标拖动4个"沙发腿"将其连接，最终完成"沙发腿"的创建（如图3-211所示）。

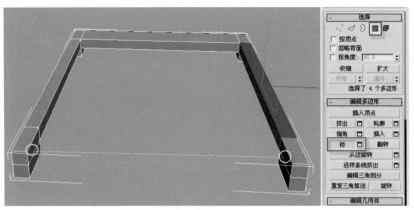

图3-211 执行"桥"命令后的显示效果

Step "现代沙发"的最终显示效果（如图3-212所示），单击菜单栏中的"文件"（File）| "保存"（Save）命令，将此模型存储为"现代沙发.max"。

图3-212 "现代沙发"视图最终显示效果

通过不同实例的训练，读者应该对3ds Max中的高级建模的重点技巧已基本熟识和了解了，但由于某些修改器，如"编辑多边形"、"网格平滑"等命令都需要设计师绘画及审美意识的辅助，所以还希望在制作的过程中反复地历练以积累经验。

另外，由于篇幅有限，对于某些用处较少或形式类似的修改器，本书在此没有深度探讨，希望用户在巩固本节内容的同时，在后续章节中注意深入理解。

3.4 物体优化"瘦身"锦囊

众所周知，3ds Max文件的大小直接取决于场景中物体的面片数量，这也是影响计算机制图过程中运算速度的根源。在制作室内效果图的过程中，制作经验不多的设计师总是抱怨其计算机运行速度过慢，当然计算机的配置在其运算过程中也是起着一定制约作用的，而实际上在有限资源的条件下，更为合理地统筹分配其场景物体的面片数额，实现物体真正的优化"瘦身"，才是室内设计师轻松驾驭室内效果图制作的关键。

3.4.1 统计场景模型面数

既然场景物体的面片数额对于整体文件的制作如此重要，那么设计师在制图过程中就必须随时掌握场景中的面数信息，从而才能及时有效地对其干预控制。其方法可分为以下几种：

1. 实时监控视口统计

使用实时监控视口统计，进行干预控制的方法是诸多观察方法中最为快速与直观的方式。可通过按【7】键，便会在当前激活的视图窗口左上角显示整体场景的多边形及顶点统计数量，所显示的信息可随时更新，以方便设计师实时监控场景面数信息（如图3-213所示）。

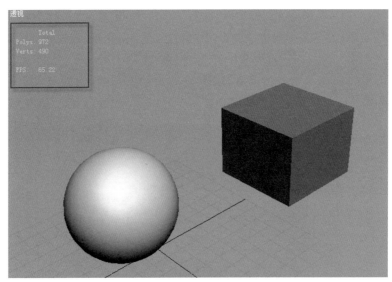

图3-213 视口显示统计信息

除此之外，还可以通过单击菜单栏中的"自定义"（Customize）|"视口配置"（Viewport Configuration）命令，在"视口配置"（Viewport Configuration）对话框中设置其具体视口统计信息（如图3-214所示），并选择"总计+选择"单选按钮，以便随时查找当前所选物体及整体场景的统计数据（如图3-215所示）。同时注意观察显示于视口左上角最下方的EPS（帧/秒）速率数据，该数据是反映当前视图刷新速度的有效依据，当此数据过低时，便会出现较为明显的显示缓慢效果。

2. 使用摘要信息

使用摘要信息观察方式，虽然没有视口统计直观、便捷，但使用该方法能够更为详尽地观察场景中的信息。可以通过单击菜单栏中的"文件"（File）|"摘要信息"（Summary Info）命令，在随后弹出的"摘要信息"（Summary Info）对话框中便能够查看当前场景相关信息。

●技巧：可在场景中同时创建两个尺寸大小不一，面片段数一致的两个球体，在"摘要信息"对话框中可观察到二者占用计算机资源是完全一致的，再次证明物体的面片段数是取决其占用场景整体内存的核心，而并非是其尺寸单位（如图3-216所示）。

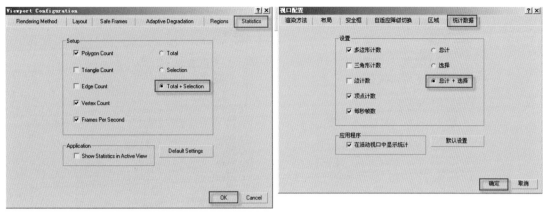

图3-214 "视口配置"对话框

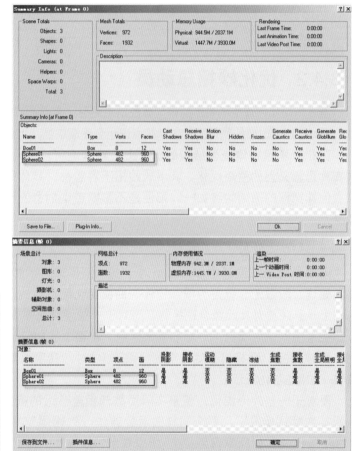

图3-215 显示选择对象信息

图3-216 "摘要信息"对话框

3. 查看对象属性

对于单纯观察场景中某一不同的显示信息，其中包括其面片数值，可在是视口中单右击，在弹出的右键菜单中选择"对象属性"（Object Properties）命令，在弹出的对话框中的"对象信息"（Object Information）选项组中设置该物体的面片具体数值（如图3-217所示）。

117

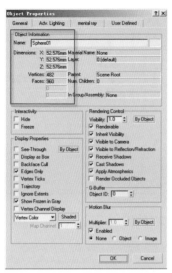 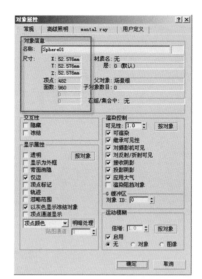

图3-217 "对象属性"对话框

3.4.2 优化妙招总动员

通过学习如何查找场景中的模型面数信息之后，多数初学者便会了解到模型面数在场景中占有重要的地位，同时在建模时节约物体面片的精简意识也会逐渐增强。但这种"精简"并非是单纯意义上的"简单"。

在充分满足物体造型结构的基础上，对其进行"优化"处理，进而科学有效地提高制图效率才是其真正意义上的精简优化。其中的妙招不容忽视，具体每种方法都具有其区别于其他方法的自身优势，但其把握的原则始终如一，那便是不影响造型创意发挥的基础上，科学严谨地将模型面数控制到最少。

1. 控制基础体分段

无论是对于三维基本体，还是对于基本图形来讲，控制其段数的划分就是对其施加最好的"优化"处理。段数无非就是为增加物体的曲面变化而出现的产物，在尽可能地完美表现形体曲线转折的基础上，必须要对其段数合理控制，而对于一些没有曲面变化的造型一定要完全省去分段设置。

在系统默认的情况下，标准基本体中"平面"（Plane）物体的长度与宽度分段都是4，其顶点为25，面数为32；而将其长度与宽度分段改为1时，其顶点为4，面数仅为2，二者之间相差的倍数令人惊叹（如图3-218所示）。

而对于一些外形酷似，但是实际面数却相差甚远的模型更是值得优化选择的对象（如图3-219所示）。在默认情况下，两个同样圆滑的球体，"球体"（Sphere）的面数为960，而"几何球体"（GeoSphere）的面数仅为320，所以在制作效果图的过程中，建议选择"几何球体"实为上策。

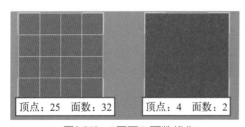 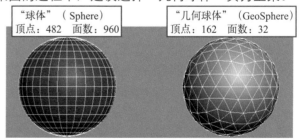

图3-218 "平面"面数优化 　　图3-219 两种"球体"默认面数的比较效果

对于二维图形同样要注意其段数的设置，由于有的二维图形未能直接被渲染显示，便隐藏了过多的段数设置，（如图3-220所示）。

两个"径向厚度"（Radial Thickness）均为10的"椭圆"（Ellipse），通过"渲染"（Rendering）显示，然后将"插值"（Interpolation）卷展栏下的"步数"（Steps）均设为6的基础上，分别进行细化与粗化处理，其具体的顶点与面数便会产生巨大的区别。

2. 简化放样物体

对于一些基本二维图形而言，最为有效控制面数的方法就是合理地设置其步数分段，那么对于将其转化成为三维立体模型所施加的相关修改命令来讲，也同样要注意其步数的设置。例如"挤出"、"倒角"等较为简单的命令设置，在此便不逐一解释，而"放样"命令在步数设置上表现最为突出。该命令虽然在组建二维图形生成三维模型的设置上具有十分强大的功能，但是最大的缺点便是生成的三维模型面数过多。

一般有经验的设计师会根据其场景模型的造型结构调整其"线形步数"（Shape Steps）及"路径步数"（Path Steps）以提高所生成模型的技术含量。在图3-223中，两个窗帘均是使用同样的放样截面与放样路径组合而成（如图3-221所示），通过对其适当地修改"图形步数"和"路径步数"，便会有效地控制其整体面数。

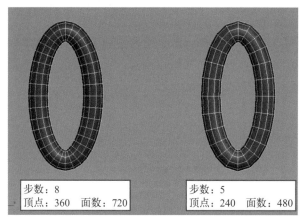

图3-220 "椭圆"步数优化

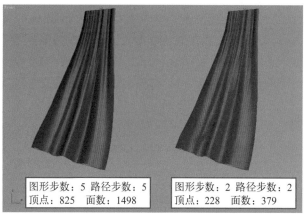

图3-221 放样"图形步数"和"路径步数"优化

3. 删除多余面

在优化模型的技巧中节约步数分段方法是首选，但是在此基础上还应适当地结合一些更为经验性的妙招。作为一张效果图而言，在摄像机窗口中，在不影响其视口观察效果的基础上，可以将一些多余的面片删除。但要注意其所谓多余的面并不能单纯理解为看不到的面，比如背向摄像机的墙面，将其删除后会被室内安置的反光强烈材质暴露，所以要小心慎用。

在模型制作的过程中系统会自带相关的提示信息，以不显示其多余的面，从而可十分有效地精简模型面数（如图3-222和图3-223所示）。

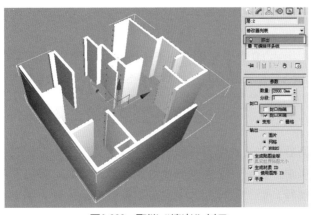

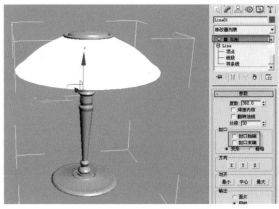

图3-222　取消"挤出"封口　　　　　　　　　　图3-223　取消"车削"封口

4. 塌陷物体优化

对于一些已经被塌陷为"可编辑网格"或"可编辑多边形"的模型来讲，前面的这些优化方法就不能使用了。所以针对这样的复制优化要求，系统便为用户提供了更为人性化的"优化"及"MultiRes"编辑命令。

两种修改命令都存在于修改器列表之中，其设置方法也比较简单。"优化"命令是通过调整其"参数"（Parameters）卷展栏中的"面阀值"（Face Thresh）的数量来缩减模型面片数额，默认为4，数值越大面数便会随之更加优化（如图3-224所示）。而MultiRes命令是通过单击"多分辨率参数"（MultiRes Parameters）卷展栏中的 生成 （Cenerate）按钮来初始化模型，同时调整"顶点百分比"（Vert Percent）数值，进而精简模型面片数量（如图3-225所示）。

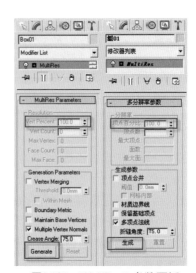

图3-224　"优化"参数面板　　　　　　　　　　图3-225　"MultiRes"参数面板

两种命令的设置方法虽然都较为简单，但其表现效果却存有一定的差距。"优化"命令相对较为原始，其优化的功能与现实效果都相对MultiRes命令而言，稍有逊色（如图3-226所示），所以后者往往是多数设计师对塌陷物体进行优化的理想选择。

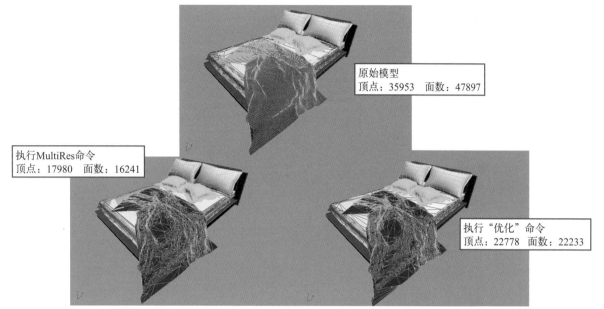

原始模型
顶点：35953 面数：47897

执行MultiRes命令
顶点：17980 面数：16241

执行"优化"命令
顶点：22778 面数：22233

图3-226 "优化"与MultiRes命令不同的表现效果

3.5 本章小结

 　　本章通过极具代表性的实例详细地讲述了多种高效创建室内模型的方法，其中向设计师传授科学优化组建模型的技巧是本章的核心。读者在此可以结合学习的点睛技巧，攻克建模重重难关，真正绘制出结构严谨且面片数量适宜的高质量室内模型。

 　　为了强化对命令的理解，建议读者通过书中实例举一反三进行建模演练，巩固所学的知识与技能。

第4章

室内设计师的眼睛
——摄像机与构图

DVD

超值视频教学版

优秀的室内设计师总是能带给人们创意与惊喜，当然与其高超的设计水准是密不可分的，但是一切还是归根于设计师那双独具魔力的慧眼。多数设计都来自于对周围事物的观察，正是这些独到的观察角度激发了设计的灵感，从而将富有"创意"的室内设计作品在现实生活中展现出来。

而对于制作室内效果图来讲，3ds Max中的"摄像机"就如同设计师的眼睛一般，它是一双虚拟的眼睛，设计师利用它通过巧妙地构图取景，进而创作出优秀、具有美感的室内效果图。

4.1 设计师眼中的构图设计

只是将所绘场景的物体罗列在二维平面中，那是一定不能被称之为"设计"的构图形式。设计师眼中的构图设计，不但科学严谨，更是艺术语言的平面表达。可见，在绘制室内效果图时，"摄像机"对最终的图面表现甚至整体的制图过程都是至关重要的。

4.1.1 摄像机决定画面构图

在徒手美术绘画中，构图是任何画种首要学习的课程，构图的形式不同，会赋予其不同的画面感受。在室内效果图画面构图中，设计师往往更多地汲取西方油画构图的精髓，多为满铺，整个篇幅都为一个大的画面，虽不留白，但其中必有主体凸现的视觉中心，略带广角效果的摄像机可以使画面极具张力与视觉冲击力，仿佛有种呼之欲出之势（如图4-1所示）。

图4-1 主体凸现的画面构图形式

图面中主体形态为正、为实，空白处为负、为虚。正形讲究取舍，负形讲究动势，以无衬有，二者相辅相成，虚实相应，使画面中的模型作为不同形态的体块相互辉映（如图4-2所示）。通过摄像机视口的调整，更好地突出整体设计构思。

图4-2 以虚衬实的画面构图形式

除此之外，在安置摄像机构图过程中，还要把握画面效果的平衡感。在画面中物体间位置关系的最好表达形式便是将其调整为不对称的三角形构图，以加强画面效果的稳固感，在突出主体的同时，以取得一种平衡之美（如图4-3所示）。

4.1.2　摄像机影响场景建模

在创建实体场景模型的过程中，如果最终只是单纯渲染出一张或几张效果图，而不是创建实景动画，那么把握好最终摄像机输出角度的要求是至关重要的。通过前几章的学习，读者应该对3ds Max场景中物体面数的特殊要求早已明确，倘若仍是随意添加场景模型，那对人力和计算机渲染表现都是很大的浪费。

制图经验丰富的设计师往往会在创建室内房型之后，立即搭建摄像机以确定观察视口，将场景中的模型由远及近分为不同层次景物区别对待（如图4-4所示）。从该视口中观察，所要表现的是隔断前部的设计造型，所以在创建模型的过程中，可以将隔断后部模型适当减少面数甚至删除，以更为科学高效地创建室内模型。

图4-3　均衡的画面构图形式

图4-4　通过摄像机窗口观察不同层次的场景模型

4.1.3　摄像机营造场景光影氛围

根据平日里的生活经验，当人们在同一时间通过不同的观察角度，或通过同一观察角度而不同的时间去观察某一物体，该物体的光影效果应该是多种多样的。可见，光线的位置、角度、亮度与人们观察的视点是密不可分的。

室内效果图中的灯光与摄像机的关系与在现实生活中有许多相同之处，即使是同一盏光束在不同的观察视口中，其表现效果也不同。所以在多数情况下，在制作室内效果图时，一定要根据所处不同的观察视口对场景灯光区别对待，即建议设计师在场景中将摄像机调整完毕后，再去考虑适宜该摄像机视图内容表现的灯光如何创建。

可见，无论是从模型角度还是从灯光设置角度，摄像机都应是首先设置的目标对象，只有按照此种规范的顺序制图才是正确营造光影晕染氛围的开始（如图4-5所示）。

图4-5 结合摄像机视图塑造特效光束

综上所述，展现在大众面前的电脑室内效果图是通过设计师那双慧眼——计算机软件中"摄像机"，进而观察到的模拟画面。所以说，摄像机是电脑制图中一切工作的根基，更是高效有序地展开制作流程的有利保障。

4.2 攻破3ds Max摄像机面板

通过3ds Max与VRay两个软件所绘制出的室内效果图，可以由"3ds Max摄像机"与"VRay摄像机"两种摄像机系统分别设置。但是多数设计师都会不约而同地选择"3ds Max摄像机"进行实景操作，因为使用VRay摄像机以后，设置灯光的亮度较大，而且在许多特殊设置功能上都较3ds Max摄像机逊色，比如"手动剪切"等功能操作。所以，在此对3ds Max摄像机的操作功能进行详细地讲解。

4.2.1 创建3ds Max摄像机

依次单击 "创建"按钮、 "摄像机"（camera）按钮，在创建命令面板中显示了两种类型摄像机：目标摄像机和自由摄像机。（如图4-6所示）。

其中，目标摄像机包含两个设置对象，即包括摄像机镜头点与目标点。而自由摄像机与目标摄像机相比缺少目标点，其他的功能两者完全相同（如图4-7所示）。摄像机镜头点，指的是观察点；而目标点，则是指视点。由于利用目标摄像机的目标点可以更为灵活转换摄像机的位置关系，所以往往此类型的摄像机是制作室内效果图最为理想的选择，相反自由摄像机更加适用于制作动画浏览。

图4-6 摄像机命令面板

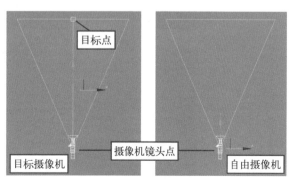

图4-7 两种摄像机的显示形态

其创建方法如同创建几何体一样，同样是在摄像机命令面板中单击 目标 Targe按钮，随后在"顶视图"中要安置摄像机的位置处单击鼠标并拖动至目标点所在位置，释放左键即可。相对于目标摄像机，自由摄像机会显得较为烦琐，在命令面板中单击 自由 Free命令按钮之后，虽然在视图中简单地单击便可完成创建，但如果想将其安放到位必须使用移动和旋转工具反复调整，才能达到预期效果。

4.2.2　设置3ds Max摄像机参数

1. "镜头"与"视野"的合理取值

在摄像机参数面板中，其设置参数选项较多，但"镜头"（Lens）与"视野"（FOV）的参数设置在整体设置摄像机参数的过程中起到了关键主导的作用（如图4-8所示）。

3ds Max摄像机"镜头"与"视野"参数设置是模仿现实中的照相机设定的。

图4-8　摄像机参数设置面板

- "镜头"指的是摄像机所用的镜头类型，它是以焦距来区分的。
- "焦距"指的是镜头与摄像机感光表面的距离，其单位为"毫米"（mm）。
- "视野"是指用来控制场景中可见范围的大小，其单位为"度"（deg）。

"镜头"与"视野"是两个关联的参数，修改其中一个，另外一个参数也会随之改变。

当镜头的焦距值越大，相反画面中能够观察到的场景范围也就是"视野"值就会越小；而焦距值越小，其相应的"视野"值则会越大，所能够观察到的场景范围也会随之更为宽广，但切勿过于夸张以免由于焦距值过小而引起画面边缘的模型失真变形。

在"备用镜头"（Stock Lenses）中3ds Max软件为用户提供了充裕的镜头模板，以备选择与使用（如图4-9所示）。

图4-9　不同镜头所显示的效果

其中"镜头"根据焦距值可分为标准镜头、广角镜头、长焦镜头。

标准镜头的焦距应设置在40～50mm之间，3ds Max软件中的默认摄像机焦距为43.456mm，由于此焦距是人眼的正常视距，所以在室内效果图表现中也可直接将其调用。

但是往往多数设计师很少会选用此种镜头，因为适当加大景深，拓宽视野的广角镜头对于制作室内效果图来讲，更具空间表现力，它可以恰到好处地夸张现实生活中纵深方向物体间的距离感，进而产生非比寻常的透视效果，故此广角镜头是制作室内效果图时最为适用的一种（如图4-10所示）。但也不能一味地夸张，其中24～28mm便是较为理想的镜头选择。而如果要表现场景中某些模型的特写效果，便可以选择使用视角窄、景深小的长焦镜头。

图4-10 适度拓宽"视野"的"广角镜头"表现效果

2. "剪切平面"选项设定

图4-11 "剪切平面"选项组设置面板

对于制作小空间的室内效果图来讲，"剪切平面"（Clipping Planes）是3ds Max三维摄影机区别于其他摄影机最具有"超表现"的功能设置。该功能可以用来实现穿透建筑外墙及摄像机前任意障碍物体，从而将场景中的实景再现（如图4-11所示）。

- "手动剪切"（Clip Manually）：此项是用于控制"剪切平面"功能是否生效的开关设置选项。
- "近距剪切"（Near Clip）：用来设置近距离剪切面到摄像机的距离，此距离点为场景可见物体观察范围起止点。
- "远距剪切"（Far Clip）：用来设置远距离剪切面到摄像机的距离，此距离点为场景可见物体观察范围结束点。

在设置此选项的过程中，同样要注意所应用不同"镜头"的焦距尺寸，以确保开启"手动剪切"功能后，仍将场景模型显示完整。

在创建电脑室内效果图时，以上两点是3ds Max摄像机面板中的主要设置选项，其选项设置基本上都是以数值调节形式显示，所以在做调整的过程中难免会存有不直观的弊端，所以许多设计师会结合使用 "摄像机视图控制区按钮"加以微调，从而确保将场景视图调整得更为精准。

4.3 探索摄像机不同视角的透视效果

在制作电脑室内效果图时，摄像机的选用除了要注意镜头焦距尺寸及"剪切平面"的设置，还要准确定位摄像机镜头点与目标点的具体位置。由于两点被指定在横纵坐标的不同位置，进而产生适宜于表现不同室内空间的透视视角。

4.3.1 室内经典视角的设置

对于室内空间，根据其具体结构与使用功能的差异，选择合适的摄像观察视角，在表现画面效果的同时更好地突出设计主题。

1. 一点透视

一点透现表现视野较为广阔，同时能够观察到室内场景中三面立体效果，且纵深感较强，但其缺陷便是较为呆板，缺乏动势，适宜于表现对称、深邃的室内空间（如图4-12所示）。

其设置方法是将摄像机镜头点与目标点同时正对于室内空间某一面墙体，随后再将两点的高度保持水平纵向提升，设定在距离地面1200mm～1600mm（多数人正常坐、立视高）为宜。

2. 两点透视

两点透视画面表现效果较为自由、活泼，可以同时表现室内空间中两面墙体的细节结构，较适宜凸现小空间的细节刻画，其弊端是表现空间界面较少，视野狭小（如图4-13所示）。

其设置方法是将摄像机镜头点与目标点同时对准室内空间中需要表现的某一角落，而高度方法则与一点透视基本相同。

图4-12 室内空间"一点透视"表现效果

图4-13 室内空间"两点透视"表现效果

3. 一点斜透视

一点斜透视是介于以上两种透视之间的透视形式，汲取两者之长，既视野广阔又不失灵动之感（如图4-14所示）。其设置方法更是两种透视方法的融合。

4. 三点透视

三点透视一般多用于室外高层建筑表现（如图4-15所示），而在室内空间设计中，也同样将其表现于层高、跨距较大的共享空间俯视图或仰视图的绘制（如图4-16和图4-17所示）。

其设置方法便是在两点透视的基础上，将摄像机镜头点与目标点的纵向调整为不同水平的高度，进而形成3个透视视点。

图4-14 室内空间"一点斜透视"表现效果

图4-15 室外建筑"三点透视"仰视表现效果

图4-16 室内空间"三点透视"俯视表现效果

图4-17 室内空间"三点透视"仰视表现效果

4.3.2 全景鸟瞰视角的设置

对于全景鸟瞰视角的效果图表现，多数设计师会根据主体模型的整体比例进行区别设置。可以选择趋于接近轴测效果的"长焦距镜头"表现，或是更具视觉爆发力的"三点透视"视图表现（如图4-18所示），两者都能极好地将全景模型一览无余。前一种方法则被室外建筑设计师更广泛地应用于大场景建筑规划设计中，正是因为其长焦距的轴测效果才能够更好地保证出现画面边缘造型的垂直效果（如图4-19所示）。

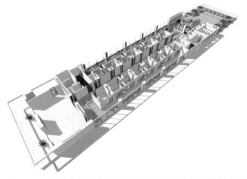

图4-18 室内空间"三点透视"全景鸟瞰效果

图4-19 建筑规划"长焦镜头"全景鸟瞰效果

4.3.3　3ds Max摄像设置实例演练——为"书房"设置摄像机

| 位置：DVD 01\Video\04\4.3.3 3ds Max摄像设置实例演练——为"书房"设置摄像机.avi　　时长：7:56　大小：32.2MB

　　实训目的：通过为"书房"造型创建摄像机，进一步熟悉3ds Max摄像机的创建方法及参数设置，在制作过程中重点把握结合场景透视视角的选用方法及摄像机"剪切平面"的具体设置方法（如图4-20所示）。

图4-20　设置"剪切平面"摄像机的透视效果

Step 打开随书DVD02光盘中"源文件下载"|"第4章室内设计师的眼睛"|"书房摄像机练习A"文件，该文件中此书房房型是采用"可编辑多边形"单片建模，由于完全密闭，为此准备在场景创建"剪切平面"摄像机。

Step 在透视图中调整一个相对较好的观察视角，按【Ctrl+C】组合键，此时场景中相应的位置上便出现一架名为Canera01的摄像机（如图4-21所示）。

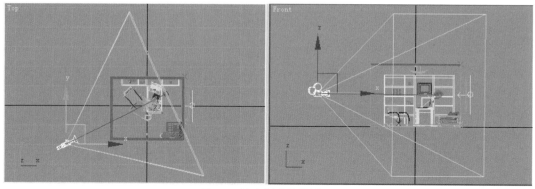

图4-21　快速创建的摄像机

　　●技巧：使用快捷键的方法创建摄像机，比使用视图绘制方法创建摄像机，对立体空间的理解更为直观与便捷，在创建完摄像机后，可使用摄像机视图控制区按钮进行微调。

Step 03 在顶视图中选择摄像机的镜头，单击 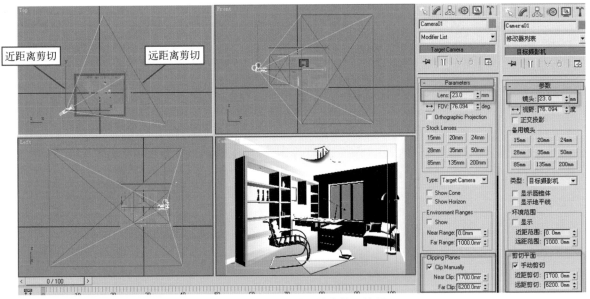 "修改"按钮，在其修改命令面板上调整该摄像机的"镜头"与"剪切平面"的相关参数，并将摄像机安置到视图中合适的位置，以完成摄像机的调整（如图4-22所示）。

图4-22 设置摄像机的参数及位置

Step 04 单击菜单栏中的"文件"（File）|"保存"（Save）命令，将此模型存储为"书房摄像机练习B"文件。

4.4 本章小结

本章重点介绍了3ds Max中摄像机的创建与调整技巧，使读者通过场景实训进一步领会摄像机在整体制图过程中具有统领的作用，同时切身体会到通过调整摄像机不同的透视角度，所产生的丰富的画面效果。

第5章

了解终极渲染王*VRay*

DVD

超值视频教学版

视频位置：DVD 01\Video\05

- 5.5.1 简介VRay整体参数——"书房"VRay渲染制作

  时长：10:54　　大小：47.9MB　　页码：143

- 5.5.2 掌控VRay景深效果——"棋盘"VRay景深制作

  时长：8:48　　大小：30.6MB　　页码：145

- 5.5.3 探索VRay焦散特效——"啤酒瓶"VRay渲染制作

  时长：9:22　　大小：36.7MB　　页码：147

⚙ **光子图**

　DVD 03\素材与源文件\光子图\第5章 了解终极渲染王VRay

⚙ **贴图**

　DVD 03\素材与源文件\贴图\第5章 了解终极渲染王VRay

⚙ **渲染效果图**

　DVD 03\素材与源文件\渲染效果图\第5章 了解终极渲染王VRay

⚙ **源文件**

　DVD 03\素材与源文件\源文件\第5章 了解终极渲染王VRay

通过前面的学习已经知道，VRay是基于3ds Max软件平台上的高级光能传递渲染插件，它有着极其强大的渲染功能，将渲染效果展示得淋漓尽致。

此外，VRay渲染器所特有的光子图渲染算法，使得3ds Max渲染速度得到了突破性的提高。故此，集诸多优点于一身的VRay成为多数室内设计师最欢迎的渲染插件。

5.1 VRay绝妙的特性

VRay渲染器之所以能够得到许多室内设计师的青睐，主要归根于它具有其绝妙的特性，设计师也正是凭借VRay以下的特性，才将设计构思铸造成精美的艺术作品。

5.1.1 逼真质感惟妙体现

使用VRay渲染后的作品完全可以达到精美的照片级别的特效，其细腻的阴影与逼真的材质，足以令大众为之折服（如图5-1所示）。

真实光感再现

真实材质质感　　　真实阴影效果

图5-1　国外VRay超写实作品

5.1.2 广泛触及诸多领域

由于使用VRay渲染的作品具有很强的真实性，所以诸多领域的设计师都纷纷将其用于各自的设计作品之中，其中VRay所触及的领域不仅包括室内、建筑、工业等领域，在影视动画领域VRay也同样发挥着无与伦比的奇效（如图5-2、图5-3和图5-4所示）。

图5-2 运用VRay渲染器制作的国外建筑设计作品

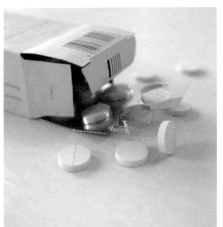

图5-3 运用VRay渲染器制作的国外广告包装设计作品

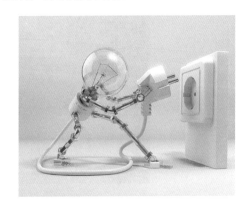

图5-4 运用VRay渲染器制作的国外工业及动画设计作品

5.1.3 灵活高效应变渲染

在渲染过程中，可以根据用户需求，随意调整其渲染进程，科学利用其特有的光子图文件，进而在提高渲染效率的同时，优化处理整体画面效果。

5.2 VRay渲染器的指定

　　VRay渲染器是安装在3ds Max下的渲染插件，在初次使用时必须将其调出并指定为当前渲染器，才能进行进一步的参数调配，否则场景渲染将会一片漆黑。其设置具体方法如下：

　　在3ds Max的工具栏中单击 按钮，进入"渲染设置：默认扫描线渲染器"（Render Scence：Default Scanline Renderer）对话框，在"公用"（Common）选项卡最下方"指定渲染器"（Assign Renderer）卷展栏中将渲染器由原来默认的"扫描线渲染器"（Default Scanline Renderer）改为V-Ray adv 1.50.sp2渲染器，此时便完成了VRay渲染器的指定程序（如图5-5所示）。

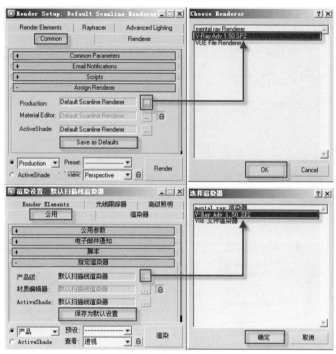

图5-5　指定渲染器

　●注意：由于版本不同其选择对象的名称会有所更改，在此选用的是V-Ray adv 1.50. sp2 For 3ds Max2009版本，此版本较以前版本在截面分区方面具有显著的提高。

　●技巧：如果长时间使用次渲染设备，以免每次都要重复以上步骤，可在调整好渲染设备之后单击"指定渲染器"（Assign Renderer）卷展栏中的　保存为默认设置　（Save as Defaults）按钮，已将此设备保存为默认状态。

5.3 初识VRay渲染器参数卷展栏

　　将VRay渲染插件指定成功之后，便可以在V-Ray、"间接照明"（Indirect illumination）与"设置"（Settings）选项卡下查找到VRay的所有参数卷展栏。其卷展栏虽然较多，但是应用于室内设计效果图中的通用参数设置却并不算很难，这主要归功于系统为用户提供了多种默认设置，由此看来掌握更深一层的理论基础才是真正向高水准VRay渲染技术进军的起点。

135

●技巧：其中一些参数模块会随着选项的改变而变化，同时在学习过程中并不要求对所有参数都逐一掌握，深入理解部分针对于室内设计效果图制作的模块才是学习的重点，下面便选择其要点深入讲解。

5.3.1 V-Ray选项卡

该选项卡中的卷展栏是VRay渲染设备中占据篇幅最大的区域，但在渲染参数调配的过程中并非每一个卷展栏都要依此调整，如"授权"（Authorization）与"关于VRay"（About VRay）两个卷展栏就只是显示相关授权注册及官网、版本号等信息，并无实际可操作意义（如图5-6所示）。

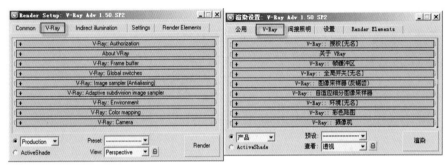

图5-6　V-Ray选项卡

1. "V-Ray::全局开关【无名】"卷展栏

"V-Ray::全局开关【无名】"（V-Ray::Global switches）卷展栏是对几何体、灯光照明以及材质等相关设施等的全局设置。其中"默认灯光"（Default Lights）选项表示为是否使用3ds Max的默认灯光，一般情况下，要将此选项设置为不勾选状态（如图5-7所示）。

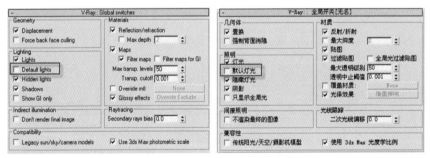

图5-7　V-Ray "全局开关"卷展栏

2. "V-Ray::图像采样器（反锯齿）"卷展栏

"V-Ray::图像采样器（反锯齿）"（V-Ray:Image sampler（Antialiasing））卷展栏中的参数主要用来控制图形的精细程度，其中要根据不同的渲染对象而选择不同的"图像采样器"（Image sampler）类型，从而相应其下的图像采样器卷展栏也会随之改变（如图5-8所示）。

一般情况下，当场景中拥有大量模糊效果或高细节的贴图纹理和大量几何体时，多数设计师会选用"自适应准蒙特卡洛"（Adaptive DMC）类型的图像采样器；而当场景中没有或有少量模糊影像时，则会将其调整为"自适应细分"（Adaptive subdivision）类型的图像条样器，此时的渲染速度则会显得更快。可见，该图像采样器在多数室内效果图渲染程序中的应用非常广泛。

此外，根据该需要相应地为场景配以不同的"抗锯齿过滤器"（Antialiasing filter），其中MitchellNetravali、Catmull-Rom两种过滤器较为适用于室内场景效果图的渲染制作。

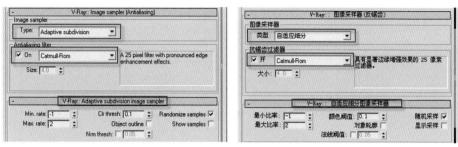

图5-8　VRay "图像采样器" 卷展栏

3. V-Ray "环境" 卷展栏

在V-Ray "环境" （Environment）卷展栏中，用户可以在GI和反射/折射计算中使用指定的颜色与贴图，倘若不使用，VRay将使用3ds Max的背景色与贴图来替换。所以在一般情况下，要在"全局光环境（天光）覆盖"（GI Environment skylight override）选项组中勾选"开"复选框。（如图5-9所示）。

图5-9　VRay "环境" 卷展栏

4. V-Ray "彩色贴图" 卷展栏

如图5-10所示，V-Ray "彩色贴图" （Color mapping）卷展栏中的参数主要用来控制灯光方面的衰减以及最终图像色彩的模式转换。其中系统提供了7种不同种类的曝光形式，其外在的表现效果各具特色。

其中"线性倍增"（Linear multiply）为默认曝光形式，在多数情况下它会导致接近光源的点过度夸大亮度，所以设计师往往会根据图面整体效果的需求进行特殊处理，一般以选择"指数"（Exponential）和"HSV指数"（HSV Exponential）曝光形式为主，因为这两种曝光形式都可以在亮度的基础上使之更为饱和，同时"ESV指数"还可以保护图面色彩的色调，使整体效果看起来更富活力。

图5-10　VRay "彩色贴图" 卷展栏

5. V-Ray "摄像机" 卷展栏

V-Ray "摄像机" （Camera）卷展栏是V-Ray系统中的一个相机特效设置，主要包括"摄像机类型"（Camera type）、"景深"（Depth of field）效果以及"运动模糊"（Motion blur）特效。

一般情况下，在室内效果图中，"摄像机类型"与"运动模糊"两个选项组中的参数设置很少被调整，而适度增加"景深"效果可加强长焦镜头的空间层次感，所以在必要时可开启"景深"设置功能，但同时要注意其相关的设置，其具体方法请查阅5.5节的实例（如图5-11所示）。

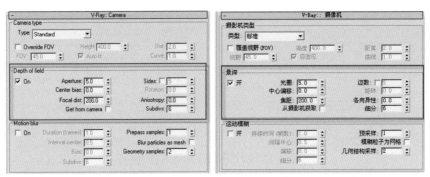

图5-11　V-Ray "摄像机" 卷展栏

5.3.2 "间接照明" 选项卡

该选项卡中的卷展栏是VRay渲染设备最为重点的调整区域，这里集中了"间接照明"（Indirect illumination）与相应设置的两次漫反射反弹的详细设置卷展栏，以及体现玻璃物体特效属性的"焦散"设置，通过这些参数的调整，用户可使渲染场景更加接近实景（如图5-12所示）。

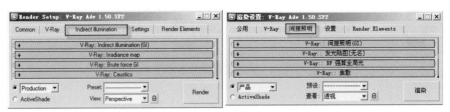

图5-12　VRay "间接照明" 选项卡

1. V-Ray "间接照明(GI)" 卷展栏

V-Ray:: "间接照明(GI)"（Indirect illumination (GI)）卷展栏，基本都是设为开启，是用于设置场景中所有方面的光照系统，通过光照与两次反弹的设置将迅速提高整体图面的质量。

在许多的渲染插件中，虽然也具备更为精细且功能更多的光照系统，但是其渲染速度会很慢，而VRay已对渲染精确性与渲染速度之间的难题做出了较为完善的配备组合方案，那便是为了图面能够呈现出亮度均匀且更为干净明亮的效果，通常将"首次反弹"（Primary bounces）的全局光引擎设置为"发光贴图"（Irradiance map），而将"二次反弹"（Secondary bounces）则设置为"灯光缓存"（Light cache）（如图5-13所示）。

图5-13　VRay "间接照明(GI)" 卷展栏

2. V-Ray "发光贴图" 卷展栏

随着"间接照明"卷展栏中的"首次反弹"选项组中的设置的变化，其下的卷展栏也相应随之变化。V-Ray "发光贴图"（Irradiance map）是专门对发光贴图渲染引擎进行细致调节的选项，其默认的渲染引擎为"高"（High），也是VRay中最好的间接照明渲染引擎（如图5-14所示）。

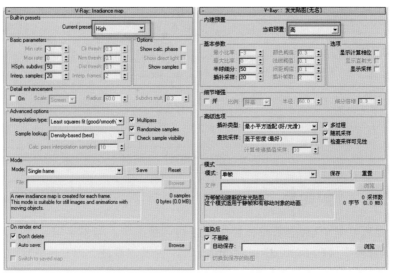

图5-14　VRay::"发光贴图"卷展栏

3. V-Ray "灯光缓存" 卷展栏

由于调整了"间接照明"卷展栏中"二次反弹"选项组中的设置，其下的卷展栏也相应转化为"灯光缓存"（Light cache）卷展栏。"灯光缓存"是近似于计算场景中间接光照明的一种技术，与"光子贴图"（Photon map）形式极为相似，但避免了"光子贴图"中无法使用再生天光或不能使用反向的平分衰减形式的3ds Max标准Omni灯照明。

总之，"灯光缓存"几乎支持所有类型的灯光，不仅包括天光、自发光，而且对非物理光、光度学灯光也同样生效，从而使整体图面更为明亮。其中"计算参数"（Calculation parameters）选项组中的"细分"（Subdivs）便是确定来自摄像机路径被追踪的数值，但要注意其实际数值是显示参数的平方值，例如：默认1000则代表其被追踪的路径为1000×1000=1 000 000，所以往往经验丰富的设计师会根据具体调整进程以及图面显示效果进行科学设置，以免数值过大会给予渲染速度过大的压力（如图5-15所示）。

图5-15　VRay "灯光缓存" 卷展栏

4. V-Ray "焦散" 卷展栏

焦散是光线穿过透明玻璃物体或金属表面反射后所产生的一种特殊物理现象。此"焦散"（Caustics）卷展栏默认状态下是呈关闭状态，倘若需要特殊设置可将其开启，其具体设置方法在后续章节中将进行详细介绍（如图5-16所示）。

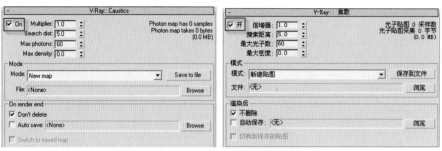

图5-16　VRay "焦散" 卷展栏

5.3.3 "设置" 选项卡

该选项卡中的卷展栏是VRay渲染设备整体设施的调整区域，这里集中了 "DMC采样器" （DMC Sample）与 "默认置换" （Default displacement），以及 "系统" （System）3个卷展栏，此选项卡的应用范围较广，一般在无特殊情况下不做过多的调整（如图5-17所示）。

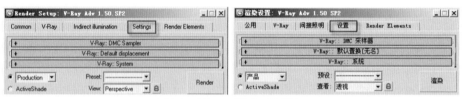

图5-17　VRay "设置" 选项卡

1. V-Ray "DMC采样器" 卷展栏

DMC的全称为：deterministic monte carlo （确定性蒙特卡罗），DMC作为MC的一个变种，DMC先依据某种规则考虑计算的重要性和内容的特质，然后事先确定一组数据序列，而样本则产生于这组已确定的数据序列，因此，多次的计算结果是一致的，这有利于动画的计算，以及更好地降低可能带来的噪点数量。

总之，DMC是VRay的运算核心，贯穿于VRay的每一种 "模糊" 计算中的抗锯齿、景深、间接光照、模糊反射/折射以及面积灯光等（如图5-18所示）。

图5-18　VRay "DMC采样器" 卷展栏

2. V-Ray "默认置换" 卷展栏

V-Ray "默认置换" （Default displacement）卷展栏主要用于控制不使用 "VRay置换" （VRay Displacement）修改器，而是利用置换材质所产生的置换效果，但多数情况用于制作室内设计效果图。"VRay置换" 修改器主要用来体现变形物体的具体形态（如图5-19所示）。

图5-19　VRay:: "默认置换" 卷展栏

3. V-Ray::"系统"卷展栏

V-Ray::"系统"（System）卷展栏主要用来控制VRay的系统参数，通过设置可以帮助用户更为透彻地理解V-Ray的渲染规律与渲染进程，进而有助于科学严谨地把握整体渲染速度与质量（如图5-20所示）。

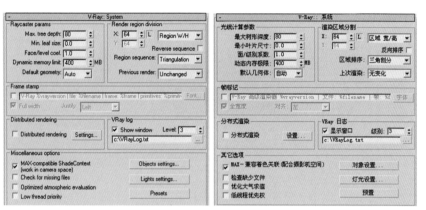

图5-20　VRay::"系统"卷展栏

VRay渲染器的渲染参数设置基本都涵盖于以上卷展栏之中，但这并非是该插件的全部应用命令，在使用3ds Max进行整体制图的过程中，VRay贯穿于始终，对图面效果起着至关重要的作用。

5.4　VRay渲染器在3ds Max中不可忽视的痕迹

在将VRay指定为当前渲染器之后，本身3ds Max一些默认的设置程序便会随之改变，在模型、材质、灯光等许多模块中都会发现VRay渲染插件的踪影，下面就针对不同的细节之处逐一深入展示，使读者更深刻地了解VRay渲染器。

5.4.1　几何体创建命令面板中的VRay物体

在几何体创建命令面板中新增添了"VR代理"（VRayProxy）、"VR毛发"（VRayFur）、"VR平面"（VRayPlane）、"VR球体"（VRaySphere）4种VRay物体。但在室内效果图的实际操作应用中，由于"VR球体"与"VR代理"在渲染显示等方面存在部分制约性，所以较少应用（如图5-21所示）。

图5-21　VRay几何体创建命令面板

5.4.2　灯光创建命令面板中的VRay灯光

在灯光创建命令面板中，利用新添置的"VR灯光"（VRayLight）的灯光类型，通过此种灯光的设置，可以渲染出光阴影效果逼真的室内设计作品（如图5-22所示）。

图5-22　VRay灯光创建命令面板

5.4.3 材质编辑器中的VRay材质

在3ds Max的材质编辑器中不仅新增加了VRay专用的材质类型，而且相应的贴图类型也将场景中模型的质感表现发挥到极致（如图5-23所示）。

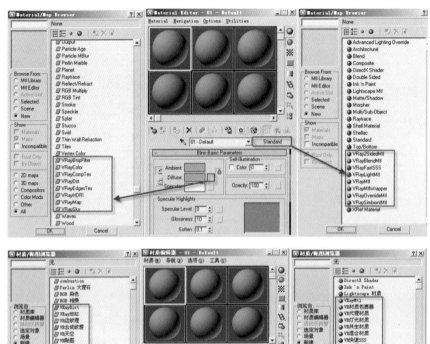

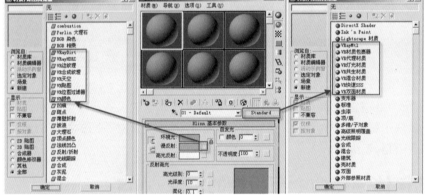

图5-23 VRay专用的材质类型及贴图类型

●注意：由于中英文版本名称的差异，材质与贴图的具体位置会有所差异，所以在调用的过程中要习惯其细节变化。

5.4.4 修改命令面板中的VRay修改命令

在修改命令面板中新添置了"VRay置换模式"（VRayDis-placementMod）修改器（如图5-24所示），该修改命令可以将基础3ds Max物体按其贴图纹理转换为VRay置换模式，从而加强其质感体现。

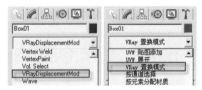

图5-24 "VRay置换模式"修改器

5.4.5 环境编辑器面板中的VRay特效

在环境编辑器面板中还新添加了专用的"VRay卡通"及"VRay球体褪光"渲染器（如图5-25所示），其特效作为大气环境插件而存在，但在制作室内效果图时要根据具体要求慎重使用。

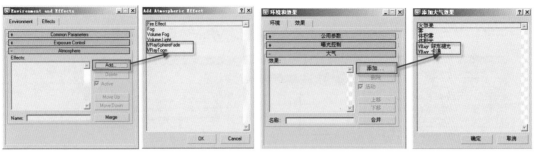

图5-25 环境编辑器面板中VRay特效功能

VRay的设置参数选项整体看似烦琐，但是真正用于制作室内效果图的命令并不是很多，希望读者能够理论联系实践，体会细节参数的微妙变化。

5.5 实例解密VRay基本操作

结合VRay的基础理论知识，通过实例操作进一步深入理解重点参数的设置，以便为后面学习材质及灯光奠定基础。

5.5.1 简介VRay整体参数——"书房"VRay渲染制作

位置：DVD 01\Video\05\5.5.1 简介VRay整体参数——"书房"VRay渲染制作.avi　|AVI| 时长：10:54　大小：47.9MB

实训目的：通过为"书房"模型设置VRay渲染参数，深入理解VRay渲染参数的相关理论，同时进一步验证VRay插件所具有的非同凡响的渲染功能，在制作过程中重点把握各卷展栏之间的衔接关系及相关操作顺序（如图5-26所示）。

Step 01 打开随书光盘中"DVD 03\素材与源文件\源文件\第5章　了解终极渲染王VRay\书房渲染练习A"文件，为了便于观看效果，该文件中的书房模型已被添加好VRay灯光与材质，下面主要讲述VRay相关渲染参数的设置。

Step 02 按【M】键将"材质编辑器"（Material Editor）开启，由于没有指定VRay渲染器，此时已使用过的材质球全部为黑色，如果指定完毕此现象会自动消失（如图5-27所示）。

图5-26 "书房"VRay渲染最终效果

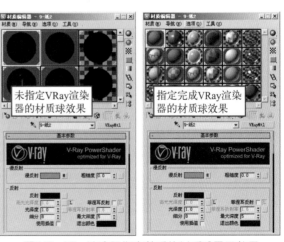

图5-27 VRay渲染器指定前后的材质球显示效果

Step 03 按【F10】键，打开"渲染设置：默认扫描线渲染器"（Render Scence：Default Scanline Renderer）对话框，在"公用"（Common）选项卡下，指定VRay渲染器（如图5-28所示）。

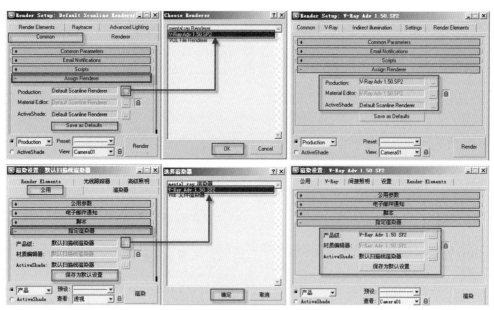

图5-28　指定VRay插件为当前渲染器

Step 04 同样保持在"渲染设置：V-Ray Adv1.50 SP2"对话框中，单击"V-Ray"选项卡，依次调整"全局开关"（Global switches）、"图像采样"（Image sampler）、"环境"（Environment）以及"彩色贴图"（Color mapping）中的参数设置（如图5-29所示）。

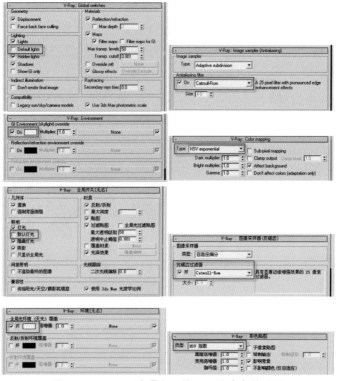

图5-29　"V-Ray"选项卡下的VRay渲染参数设置

Step 05 随后在其对话框中再单击"间接照明"（Indirect illumination）选项卡，调整其下"间接照明 (GI)"（Indirect illumination (GI)）卷展栏、"发光贴图"（Irradiance map）卷展栏以及"灯光缓 存"（Light cache）卷展栏中的具体参数（如图5-30所示）。

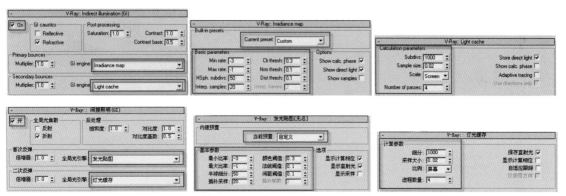

图5-30 "间接照明"选项卡下的VRay渲染参数设置

Step 06 确认VRay渲染器参数设置完成后，单击"公用"（Common）选项卡，调整其输出尺寸及路 径，单击 渲染 （Render）按钮输出最终渲染效果图（如图5-31所示）。

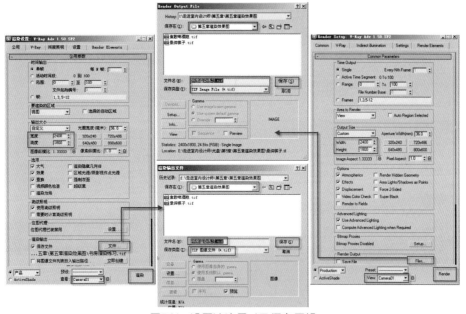

图5-31 设置渲染尺寸及保存图像

●技巧：为方便渲染可以先调整一个较小的尺寸，以观察整体参数设置是否合理，最终再将输出尺寸调整为较大篇 幅，其中注意渲染格式，为确保图片质量尽量保存为*.tif文件。

Step 07 单击菜单栏中的"文件"（File）|"保存"（Save）命令，将此模型存储为"书房渲染练习B"文件。

5.5.2 掌控VRay景深效果——"棋盘"VRay景深制作

位置：DVD 01\Video\05\5.5.2掌控VRay景深效果——"棋盘"VRay景深制作.avi | AVI 时长：8:48 大小：30.6MB

实训目的：通过为"棋盘"渲染来学习VRay渲染器中景深效果的操作方法，深入理解VRay景深

145

渲染参数的相关理论，同时使作品达到近实远虚或者近虚远实的特效（如图5-32所示）。

Step 01 打开随书光盘中"源文件下载"|"第5章了解终极渲染王VRay"|"景深棋盘A"文件，为了便于观看效果，该文件中所有模型已被添加好VRay摄像机、灯光与材质，下面主要讲述VRay插件景深效果渲染参数的设置方法。

Step 02 按【F10】键，在随后弹出的"渲染设置：默认扫描线渲染器"对话框中，指定VRay为当前渲染器，同时设置"V-Ray"选项卡中的相关参数（如图5-33所示）。

图5-32 设置景深参数的"棋盘"渲染效果

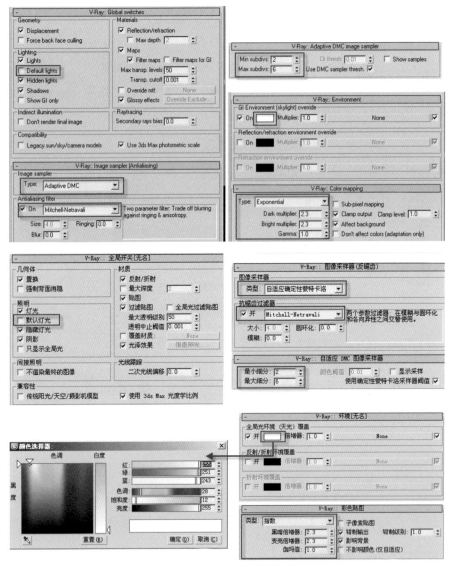

图5-33 设置"V-Ray"选项卡渲染中的渲染参数

●技巧：图像采样器选择"自适应确定性蒙特卡洛"类型，可以更好地体现景深渲染的细节变化，同时注意相应"自适应DMC图像采样器"卷展栏中的细分设置，可以对场景细节进行微调，但同样也会随之增加渲染时间。

Step 03 设置"间接照明"（Indirect illumination）选项卡中的相关参数（如图5-34所示）。

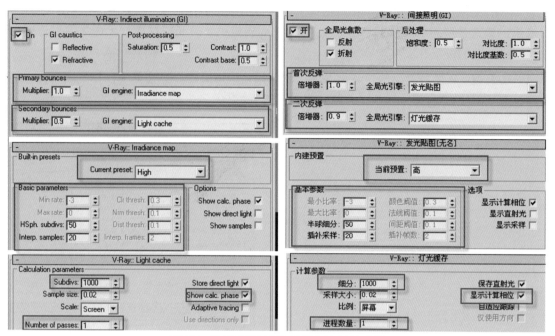

图5-34 设置"间接照明"选项卡渲染参数

Step 04 将摄像机视图激活，随后单击 👁 "渲染产品"按钮，便会发现场景中此时并不存在景深效果（如图5-35所示）。

Step 05 同样在"渲染设置：默认扫描线渲染器"对话框中单击"V-Ray"选项卡，在其最下方选择V-Ray::"摄像机"（Camera）卷展栏，打开其中的"景深"（Depth of field）选项组，在其中调整其景深参数（如图5-36所示）。

图5-35 未设置景深参数的"棋盘"渲染效果

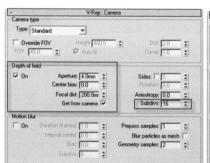
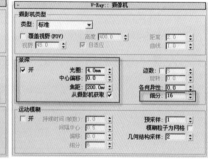

图5-36 调整景深参数

Step 06 结束景深调整，将其渲染并观察其变化。单击菜单栏中的"文件"（File）|"保存"（Save）命令，将此模型存储为"景深棋盘B"文件。

5.5.3 探索VRay焦散特效——"啤酒瓶"VRay渲染制作

位置: DVD 01\Video\05\5.5.3探索VRay焦散特效——"啤酒瓶"VRay渲染制作.avi AVI 时长: 9:22 大小: 36.7MB

实训目的：通过为"啤酒瓶"渲染来学习VRay渲染器中的焦散特效的操作方法，深入理解光线穿过透明物体利用反射所产生的VRay焦散原理，同时使作品达到更为写实的玻璃效果（如图5-37所示）。

Step01 打开随书光盘中"源文件下载"|"第5章了解终极渲染王VRay"|"焦散啤酒瓶A"文件，为了便于观看效果，该文件中的所有模型均已被添加好VRay摄像机、灯光与材质，下面主要讲述VRay插件焦散效果渲染参数的设置方法。

Step02 按【F10】键，在随后弹出的"渲染设置：默认扫描线渲染器"对话框中，指定VRay为当前渲染器，同时设置场景中VRay渲染的各项参数（如图5-38所示）。

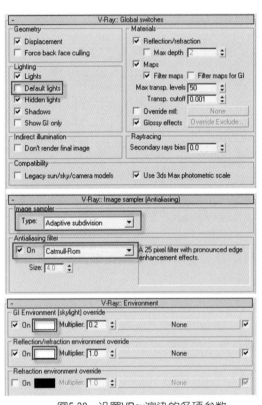

图5-37 使用VRay焦散制作的最终渲染效果

图5-38 设置VRay渲染的各项参数

Step03 设置"间接照明"（Indirect illumination）卷展栏中的相关参数（如图5-39所示）。

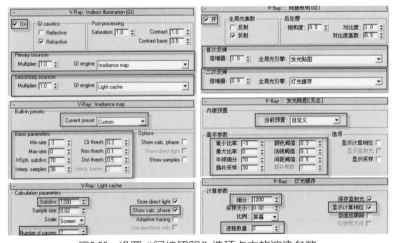

图5-39 设置"间接照明"选项卡中的渲染参数

Step 04 将摄像机视图激活，随后单击 🔘 "渲染产品"按钮，便会发现场景中此时并不存在焦散效果（如图5-40所示）。

Step 05 单击"间接照明"选项卡中的V-Ray"焦散"（Caustics）卷展栏，设置其焦散特效参数（如图5-41所示）。

图5-40　未使用VRay焦散场景渲染效果

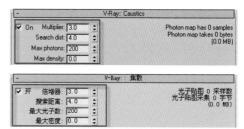

图5-41　设置VRay焦散参数

●技巧：其中重点观察其"倍增器"（Multipiler）的设置参数，该数值直接控制焦散特效的明亮度，数值大小与物体焦散亮度成正比，数值越大，焦散效果也会更明显。

Step 06 结束焦散调整，渲染边观察其变化。单击菜单栏中的"文件"（File）|"保存"（Save）命令，将此模型存储为"焦散啤酒瓶B"文件。

5.6 本章小结

　　本章主要讲述了VRay的整体设置选项，通过重点实例使读者进一步熟悉具体的理论参数设置，希望读者能够切实理解其内在参数的相关作用，从而用理论更好地指导实践操作，为后面学习材质调配打下坚实的基础。

第6章

材料质感的模拟真谛

DVD

超值视频教学版

⚙ **光子图**

DVD 03\素材与源文件\光子图\第6章 材料质感的模拟真谛

⚙ **贴图**

DVD 03\素材与源文件\贴图\第6章 材料质感的模拟真谛

⚙ **渲染效果图**

DVD 03\素材与源文件\渲染效果图\第6章 材料质感的模拟真谛

⚙ **源文件**

DVD 03\素材与源文件\源文件\第6章 材料质感的模拟真谛

通过对VRay渲染插件初步的了解，其渲染图面之所以如此真实，除了对渲染原理参数的科学设置以外，更离不开场景材质质感的逼真模拟。正如业内人士对制作效果图有句俗话："三分建模，七分渲染。""渲染"在这里的含义不仅仅代表渲染技术，其中材质和贴图在渲染过程中的作用非常大。

6.1 效果图中逼真材质的构成要素

在室内效果图中，场景三维模型本身是不具备任何表面属性的，要通过材质的赋予才能尽显其逼真质感。材质表现对于模型结构来讲就如同华丽的外衣一般，其构成属性是多方面的，可以通过其构成色彩、纹理、反射、透明度、表面粗糙度等诸多要素显示出来。可见，在计算机表现场景中，使用材质往往是表现模型真实效果的主要手段之一，通过不同的材质要素搭配组合，进而呈现出形式各异的视觉特性。

6.1.1 色彩

色彩是材质要素中最为基础的质感体现，在现实生活中，许多物体的材料模拟都要通过色彩调配进行模拟，如乳胶漆、油漆、塑料等。

6.1.2 纹理

模拟现实场景的材质除了色彩要素外，最为常见的材质体现便是纹理，如布纹织物，地面瓷砖、木地板等。正是由于这些纹理的巧妙运用，才使得图面效果更丰富、更具层次感（如图6-1所示）。

图6-1 赋予色彩与纹理的室内效果

6.1.3 反射

当物体的光滑度达到一定程度之时，便会对周围的物体产生不同程度的反射效应，常见的反射材质有镜子、玻璃，金属、石材等，根据材质质地其反射程度也略有区分（如图6-2所示）。

6.1.4　透明度与折射

透明度与折射多数是相通的，因为多数透明物体，如玻璃，必将产生折射效果，其视觉上的折射效果可以使物体的外轮廓造型产生微妙的变化（如图6-3所示）。

玻璃折射

图6-2　镜子材质的反射效果　　　　图6-3　玻璃材质的折射效果

6.1.5　光滑度

模拟物体表面的光滑度主要依赖于物体亮部的高光及反射、折射，从而加强其质感的线条的可塑性（如图6-4所示）。剖光釉面瓷砖的表面质地往往较为光滑，因为当地面受光后，其高光范围较小，且反射清晰，反之则较为粗糙。

6.1.6　凹凸

在现实生活中凹凸质感的物体随处可见，其制作方法有两种：一种为模型结构创建，另外一种则是材质模拟。前者较适合于视角近景的凹凸明显处，而后者较前者而言更加节约面数，同时可以添加渐变凹凸的质感，不仅可以使模型的外观更为生动逼真，更重要的是可以巧妙地简化许多模型的复杂制作过程，从而提高制图效率（如图6-5所示）。

图6-4　质地光滑的地面材质渲染效果　　　　图6-5　运用凹凸材质模拟褶皱效果

6.1.7 自发光

"自发光"实际便是现实生活中发光物体材质的代名词，如灯泡、灯箱、电视或显示器屏幕等，在标准材质下其"自发光"材质是单纯性地提高光亮度，不可以如灯光一般将场景照亮，但在选用"VRLightMtl"材质之后，其渲染效果却可以达到以假乱真的奇效（如图6-6所示）。其墙壁及顶部灯带便是通过自发光材质的渲染而达到模拟灯光照射的效果。

图6-6　赋予自发光材质的渲染效果

6.2 材质与贴图的区分

对上一节中所讲的材质的构成要素有了初步了解之后，对于许多初学者而言，此时最大的困惑便是对"材质编辑器"中琳琅满目的材质与贴图属性，常会将材质和贴图的含义混淆。实际上，二者在许多方面是截然不同的，但其内在联系又是十分紧密的（如图6-7所示）。

图6-7　材质/贴图浏览器

1. 材质

材质（Material）是用于表述场景物体的原材料的性质。从计算机模拟真实材料的意义上讲，材质属性不单纯是指物体本身的质感，而是物体本身材料通过光照与环境等因素，对其影响而体现出来的物理属性。例如"表面色彩、光泽度、自发光度、透明折射或反射。

而正是这些特征属性，才能将外形相同的三维模型以不同的显示效果展现于虚拟世界中。选用玻璃、不锈钢、陶瓷3种不同材质赋予的茶杯，其表现形式各具特色（如图6-8所示）。

图6-8　被赋予不同材质的模型渲染效果

2. 贴图

贴图（Texture Map）指的是将图像指定到材质各种物理属性之中，进而能够更为立体地表现材质质感。从某种意义上讲，贴图是构成材质的一个分支，是嵌套在材质的贴图通道下的一个子层级。在贴图通道中嵌入不同的贴图类型以表现出不同的渲染效果（如图6-9所示）。

图6-9　被赋予不同材质贴图的模型渲染效果

6.3 初识材质编辑器

在3ds Max中，绝大部分的材质表现都要通过"材质编辑器"调整，所以掌握"材质编辑器"的编辑要领尤为重要。在工具栏中将 ⚏ "材质编辑器"按钮激活，或按【M】键，都可打开"材质编辑器"对话框。材质编辑器基本由5大分区组成：材质示例球、工具按钮、材质类型选择按钮、参数控制卷展栏、材质拾取按钮及材质名称区（如图6-10所示）。下面对部分分区进行详细讲解。

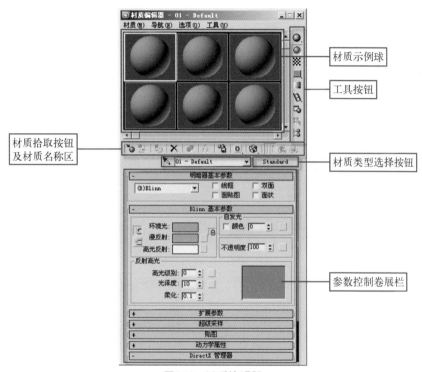

图6-10 材质编辑器

6.3.1 材质示例球

材质示例球，也可称为"材质示例窗"。每一个示例球都是一种材质的对应显示范例，系统为用户提供有24个示例球，但默认情况下其显示个数为6。在任意一个示例球上右击，在其弹出的快捷菜单中可以根据观察要求进一步修改（如图6-11所示），以能够满足同时显示24个示例球的效果，同时还可通过"拖动/旋转"（Drag/Rotate）或放大（Magnify）等功能更为仔细地观察对象。

6.3.2 工具按钮

"材质编辑器"中的工具按钮包括两个组成部分：工具行与工具列，两者都是用来调整材质相对应的示例球显示效果，以便于更为切实地观察其色彩、纹理等显示状态。而工具行较工具列而言应用更为频繁，主要是直接应用于场景材质的联系与应用命令，如工具行中的 ⚏ "将材质指定给选定对象"按钮，是建立物体与材质之间直接关联关系的纽带（如图6-12所示）。

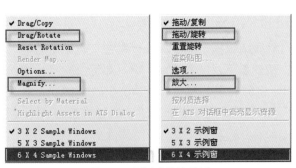

图6-11 示例球快捷菜单

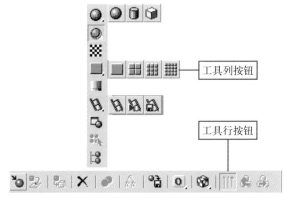

图6-12 材质编辑器工具按钮

6.3.3 参数控制卷展栏

其参数控制卷展栏内容较为繁多，而且灵活多变，在不同情况下会根据所选"材质与贴图类型"的差异略有区分，但其操作原理始终如一，其中基本操作是极其重要的，所以在众多材质与贴图类型中具有共性功能的部分参数需要着重注意，随后便通过不同常用材质与贴图类型的介绍重点讲述其参数控制。

6.4 掌握常用材质类型

调整模型材质是制作室内效果图过程中的一个极为重点的环节，许多的后期表现都是通过材质渲染进而凸显其内在的细节变化。在指定完成VRay渲染器的3ds Max软件中，其材质类型可谓不胜枚举，但就制作室内效果图而言，其中常用的类型却是屈指可数的，其中重点把握VRayMtl材质的设置。

6.4.1 标准材质

"标准材质"（Standard）是"材质编辑器"中默认的材质类型，是最为基础的材质类型。该材质的设置主要针对于3d Max默认的渲染器，对于初学者而言，此卷展栏中的部分重点参数设置是必须要掌握的。

1. 明暗器基本参数

"明暗器基本参数"（Shader Basic Parameters）卷展栏主要是用于控制材质的质感类型及渲染方式，以便使渲染效果更为多样化（如图6-13所示）。

图6-13 "明暗器基本参数"卷展栏

● 卷展栏左侧的调控区域为"着色控制"下拉列表，设计师可以根据不同的设计要求选择不同的明暗类型（如图6-14所示）。

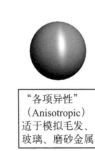
"各项异性"
（Anisotropic）
适于模拟毛发、
玻璃、磨砂金属

"胶性"（Blinn）
适于模拟地毯、布
料等织物类材质

"金属"（Metal）
适于模拟不锈钢、黄
铜等强烈反光材质

"多层"（Multi-Layer）
适于模拟表面光亮并具有
多层高光的材质

"砂面凹凸胶性"
（Oren-Nayar-Blinn）
适于模拟粗糙织物、粗陶

"塑性"（Phong）
适于模拟漆面木材、
石材、玻璃等材质

"杂性"（Strauss）
适于模拟金属或非金
属表面

"半透明明暗器"
（Translucent Shader）适于
模拟窗帘、磨砂玻璃、荧幕

图6-14　各着色模式的应用领域及渲染效果

- 卷展栏右侧的调控区域为"渲染方式"选项，可以根据设计要求来体现其形式各异的渲染方式，可通过缩减模型的建造面数来进一步提高制图效率（如图6-15所示）。

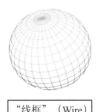
"线框"（Wire）

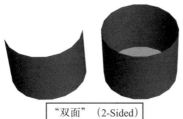
"双面"（2-Sided）

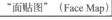
"面贴图"（Face Map）

"面状"（Faceted）

图6-15　渲染方式的渲染效果

2. Blinn基本参数

　　"Blinn基本参数"（Blinn Basic Parameters）卷展栏是标准材质调整的核心部分。虽然不同的"着色控制"类型会相应有不同的基本参数设置，但变化是极其有限的（如图6-16所示）。

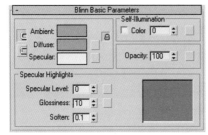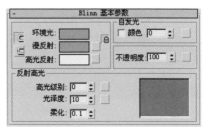

图6-16　"Blinn基本参数"卷展栏

- "材质色彩调配区"主要通过"环境光"（Ambient）、"漫反射"（Diffuse）、"高光反射"（Specular）3种颜色的结合调配进而形成材质的真正色彩（如图6-17所示）。其中原理与现实绘画原理极其相似，"漫反射"颜色相当于物体本身的"固有色"，默认情况下"环境光"与"漫反射"颜色为锁定状态，可以根据渲染要求，单击 ▣ "锁定"按钮可将两者解除锁定状态。随后可通过单击色块来调整各区域的颜色（如图6-18所示）。

157

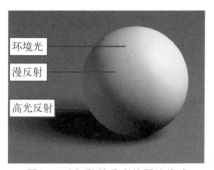

环境光

漫反射

高光反射

图6-17 材质3种色彩的配比构成

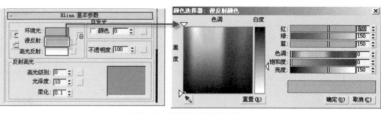

图6-18 选择材质颜色

- 标准材质中物体"自发光"（Self Illumination）可以使用数值与颜色两种方法设置其发光效果，常被用于灯泡等，但倘若要将该材质场景周边物体照亮以达到真正灯泡的光照效果，还需借助辅助光源照射（如图6-19所示）。

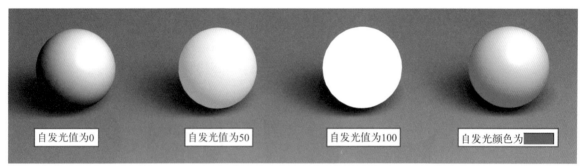

自发光值为0　　　　　自发光值为50　　　　　自发光值为100　　　　　自发光颜色为

图6-19 "自发光"不同设置参数的渲染效果

- "不透明度"（Opacity）多数是为了玻璃等透明物体而准备的参数设置，其参数数值为0时，材质显示为全透明，默认状态下其数值为100（如图6-20所示）。

不透明度值为100　　　　不透明度值为50　　　　不透明度值为20

图6-20 "不透明度"不同设置参数的渲染效果

此外，在以上所有选项右侧都具有一个 "快速贴图"按钮，单击此按钮便可打开"材质/贴图浏览器"（Material/Map Browser）对话框，随后双击相应的材质类型，此时"快速贴图"按钮便会呈 M 方式显示。

- 通过调整"反射高光"（Specular Highlights）选项组中的"高光级别"（Specular Level）、"光泽度"（Glossiness）以及"柔化"（Soften）3项数值，同时通过观察右侧的曲线示意图以更好地调整材质的反射高光（如图6-21所示）。

| 高光级别：5 光泽度：10 柔化：1.0 适用于墙面等 | 高光级别：50 光泽度：25 柔化：0.5 适用于硬木等 | 高光级别：200 光泽度：70 柔化：0.1 适用于不锈钢等 |

图6-21 "反射高光"选项组不同设置参数的渲染效果

●技巧：多数情况下，物体材质的反射强度与其高光级别成正比，其反光强调越高，其"高光级别"与"光泽度"数值也应随之越大。

3. 扩展参数

"扩展参数"（Extended Parameters）卷展栏主要用来设置标准材质的基本参数（如图6-22所示）。

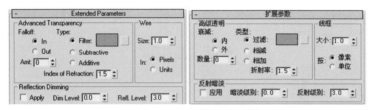

图6-22 "扩展参数"卷展栏

● 在"高级透明"（Advanced Transparency）选项组中，在配合一定"数量"（Amt）参数的条件下，通过对"内"（In）和"外"（Out）不同选项的设置，从而使玻璃物体达到不同程度的衰减透明效果（如图6-23所示）。

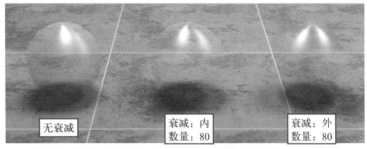

图6-23 选择"内"与"外"不同选项的玻璃物体的渲染效果

● 当已经选择"线框"渲染方式后，可以在"线框"选项组中，可通过使用"像素"（Pixels）与"单位"（Units）的设置进一步调整物体结构线框的粗细（如图6-24所示）。一般"像素"选项较适用于动画场景中，以避免由于镜头的伸缩影响网格尺寸的偏差。

图6-24 设置"像素"与"单位"不同选项的渲染效果

4. 贴图

"贴图"（Map）卷展栏中左侧为不同形式的贴图通道，右侧的长按钮为即将选择的贴图类型区域。虽然不同明暗类型的材质其贴图通道的形式有所差别，但是每个通道的使用方式却是大同小异，并且在室内效果图制作中真正使用频繁的贴图通道无非仅有几种而已，其中重点把握"漫反射颜色"（Diffuse Color）、"自发光"（SelfIllumination）、不透明度（Opacity）、凹凸（Bump）、反射（Reflection）与折射（Refrection）6种贴图方式，由于部分渲染设置在VRay插件中其设置未能响应，且渲染效果也稍有逊色，所以在此便不作深入讲解（如图6-25所示）。

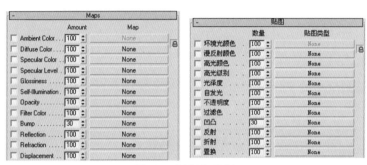

图6-25　贴图卷展栏

6.4.2　VRayMtl材质

VRayMtl被称为"VRay标准材质"，它是VRay渲染器中最为常用的材质类型，此材质不仅效果表现突出，而且计算GI与照明的速度及渲染显示频率也相对更快。因此在使用VRay渲染器时，应该尽量将场景默认标准材质修改为VRayMtl材质，以便快捷地渲染模型反射、折射、凹凸、置换等效果（如图6-26所示）。

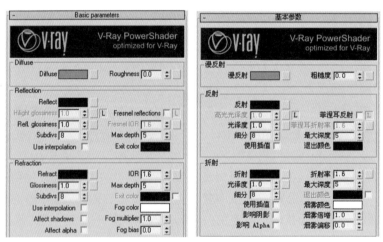

图6-26　VRayMtl材质基本参数卷展栏

从以上"基本参数"（Basic parameters）卷展栏的组织结构上可以获知，VRayMtl材质的参数设计更为人性化，只是通过简单的"漫反射"（Diffuse）、"反射"（Reflection）与"折射"（Refrection）选项组便可以在场景中得到较好的物理照明效果。

此外，布局形式中最为便捷的就是其许多的默认设置，在大部分参数保持默认不变的情况，也可渲染出相对质感写实的艺术作品。

1. 漫反射选项组

在VRayMtl材质中的"漫反射"（Diffuse）设置与3ds Max的标准材质基本类同，主要是设置材质表面颜色或纹理贴图，其中"粗糙度"（Roughness）可以添加物体表面粗糙质感。

2. 反射选项组

"反射"（Reflection）主要设置材质的反射强度，通过设置相关参数已达到场景物体不同要求的反射效果。

- "反射"（Reflect）色块与标准材质中"反射级别"（Specular Level）类似，主要用于设置材质的反射强度，颜色黑白明度越亮其反射效果越明显，相反其反射效果越弱化，而彩色设置则是针对其反射色彩而设，与反射强度分开计算（如图6-27所示）。

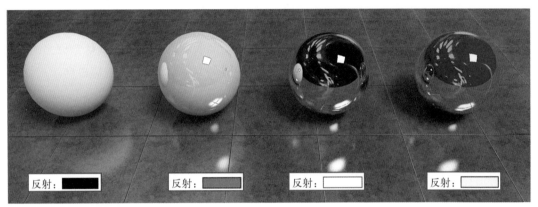

图6-27 色块控制反射

- "高光光泽度"（Hilight Glossiness）与标准材质中的"光泽度"（Glossiness）的原理基本类似，都是控制材质高光区域的大小范围值，所以此设定必须要满足于反射前提，同时在使用时需将右侧 L 按钮解除锁定，参数数值越大其高光范围也相应越大（如图6-28所示）。

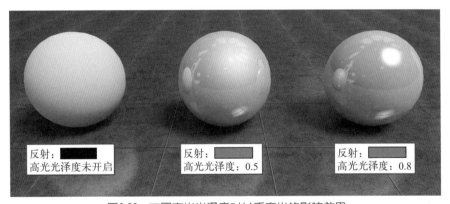

图6-28 不同高光光泽度对材质高光的影响效果

- "光泽度"（Refl Glossiness）与标准材质中的"柔化"（Soften）原理接近，但其控制效果却远远超过了后者。该功能主要在材质模糊反射的显示处理中应用极为广泛，其默认数值为1，表示未经过模糊处理，多数情况下对于室内设计效果图的地面反射材质，建议将其数值调整为0.8左右较为适合。通过地面材质的不同光泽度的调试，从光影反射进一步凸显其地面铺设仿古瓷砖与玻化、釉面瓷砖的差别（如图6-29所示）。

图6-29 地面材质的不同光泽度的渲染效果

- "细化"（Subdivs），顾名思义，便是对场景材质品质的细分处理，默认数值为8，对于以下采用过多模糊反射处理的材质建议要适当增加其"细化"数值，但也要适可而止，以免由于过度细化而造成的渲染速度过慢的后果。

- "使用插值"（Use Interpolation），勾选此项表示使用缓存方案，此种缓存方案类似于发光贴图的处理方式，以加快材质模糊反射的计算速度。

- "菲涅尔反射"（Fresnel Reflections）将其选项右侧的 L 按钮单击，进而可以调整"菲涅尔反射率"（Fresnel IOR），以更好地模拟真实世界的反射效果。

- "最大深度"（Max Depth）用来控制反射的最大次数。建议通常保持默认，以免反射次数过多，过度拖延渲染时间。

- "退出颜色"（Exit Color）物体的反射达到最大深度定义的反射次数后便会停止计算，此时所设定的颜色将被退出，且不再追踪远处光线，一般可以保持默认不变。

3. 折射选项组

"折射"（Refraction）选项组与"反射"（Reflaction）选项组在内部原理与外在形式上有许多的相同之处，不同的是前者主要是设置材质的折射效果。下面便针对几个特殊参数进行讲解：

- "折射"（Refract）同"反射"（Reflact）一样也是通过色块颜色的调整进而渲染其透明度，不同在于"折射"（Refraction）选项组具有"雾颜色"（Fog Color）选项，可以调整其透明物体的颜色，以及通过修改"雾倍增值"（Fog Multiplier）选项，从而更加真实地模拟厚重物体其透明度略低于轻薄物体的情形，可见其雾色效果与模型的绝对尺寸直接相关（如图6-30所示）。

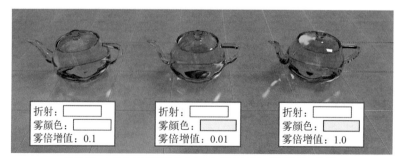

图6-30 不同"雾颜色"及"雾倍增值"搭配渲染效果

- "影响阴影"（Affect Shadow）同样是折射选项组中的一项非常重要的设置选项，制作透明物体建议勾选此项，因为此项设置可控制物体产生透明阴影，此效果只针对于VRay灯光或者VRay阴影有效（如图6-31所示）。

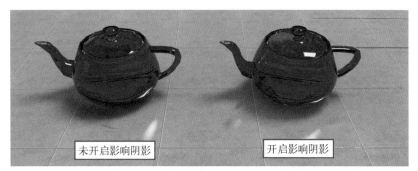

图6-31　不同"影响阴影"处理对比效果

此外，VRayMtl材质的"贴图"（Maps）卷展栏的使用方法及形式结构与3ds Max的标准材质基本类似，所以在此便不逐一介绍。

6.4.3　实战VRayMtl材质操作——"墙面"及"无框画"

位置：DVD 01\Video\06\6.4.3实战"VRayMtl"材质操作——"墙面"及"无框画".avi　时长：10:40　大小：35.6MB

实训目的：通过为"墙面"及"无框画"赋予VRayMtl材质，继而深入实践学习3ds Max"材质编辑器"的基本使用方法，从中初步了解调制材质的大体程序，为后继较为复杂的材质编辑奠定基础（如图6-32所示）。

Step 01 打开随书光盘中"源文件下载"|"第6章材料质感的模拟真谛"|"无框画A.max"文件，为了便于观看效果，该文件中已被设置好VRay灯光及VRay的相关渲染参数，下面主要为"墙面"与"无框画"赋予相应的VRayMtl材质。

Step 02 按【M】键打开"材质编辑器"（Material Editor），选择任意一个材质示例球，然后单击其 Standard "标准"按钮，在打开"材质/贴图浏览器"对话框中选择VRayMtl选项，将其转换为VRayMtl材质（如图6-33所示）。

图6-32　"无框画"赋予"VRayMtl"材质的渲染效果

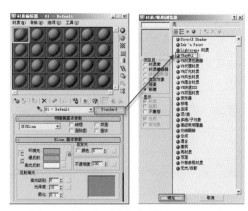

图6-33　将"标准材质"转换VRayMtl材质

●注意：VRayMtl材质是利用VRay渲染器制作室内设计效果图的主要材料类型，所以在转换其设置之前，必将VRay指定为当前渲染器，否则该材质类型将不会显示于"材质/贴图浏览器"（Material/Map Browser）中。

Step 03 将材质命名为"白乳胶漆"，设置其"漫反射"（Diffuse）与"反射"（Reflect）颜色，同时设置其"高光光泽度"（Hilight glossiness）与"细分"（Subdivs）参数（如图6-34所示）。

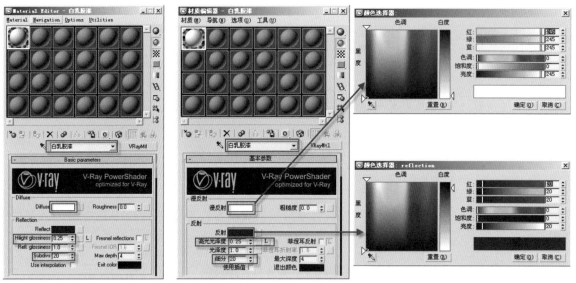

图6-34 "白乳胶漆"基本参数卷展栏的相关设置

●技巧：白色墙面并非全白色，在适当添加反射的基础上将墙面颜色设置为乳白色，同时调整其高光光泽度及细分参数以加强墙面的细腻质感。

Step 04 在"选项"（Options）卷展栏中取消"跟踪反射"（Trace refractions）选项，以完成乳胶漆材质的调整（如图6-35所示）。

图6-35 "白乳胶漆"选项卷展栏的相关设置

Step 05 选择场景中的"Box05"，同时单击"材质编辑器"工具行中的 ▣ "将材质指定给选定对象"按钮，场景中的墙体模型便被赋予了所选材质。

Step 06 完成乳胶漆材质的赋予之后，再选择任意一个材质示例球，使用同样的方法将其转换为VRayMtl材质，同时命名为"画1"。

Step 07 设置其"基本参数"（Basic parameters）卷展栏中的相关参数，同时在"漫反射"（Diffuse）中添加"位图"（Bitmap），以完成贴图的引用程序（如图6-36所示）。

●注意：在软件中由于英文的差异，而导致其名称位置有所变更，所以在此选择"位图"（Bitmap）时应该习惯其具体位置。

Step 08 将场景中的"box01"选中，单击"材质编辑器"工具行中的 ▣ "将材质指定给选定对象"按钮，随后再单击 ▣ （在视图中显示贴图）按钮，此时可发现场景中的"无框画"模型便被赋予了位图贴图。

图6-36 调整"无框画"材质

●技巧：在工具行中单击🎨"将材质指定给选定对象"按钮只是模型赋予材质的方法之一，另一种较为便捷的方法则是按住已调整完备的材质示例球，直接将其拖拽到模型之上，但要注意模型的观看角度，以免指定失误。

Step 09 用同样的方法分别将场景中的其余"无框画"模型赋予不同的位图贴图，随后单击菜单栏中的"文件"（File）|"保存"（Save）命令，将此模型存储为"无框画B.max"文件。

6.4.4 多维/子对象材质

"多维/子对象"材质（Multi/Sub-Object）是将多个材质组合成为一个复合型材质，并将其指定给一个拥有不同ID子对象层级的复杂物体。对于使用"可编辑多边形"（Editable Poly）或"编辑网格"（Editable Mesh）命令创建的复杂模型，将其材质调整为"多维/子对象"材质可谓再恰当不过。

"多维/子对象基本参数"（Multi/Sub-Object Basic Parameters）是"多维/子对象"材质（Multi/Sub-Object）唯一的卷展栏，从其组织结构上便发现其构造并不复杂，但其功能却不可忽视。在创建室内效果图的过程中，"多维/子对象"材质应用范围很广，其中运用"可编辑多边形"（Editable Poly）命令创建的室内房型便是一个极为普遍的实例（如图6-37所示）。

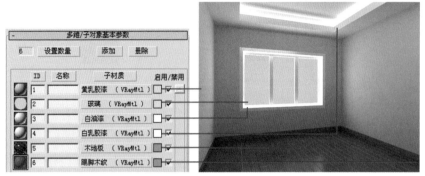

图6-37 "多维/子对象"材质参数面板及室内房型渲染效果

　　可见，房型物体即便模型结构如此复杂，但对于"多维/子对象"材质来讲其子对象个数并不算多，该材质的"设置数量"（Set Number）最多可达到1000个。每一个ID子材质都是一个默认标准材质，可以将其继续进行修改从而得到更为完美的制作效果。

6.4.5 实战"多维/子对象"材质操作——"书柜"

位置：DVD 01\Video\06\6.4.5实战"多维子 对象"材质操作——"书柜".avi　　**AVI** 时长：14:51　　大小：60.4MB

　　实训目的：通过为"书柜"赋予"多维/子对象"材质，更为深刻地熟悉"材质编辑器"的相关命令按钮的具体操作方法，继而深入实践操作"可编辑多边形"命令的应用（如图6-38所示）。

Step 01 打开随书光盘中的"源文件下载"|"第6章材料质感的模拟真谛"|"书柜A.max"文件，为了便于观看效果，该文件中已被安置好VRay灯光及VRay相关渲染参数，下面主要为"书柜"模型赋予相应的"多维/子对象"材质。

　　●注意：场景中"书柜"模型是完全使用"可编辑多边形"（Editable Poly）命令创建编辑而成的物体，为保持其造型严谨的而设计构造，故此采用"多维/子对象"材质进行编辑。

Step 02 在"材质/编辑器"（Material Editor）中，选择任意一个材质示例球将单击其 Standard "标准"按钮，将其转换为"多维/子对象"（Multi/Sub-Object）材质，在随之弹出的"替换材质"（Replace Material）对话框中保持默认设置，单击 确定 按钮，以进入"多维/子对象基本参数"（Multi/Sub-Object Basic Parameters）卷展栏（如图6-39所示）。

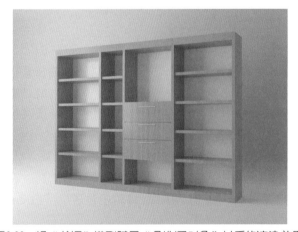

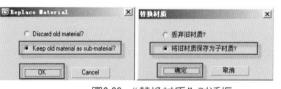

图6-38 将"书柜"模型赋予"多维/子对象"材质的渲染效果　　　　图6-39 "替换材质"对话框

Step 03 单击 设置数量 按钮，在"设置材质数量"（Set Number of Materials）对话框中将其材质数量调整为2，以保留两个子材质（如图6-40所示）。

Step 04 单击ID1号材质，进入1号子材质层级，将其由"标准材质"转换为"VRayMtl"材质，将其命名为"白漆"，同时调整其相关参数（如图6-41所示）。

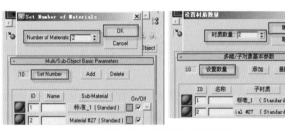
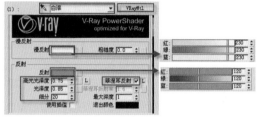

图6-40 设置子材质数量　　　　　　　　　　图6-41 ID1子材质参数设置

Step 05 单击"材质编辑器"工具行中的 ➡ "转到下一个同级项"按钮，进入到ID2材质层级，将其命名为"木色"，同时设置其"基本参数"（Basic parameters）卷展栏中的相关参数，在其"漫反射"（Diffuse）中添加一张木纹纹理的"位图"（Bitmap）图像，以完成ID2子材质的调整过程（如图6-42所示）。

Step 06 单击工具行中的 ⬆ "转到父对象"按钮，将调整好的材质命名为"书柜材质"，同时将场景中的"书柜"模型选中，单击"材质编辑器"工具行中的 ⬚ "将材质指定给选定对象"按钮，将材质赋予给"书柜"模型。

Step 07 确认"书柜"模型为被选中状态，按【4】键进入其 ■ "多边形"层级，将其背板模型逐一选中，同时在"可编辑多边形"修改器下的"多边形：材质ID"（Polygon: Material IDs）卷展栏中设置其ID为1（如图6-43所示）。

图6-42 ID2子材质参数设置　　　　　　　　图6-43 设置"书柜"背板子对象材质ID

Step 08 仍然确保"书柜"背板子对象为选择状态，按【Ctrl+I】组合键，将"书柜"柜体反选，并采用同样的方法设置其ID为2（如图6-44所示）。

Step 09 关闭"书柜"模型子对象层级，按【Shift+Q】组合键渲染当前模型，即可观察到"多维/子对象"材质的渲染效果，随后单击菜单栏中的"文件"（File）|"保存"（Save）命令，将此模型存储为"书柜B.max"文件。

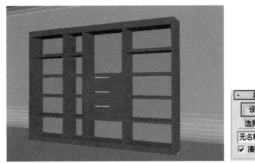

图6-44　设置"书柜"柜体子对象材质ID

6.4.6　VR灯光材质

　　"VR灯光材质"（VRayLightMtl）也是由VRay渲染器将其添加到3ds Max中的材质类型，其形式与3ds Max标准材质中的自发光材质类似，但其渲染效果却远远超过于前者，可以只将其应用为灯光进而渲染成异型灯带、灯箱等效果，其具体效果展示已在前面章节中进行了讲解，在此便不逐一罗列。

　　从"VR灯光材质"的（VRayLightMtl）"参数"卷展栏的组建结构上便可预知，该材质参数调整较易掌握，无非材质色彩或贴图以及倍增值之间的关系调整，但重点在于其模型物体在场景空间中所占据光照总体的比例关系，在必要情况下根据灯光材质色彩可适当增加其倍增设置值，以加大亮度显示（如图6-45所示）。

图6-45　VR LightMtl发光材质的"参数"卷展栏

6.4.7　实战"VR灯光材质"操作——"台灯"与"显示屏"

位置：DVD 01\Video\06\6.4.7实战"VR灯光材质"操作——"台灯"与"显示屏".avi　｜AVI｜时长：14:51　大小：60.4MB

　　实训目的：通过为"台灯"与"显示屏"赋予VRayLightMtl材质，在熟练掌握VR ayLightMtl的相关参数设置方法的同时，重点把握场景空间光照的比例关系（如图6-46所示）。

图6-46　"台灯"与"显示屏"赋予"VR灯光材质"的渲染效果

Step 01 打开随书光盘中"源文件下载"|"第6章材料质感的模拟真谛"|"发光台灯A.max"文件，为了便于观看效果，该文件中一些辅助模型已被添加好VRay材质与VRay渲染的相关设置，下面主要为"台灯"及"显示屏"模型赋予相应"VR灯光材质"（VRayLightMtl）。

●注意：由于要使"VR灯光材质"的（VR Light Mtl）渲染效果表现明显，所以在该场景中未添加任何灯光，所以在没赋予材质的基础上渲染场景，其效果会较为黑暗。

Step 02 在"材质/编辑器"（Material Editor）中选择任意一个材质示例球，单击 Standard "标准"按钮，将其转换为"VR灯光材质"（VRayLightMtl）（如图6-47所示）。

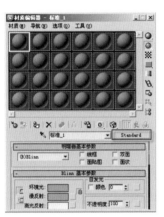

图6-47 将"标准材质"转换为"VR灯光材质"

Step 03 在该"VR灯光材质"的"参数"（Params）卷展栏中调整其参数设置，并将其命名为"发光灯罩"（如图6-48所示）。

Step 04 选择另外一个材质示例球，使用同样的方法将其转换为"VR灯光材质"，并将其命名为"显示屏"。

Step 05 在"显示屏"材质的"参数"（Params）卷展栏中调整其参数设置，同时单击"颜色"（Color）选项右侧的 None 按钮，为其添加一张电脑屏幕的"位图"（Bitmap）图像，以完成"显示屏"材质的调整（如图6-49所示）。

图6-48 "发光灯罩"材质的参数设置　　图6-49 "显示器"材质参数设置

Step 06 单击"材质编辑器"工具行中的 ▣ "将材质指定给选定对象"按钮，分别将两个调整好的材质赋予到场景中的"灯罩"与"屏幕"模型之上。

Step 07 按【Shift+Q】组合键渲染当前模型，便可观察到"VR灯光材质"的渲染效果，随后单击菜单栏中的"文件"（File）|"保存"（Save）命令，将此模型存储为"发光台灯B.max"文件。

6.4.8 VR材质包裹器

"VR材质包裹器"（VRayMtlWrapper）主要是用来控制场景材质的全局光照、焦散、不可见物体等特殊处理的效果。能够将场景中的材质进行"个体"处理，进而准确把握各物体材质之间的"色溢"现象。

在室内效果图的制作过程中，对于"VR材质包裹器"（VRayMtlWrapper）的参数设置主要集中在其"VR材质包裹器参数"（VRayMtlWrapper parameters）卷展栏中（如图6-50所示）。

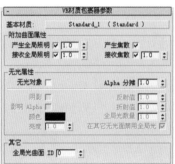

图6-50 "VR材质包裹器参数"卷展栏

"VR材质包裹器参数"如"多维/子对象"材质一样都是3ds Max的一种复合材质，在其主材质下可并存有子材质，其中"基本材质"（Base material）便是物体自身的材质，为增强渲染效果，在此建议设计师将其选择为VRayMtl材质。

其中处理材质"色溢"变化的选项是"附加曲面属性"（Additional surface properties）选项组，可以通过"产生全局光照"（Generate GI）选项、"接收全局照明"（Receive GI）选项分别设置当前所选材质是否计算GI光照，以更好地模拟各材质之间色彩的细腻变化。

处理材质的"焦散"变化可通过"产生焦散"（Generate caustics）选项、"接收焦散"（Receive caustics）选项方法进行处理，进而表现场景空间的层次感。

6.4.9 实战"VR材质包裹器"操作——解决场景材质间"色溢"困惑

位置：DVD 01\Video\06\6.4.9 实战"VR材质包裹器"操作——
解决场景材质间"色溢"困惑.avi   AVI 时长：14:51 大小：60.4MB

实训目的：通过为"木地板"与"红绒布"添加"VR材质包裹器"材质，使读者更为深刻地熟悉该材质相关命令的具体操作方法，从中掌握解决场景材质间的"色溢"问题的方法，继而深入理解色彩构成对室内设计场景的影响作用（如图6-51所示）。

未使用"VR材质包裹器"的渲染效果

使用"VR材质包裹器"后的渲染效果

图6-51 使用"VR材质包裹器参数"前后对比效果

●技巧：在现实生活中，物体在光的照射下表面材质的色彩会根据质地而相互弹射，其中即将会产生环境色，也就是在制作效果图中常说的"色溢"现象。但在制图过程中，由于某些色彩强烈的物体其颜色的释放力较强，甚至会对其他物体产生失真的"色溢"效果，为其添加"VR材质包裹器"势在必行。

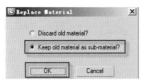
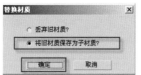

Step 01 打开随书光盘中的"源文件下载"|"第6章材料质感的模拟真谛"|"墙面色溢A.max"文件，为了便于观看效果，该文件中已被安置好VRay灯光、部分材质及与VRay相关的渲染参数，下面主要将"木地板"与"红绒布"材质添加相应的"VR材质包裹器"。

Step 02 按【M】键，将"材质编辑器"（Material Editor）开启，选择名为"木地板"的材质，单击 **Standard** "标准"按钮，将其转换为"VR材质包裹器参数"（VRayMtlWrapper）材质，在随之弹出的"替换材质"（Replace Material）对话框中选择"将旧材质保存为子材质"（Keep old material as sub-material）单选按钮，单击 **确定** 按钮（如图6-52所示）。

Step 03 随后便进入"VR材质包裹器参数"卷展栏，此时原先的"木地板"材质便作为"VR材质包裹器"材质的"基本材质"而存在，同时调整其相关参数（如图6-53所示）。

图6-52 "替换材质"对话框   图6-53 "木地板"材质的"VR材质包裹器参数"卷展栏

Step 04 选择"红绒布"材质示例球，用同样的方法将其也转换为"VR材质包裹器"材质，同时调整其相关参数（如图6-54所示）。

图6-54 "红绒布"材质的"VR材质包裹器参数"卷展栏

●技巧：通过减少两个重色物体的"产生全局光照"数值，进而降低其对白色墙面的"色溢"，其数值设定要根据场景物体材质的具体"色溢"变化灵活控制，0为完全不参加计算。

Step 05 按【Shift+Q】组合键渲染当前模型，注意观察墙面的"色溢"变化，随后单击菜单栏中的"文件"（File）|"保存"（Save）命令，将此模型存储为"墙面色溢B.max"文件。

6.5 随心把握常用贴图类型

在制作室内效果图的过程中除了要掌握以上重点材质类型以外，其中一些与其对应的贴图类型也是不可忽视的环节。单击"贴图"（Map）卷展栏中的任意通道，所弹出的"材质/贴图浏览器"对话框中便会呈现出不同形式的贴图类型，其中3ds Max已将各种各样的贴图自动分为2D、3D、合成器贴图以及颜色修改器和其他贴图类型。

6.5.1 2D贴图

2D贴图（2D maps）从某种意义上讲，无论是普通"位图"还是"程序贴图"，其渲染表现都是赋予物体对象不同贴图通道的二维图像（如图6-55所示）。

1. "位图"贴图

"位图"（Bitmap）是3ds Max程序贴图最为常用的贴图类型，该贴图以二维图片形式而存在，可识别的图像类型其中包括有bmp、gif、jpg、png、tif、psd等图像文件。"位图"贴图的应用原理是运用一些如木纹、石材图片来模拟纹理质感，进而使材质渲染的效果更为逼真。

在标准类型材质下调用贴图，可以从"基础参数"卷展栏中使用"快速贴图"按钮查找贴图类型，也可以通过"贴图"（Map）卷展栏的相应通道也可将不同类型的贴图调用。倘若需要更换可通过其下"位图参数"（Bitmap Parameters）卷展栏中的"位图"（Bitmap）进行调整。

此外，单击 查看图像 按钮在清楚观察贴图的同时，拖动其上控制手柄进而对图像进行裁剪或放置（如图6-56所示）。

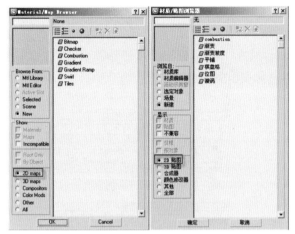

图6-55 "2D贴图"分类

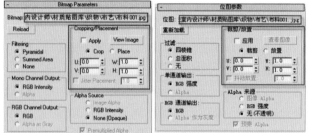

图6-56 "位图参数"卷展栏

2. "棋格盘"、"平铺"贴图

在室内场景中，"棋格盘"（Checker）、"平铺"（Tiles）贴图在多数情况下都用于模拟不同形式的地面或墙面铺装材质。默认情况下，贴图是以黑白两色相间的形式展示的，也可以修改其颜色或以不同贴图的形式替代（如图6-57和图6-58所示）。

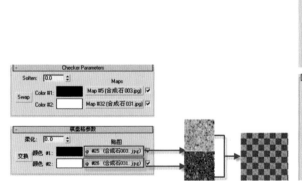

图6-57 "棋格盘"贴图参数及显示效果

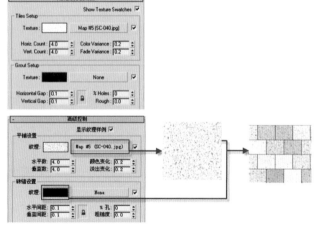

图6-58 "平铺"贴图参数及显示效果

其中，利用"平铺"（Tiles）贴图中的"预设类型"（Preset Type）可以将平铺图案设置的更为丰富，如铝扣板、马赛克、木地板等都可以逼真地模拟显示出来。

3. "渐变"贴图

"渐变"（Gradient）贴图作为2D贴图（2D maps）的一种类型，自然是集合二维图像的载体，多数情况下不仅可以将其运用于模型贴图之上，在背景展示中采用其渐变特效也是一种更为有效的特例。

在"渐变"贴图中通过黑、灰、白3个示例色块以"线性"（Linear）或"径向"（Radial）两种渐变类型的方式，将不同色彩或位图进行自然巧妙地过度表现（如图6-59所示）。

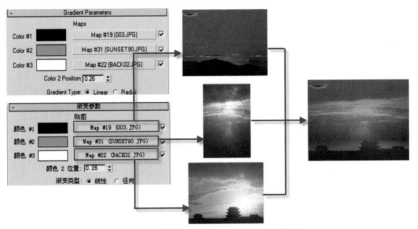

图6-59 "渐变"贴图参数及显示效果

6.5.2 3D贴图

3D贴图（3D maps）是根据程序以三维形式生成的图案，该贴图在二维基础上已不单纯停留在二维平面上，而是具有更为立体的效果。可以同2D贴图同时并用，以加强其材质整体的真实质感（如图6-60所示）。

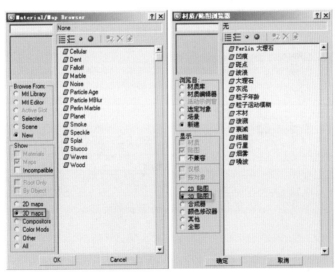

图6-60 "3D贴图"分类

1. "细胞"、"噪波"、"斑点"贴图

"细胞"（Cellular）、"噪波"（Noise）、"斑点"（speckle）3种贴图都是3ds Max的"三维贴图"（3D maps）。在贴图通过两种或3种颜色的随机混合后，进而产生一种肌理的特效，在制作室内设计效果图中往往会将此种肌理运用到"凹凸"（Bump）通道、"高光级别"（Specular Level）通道中，通过形式各异的颗粒质感去模拟皮质、布料纹理、地板或墙面的粗糙触感，进一步将材质渲染发挥到极致（如图6-61、图6-62和图6-63所示）。

173

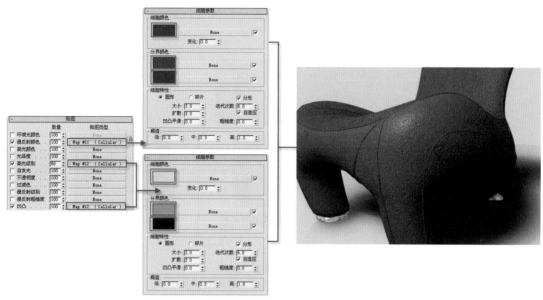

图6-61 "细胞"贴图参数及显示效果

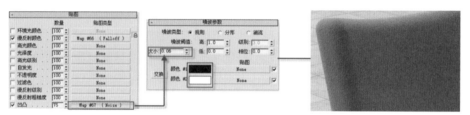

图6-62 "噪波"贴图参数及显示效果

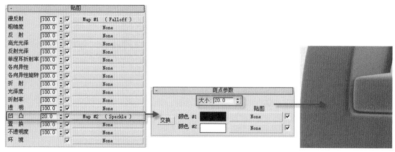

图6-63 "斑点"贴图参数及显示效果

2. "衰减"贴图

"衰减"（Fall off）看似与"渐变"（Gradient）贴图类似，但是两者有很大的区别，前者作为3ds Max的3D贴图可以理解为是立体形式的"渐变"，多用于"漫反射颜色"（Diffuse Color）、"不透明度"（Opacity）、"自发光"（Self-Illumination）等不同通道中，或结合"蒙版贴图"（Mask）和"混合贴图"（Mix），用于模拟光感绒布、发光灯罩等物体的渐变混合或覆盖效果（如图6-64所示）。

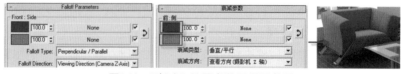

图6-64 "衰减"贴图参数及显示效果

6.5.3 合成器贴图——"混合"贴图

"合成器贴图"（Compositors）将用于合成其他的颜色或贴图，类似于平面软件中"蒙版"的应用原理，在3ds Max软件中可以创造出多层贴图的组合效果（如图6-65所示）。

其中，在制作过程中将"混合"贴图被巧妙地用于制作地毯或地面花砖材质，足以堪称"合成器贴图"巧妙运用于室内效果图材质制作的典范。此贴图可以将两张不同纹理的贴图运用融合的"遮罩"中的明暗对比，进而增加其纹理的变化形式（如图6-66所示）。

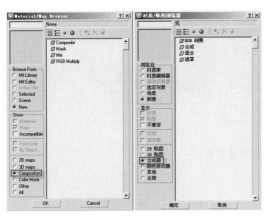

图6-65 "合成器贴图"分类

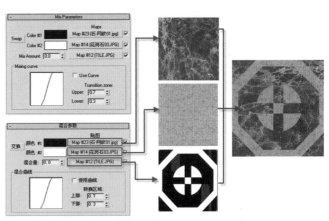

图6-66 "混合"贴图参数及显示效果

6.5.4 其他贴图

"其他"（Other）贴图主要包括3ds Max默认渲染器的表现反射或折射效果的贴图，由于其渲染效果在VRay渲染器中无法表现，所以在此便不做详解，而其中一些"VRay贴图"在对制作室内效果图时，用途比较广泛，具体如下（如图6-67所示）。

1. VRayHDRI高动态贴图

VRayHDRI为high dynamic range image的缩写，此种贴图为VRay渲染器中较为特殊的贴图类型，不仅具备图像信息的影响效果，而且它还兼具灯光信息的功能，在某种情况下可以将其看做一种对场景极具影响力的色彩光源。即使场景模型的周围无任何模型或贴图，也可利用高动态贴图进行模拟（如图6-68所示）。

图6-67 "其他"分类

图6-68 VRayHDRI高动态贴图的渲染效果

其实在3ds Max 7中，3ds Max就已支持HDRI文件的渲染了，可以将其应用于环境和反射贴图之中，可以利用高动态贴图更好地凸现材质与环境之间的反射关系（如图6-69所示）。但其中最能够完全发挥其特效优势的还属VRayLight光源与VRayHDRI高动态贴图的结合使用，以应用VRayHDRI渲染出全局光照效果。其VRayHDRI全局光照效果的具体设置方法请参见VRay灯光详解章节。

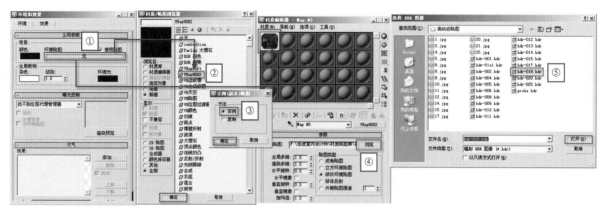

图6-69　VRayHDRI高动态贴图的调整参数

2. VR边纹理

"VR边纹理"（VRay EdgesTex）贴图是一种较为简单的贴图类型，其渲染效果与3ds Max中的线框材质较为相同，但其在VRay渲染器的烘托下更易表现材质的艺术真谛（如图6-70所示）。

图6-70　"VR边纹理"贴图对比渲染效果

其参数一般都在VRayMtl材质的"漫反射"（Diffuse）通道中进行设置，一般情况下主要设置"颜色"（color）、"厚度"（Thickness）两个选项组。其中"世界单位"（Wold units）为场景的实际尺寸单位，"像素"（Pixels）则为渲染图像的像素单位（如图6-71所示）。

3. VR贴图

"VR贴图"（VRayMap）主要用于3ds Max标准材质中的反射与折射效果，其添加用法与3ds Max中的"光线跟踪"（Raytrace）极为相似，但由于在VRay渲染插件下不支持"光线跟踪"（Raytrace）的渲染效果，所以可使用"VR贴图"（VRayMap）替代。其渲染效果及调整方法与VRayMtl材质的渲染效果和调整方法基本相同，这一点仅从其调整参数面板中便可获知（如图6-72所示）。

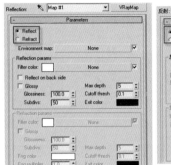

图6-71 "VR边纹理"贴图的调整参数　　　　　　　　图6-72 "VR贴图"调整参数面板

其中，通过选择"反射"（Reflect）与"折射"（Refrect）选项可以分别开启其不同参数选项组，进而深入调整，其具体参数与VRayMtl材质的参数基本一致，在此便不再赘述。

6.6 贴图坐标对贴图的神奇功效

在三维立体模型上展示形式各异的贴图效果，除了设置相关的基本参数设置外，更为重点的便是贴图坐标的设定。尤其对于2D贴图，将其指定到模型之上，实则就是将不同尺寸的图片包裹到模型表面，其包裹的尺寸与方法可以通过"贴图坐标"来实现。只有贴附方法恰当且贴图尺寸精准，才会将贴图完美地贴附在模型上。

6.6.1 材质编辑器贴图坐标

在赋予完成2D或3D贴图之后，在其"材质编辑器"对话框中便会自动添加"坐标"（Coordinates）卷展栏，其具体形式虽略有区别，但其主要功能都是以提供贴图坐标的各项参数设置为中心结构（如图6-73所示）。具体参数设置如下：

图6-73 "坐标"卷展栏

●技巧：贴图坐标的设置和赋予是一个反复观察调整的过程，建议将"材质编辑器"中的工具栏中的按钮⊗"在视图中显示标准贴图"开启，以便更为便捷地显示该调整效果。

- "纹理"（Texture）与"环境"（Environ）选项主要设置其贴图的具体形式，其中绝大部分情况下，以默认"纹理"贴图为主要选择方法，唯独在为环境制作背景贴图时可选用"环境"选项，并从其"贴图"（Mapping）列表中选择相应的形式。
- "偏移"（Offset）选项组，该选项决定贴图在模型上的具体位置，其贴图的尺寸不会随之而改变（如图6-74所示）。

图6-74 "偏移"不同设置参数的渲染效果

● "平铺"（Tiling）选项组，该选项主要是设置物体在水平（U）与垂直（V）方向的贴图重复的数量。其数值的数量代表其"平铺"的重复次数，贴图的尺寸会随其平铺次数的调整而变化（如图6-75所示）。

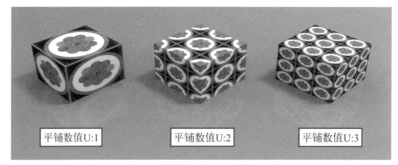

图6-75 不同平铺数值的渲染效果

● "使用真实世界比例"（Use Real -World Scale）选项，对于室内效果图调整贴图比例功效极大。该功能是自3ds Max 8.0之后而新添置的功能选项，进而可以替代"UVW贴图"（UVW Map）修改器的部分功能。但其要求必须对所创建的模型物体也同样设置其"真实世界贴图大小"（Real World Map Size）选项，以便才能显示其功效（如图6-76所示），进而将贴图尺寸计算更为简便与精准（如图6-77所示）。

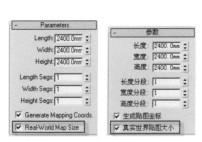

图6-76 设置模型创建参数

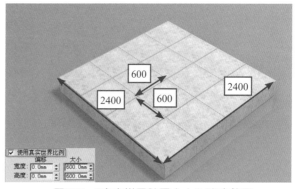

图6-77 "真实世界贴图大小"渲染效果

● "镜像"（Mirror）与"平铺"（Tile）选项组，该选项是设置水平（U）与垂直（V）两个方向的镜像复制与平铺复制的开关。

● "角度"（Angle）选项组，主要用来控制相应的坐标方向以使贴图形式呈现不同的旋转效果，也可按下"旋转"（Rotate）按钮进行实时调节观察（如图6-78所示）。

平铺数值	镜像	平铺
U:1	☑	☐

平铺数值	镜像	平铺
U:2	☑	☐

平铺数值	镜像	平铺	角度
U:2	☑	☐	W

图6-78 "镜像"、"平铺"与"角度"不同设置参数的渲染效果

- "模糊"（Blur）与"偏移模糊"（Blur Offset）这两个选项可以使贴图图案产生模糊效果，其中"偏移模糊"选项常用于产生较大幅度的模糊效果，如柔化和焦散效果（如图6-79所示）。

模糊：1.0
偏移模糊：0

模糊：15
偏移模糊：0

模糊：1
偏移模糊：0.2

图6-79 "模糊"与"偏移模糊"不同设置参数的渲染效果

通过"材质编辑器"对话框中的"坐标"（Coordinates）卷展栏的相关参数调整，可将模型的材质进行不同比例的缩放及定位安置。但一个贴图在场景中往往会赋予多个物体，随着贴图的调整，不同比例的模型都会一同跟着变化，这是该方法存在弊端。解决此问题最有效的手段便是对贴图模型分别添加"UVW贴图"修改器。

6.6.2 命令面板贴图坐标

命令面板贴图坐标指的是为贴图模型添加的"UVW贴图"（UVW Mapping）修改器。该修改器不仅可以满足对多个物体赋予同一个贴图的要求，而且还可以解决如何为复杂模型赋予贴图，尤其还能解决在导入模型时弹出的"缺少贴图坐标"（Missing Map Coordinates）对话框的难题（如图6-80所示）。

图6-80 "缺少贴图坐标"对话框

179

"UVW贴图"（UVW Mapping）修改器，其中的U代表2D平面贴图的水平方向，V代表贴图的垂直方向，W代表贴图垂直于平面的方向。

该修改器的添加方法与其他普通修改器基本相同，即在视图中将模型选中，然后在修改器列表中为其添加"UVW贴图"（UVW Mapping）修改器，该修改器便会自动出现在堆栈区中。其参数面板主要由"贴图"（Mapping）、"通道"(Channel)、"对齐"（Display）3部分组成（如图6-81所示）。

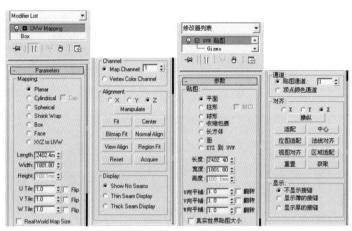

图6-81　UVW贴图修改器参数面板

1."贴图"选项组

根据模型外观形态，为其添加适合其形态的贴图方式，在室内设计场景中经常被使用的有"平面"（Planar）、"柱形"（Cylindrical）、"球形"（Spherical）、"收缩包裹"（Shrink Wrap）、"长方形"（Box）贴图方式。

- "平面"（Planar）贴图方式常被用于二维模型，如地面等。其应用原理便是将贴图沿平面投射到模型表面，进而确定其尺寸大小（如图6-82所示）。
- "柱形"（Cylindrical）贴图方式常被用于柱体模型，如室内空间的支撑柱体、灯杆等，其应用原理是将贴图沿圆柱侧面投射到物体表面，但同时要注意模型上下两端的封口，必要时可将"封口"（Cap）复选框勾选，以避免出现端面条纹变形的效果（如图6-83所示）。

图6-82　"平面"贴图方式渲染效果

图6-83　"柱形"贴图方式对比渲染效果

- "球形"（Spherical）贴图方式，常被用于球体模型或类似于球体的模型，其贴图方式是将贴图沿球体表面周长投射到模型表面，但在其贴图首尾接口处存在接缝。

- "收缩包裹"（Shrink Wrap）贴图方式，常被用于球体模型或不规则模型的表面，该贴图方式是将贴图自上至下包裹整个模型物体的表面，此方式较其他贴图方式而言，最为显著的优势便在于其不产生接缝和中央裂缝（如图6-84所示）。
- "长方形"（Box）贴图方式，常被用于长方体模型或类似于方体的模型，如柜体、窗体等，在制作室内设计效果图中，该贴图方式常被公认为使用频率最多的一种。其贴图方式是按照长方体6个垂直的面将贴图分别投射到模型表面，每个面还可以分别设置其贴图的尺寸（如图6-85所示）。

图6-84 "球形"与"收缩包裹"两种贴图方式的对比渲染效果　　图6-85 "长方形"贴图方式的渲染效果

在其参数卷展栏中通过调节"长度"（Length）、"宽度"（Width）、"高度"（Height）的参数值即可对"UVW贴图"（UVW Mapping）的子对象Gizmo（线框）物体进行缩放，从而其坐标的贴图也会随之进行更改。另外还可以通过将其黄色的Gizmo（线框）子对象显示框直接选中，然后使用工具栏中的✛移动、↻旋转以及▢缩放工具更改其贴图形式（如图6-86所示）。

此外，其模型物体UVW方向的"平铺"（Tile）设置与"材质编辑器"对话框中的"平铺"（Tiling）设置完全一致，在此建

图6-86 调整Gizmo物体的大小及方向

议设计师在保持默认设置不变的前提下，直接调整其长、宽、高的尺寸，从而使贴图的尺寸更加精确。

2. "通道"选项组

"通道"（Channel）选项组其主要用来对模型设置贴图坐标通道。在3ds Max中，每个物体都拥有99个UVW贴图坐标通道，倘若使用多重贴图通道，可以使一个面具备多重贴图坐标。一般情况下可将"漫反射颜色"贴图使用于贴图通道1坐标，而"凹凸"贴图则适用于贴图通道2坐标。

3. "对齐"选项组

"对齐"（Alignment）选项组主要用来设置贴图坐标的不同对齐方式。其中通过"X、Y、Z"选项来指定贴图的对齐轴向，同时使用不同的对齐方法来快速设置其贴图坐标。在调整的过程中，可以反复单击 重置 按钮，进而将贴图调整的更为精准。

总之，以上两种贴图坐标要因模型的具体形式而区分，建议在对较为复杂的模型进行赋予贴图时，更为便捷及准确的方法则是为其添加"UVW贴图"（UVW Mapping）修改器。但对于部分"多维/子对象"材质中的不同尺寸、方向的子材质贴图，在调整其贴图坐标时应结合"网格选择"（Mesh Select）修改器进一步调整。

6.6.3 实战"子对象贴图"操作——"UVW贴图"与"网格选择"修改器的巧妙结合

位置：DVD 01\Video\06\6.6.3实战"子对象贴图"操作——"UVW贴图"与"网格选择"修改器的巧妙结合.avi 时长：15:41 大小：115MB

实训目的：通过对为运用"可编辑多边形"（Editable Poly）命令创建的室内房型调整其贴图坐标，更为深入地熟悉"多维/子对象"材质（Multi/Sub-Object）其贴图正确显示的调整方法，其中重点把握其贴图调整过程中修改器的调整顺序（如图6-87所示）。

图6-87 "子对象贴图"渲染效果

Step 01 打开随书光盘中"源文件下载"|"第6章材料质感的模拟真谛"|"子对象房型贴图坐标A.max"文件，为了便于观看效果，该文件中的房型模型已被赋予"多维/子对象"材质，同时VRay灯光及VRay相关渲染参数也随之调整完善，下面主要为"壁纸"、"木地板"及"木纹踢脚"设置贴图坐标。

●注意：在未使用贴图坐标的房型的贴图预览中可以看出，不论从方向还是比例上，贴图明显失真，甚至较复杂的模型中个别面型的贴图会造成扭曲现象，所以为其添加"子对象贴图"势在必行。

Step 02 在任意视图中选择"房型"模型，在修改器列表中为其添加"网格选择"（Mesh Select）修改器，按快捷键【4】，进入其 ■ "多边形"层级，将"木地板面模型"选中，此时其会呈大红色显示（如图6-88所示）。

图6-88 选择"木地板面型"

Step 03 在确保将此面型选中的前提下，为"房型"模型继续添加"UVW贴图"（UVW Mapping）修改器，修改其"长度"（Length）及"宽度"（Width）参数值，然后将其修改器堆栈列表中的"UVW贴图"修改器的子对象层级Gizmo激活，使用工具栏中的 🔃 "选择并旋转"工具将其沿"Z"轴方向旋转90（如图6-89所示）。

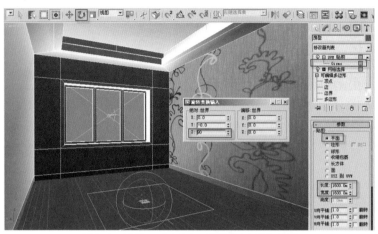

图6-89 调整"木地板"贴图坐标后的效果

Step 04 关闭"UVW贴图"修改命令的子对象层级，以结束"木地板"贴图坐标的调整。随后为"房型"模型继续添加"网格选择"（Mesh Select）修改器，同样进入其 ■ "多边形"子对象层级，将靠近窗口的一面铺设壁纸材质的面型选中（如图6-90所示）。

图6-90 选择壁纸面型

Step 05 在确保壁纸面型为激活状态，继续为"房型"模型添加"UVW贴图"（UVW Mapping）修改器，调整其贴图尺寸，以结束"壁纸"贴图坐标的调整（如图6-91所示）。

Step 06 使用同样的方法继续为"房型"模型依次添加"网格选择"（Mesh Select）与"UVW贴图"（UVW Mapping）修改器，为"木纹踢脚"模型设置贴图坐标。

Step 07 通过对"房型"模型反复使用"网格选择"（Mesh Select）与"UVW贴图"（UVW Mapping）修改器，其"修改器堆栈列表"中已罗列了7层修改命令，为便于管理可将在每个贴图调整无误的条件下，在该物体"修改器堆栈列表"中右击，在弹出的快捷菜单中选择"塌陷全部"（Collapse All）命令，将各层修改命令塌陷整理，但此操作绝不会影响其贴图的显示效果（如图6-92所示）。

图6-91 调整"壁纸"贴图坐标显示效果

图6-92 "房型"模型修改器堆栈列表

Step 08 按【Shift+Q】组合键渲染当前模型，即可观察到"子对象贴图"的渲染效果，随后单击菜单栏中的"文件"（File）|"保存"（Save）命令，将此模型存储为"子对象房型贴图坐标B.max"文件。

6.7 真实材质模拟揭秘

对于多数初学者来讲，即使基本掌握了"材质编辑器"中的大部分命令，但是在实际场景应用的过程中往往还会感觉不知所措。所以调整材质的实践经验至关重要，下面便通过多数常用材质的实践操作来讲述调整材质的技巧和经验。

6.7.1 墙基布乳胶漆材质

位置：DVD 01\Video\06\6.7.1 墙基布乳胶漆材质.avi　 AVI 时长：11:28　大小：56.9MB

在VRayMtl材质实例讲解的章节中已经将乳胶漆材质的制作方法讲解完毕，所以在此就同性质的乳胶漆材质的制作方法便不再加以赘述。本节主要讲解被视为"墙涂料伴侣"的墙基布乳胶漆材质的设置方法，其形状各异的凹凸肌理在乳胶漆的覆盖下，不仅弥补了传统乳胶漆缺乏质感和单调的缺点，使整体空间墙面质感更具有空间表现力（如图6-93所示）。

图6-93 "墙基布乳胶漆"材质的渲染效果

Step 01 打开随书光盘中的"源文件下载"|"第6章材料质感的模拟真谛"|"常用材质墙基布乳胶漆
A.max"文件，为了便于观看效果，该文件中部分材质、灯光及相关VRay渲染参数都随之调整完善，
下面主要讲解调整"墙基布乳胶漆"材质的方法。

Step 02 在"材质编辑器"对话框中选择"墙基布乳胶漆"材质示例球，该材质球未经调整还保存在"标
准材质"的默认状态下，将其转换为VRayMtl材质，并调整其"基本参数"（Basic parameters）及
"选项"（Options）卷展栏中的相关参数（如图6-94所示）。

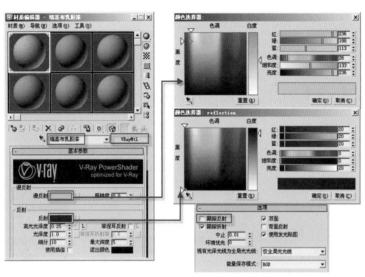

图6-94　调制"墙基布乳胶漆"材质

● 技巧：以上调整方法与普通乳胶漆的调整方法基本一致，不同的操作在于添加凹凸纹理和添加贴图操作，在添加
贴图时要注意其链接通道。

Step 03 将"贴图"（Map）卷展栏展开，单击"凹凸"（Bump）通道右侧的 ▭ None ▭ 按
钮，为其添加一张名为"凹凸042副本.jpg"的位图，同时将其凹凸数值调整为80（如图6-95所示）。

● 注意：其中凹凸数值的大小，可根据所选位图的凹凸肌理变化将其进行适当调整，数值越大其凹凸纹理更为明显。

Step 04 调整完毕的"墙基布乳胶漆"材质示例球的显示效果（如图6-96所示）。

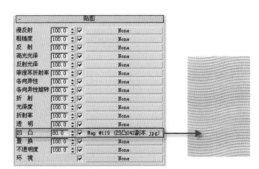

图6-95　添加"凹凸"贴图

图6-96　"墙基布乳胶漆"材质示例球显示效果

Step 05 将已添加的"UVW贴图"修改器调整合适，按【Shift+Q】组合键渲染当前模型，即可观察到
"墙基布乳胶漆"材质的渲染效果，随后单击菜单栏中的"文件"（File）|"保存"（Save）命令，
将此模型存储为"常用材质墙基布乳胶漆B.max"文件。

6.7.2 皮革材质

位置：DVD 01\Video\06\6.7.2 皮革材质.avi ┊ 时长：6:59 大小：26.5MB

皮革材质在制作室内效果图中应用比较广泛，其制作方法很简单，如果用户掌握了前面讲解的墙基布乳胶漆材质的调整方法，那么对于调整皮革材质来讲将会更加得心应手，下面通过实例进行具体讲解。（如图6-97所示）。

Step 01 打开随书光盘中的"源文件下载"|"第6章材料质感的模拟真谛"|"常用材质皮革.max"文件，为了便于观看效果，该文件中部分材质、灯光及相关VRay渲染参数都已经调整好，下面主要为"皮革"材质调整相关的参数。

Step 02 在"材质编辑器"对话框中选择"皮革"材质示例球，将此材质球由"标准材质"的默认状态转换为VRayMtl材质，并调整其"基本参数"（Basic parameters）卷展栏中的相关参数（如图6-98所示）。

图6-97 "皮革"材质的渲染效果

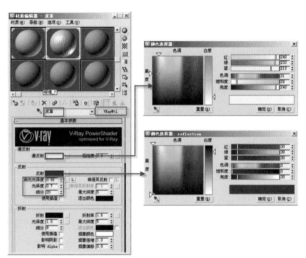

图6-98 调制"皮革"材质

Step 03 将"贴图"（Map）卷展栏展开，在其"凹凸"（Bump）通道中添加一张名为"凹凸082副本.jpg"的位图，同时将其凹凸数值调整为50（如图6-99所示）。

Step 04 调整完毕的"皮革"材质示例球的显示效果（如图6-100所示）。

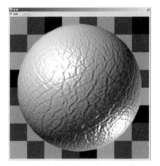

图6-99 添加"凹凸"贴图

图6-100 "皮革"材质示例球显示效果

Step 05 将已添加的"UVW贴图"修改器调整合适，按【Shift+Q组合键渲染当前模型，即可观察到"皮革"材质的渲染效果，随后单击菜单栏中的"文件"（File）|"保存"（Save）命令，将此模型存储为"常用材质皮革B.max"文件。

186

6.7.3 瓷器材质

在制作室内效果图中使用的瓷器材质主要包括有两种：其一为陶瓷制品，如花瓶、碗盘器具、装饰品以及卫浴等日常家用必备品；其二则是每处室内空间基本都会涉及地砖材质。虽然两者都属于瓷器材质，但在电脑室内效果图的材质渲染表现上，还是存在部分细节的差异，下面对其分别进行详解。

1. 陶瓷材质

位置：DVD 01\Video\06\6.7.3-1瓷器材质（陶瓷材质）.avi　　AVI　时长：9:44　大小：49.4MB

陶瓷材质釉面光滑，其高光效果明显，且反射效果较清晰，但由于颜色与造型的不同，在光线照射下其强度不一，可以根据具体条件区别其相关参数的调整（如图6-101所示）。

Step 01 打开随书光盘中的"源文件下载"|"第6章材料质感的模拟真谛"|"常用材质陶瓷A.max"文件，为了便于观看效果，该文件中部分材质、灯光及相关VRay渲染参数都随之调整完善，下面主要为"陶瓷"材质调整相关的参数。

Step 02 在"材质编辑器"对话框中选择"陶瓷"材质示例球，将此材质球由"标准材质"的默认状态转换为VRayMtl材质状态，并调整其"基本参数"（Basic parameters）卷展栏中的相关参数，同时在"反射"（Reflect）通道中为其添加"衰减"（Falloff）贴图（如图6-102所示）。

图6-101 "陶瓷"材质的渲染效果

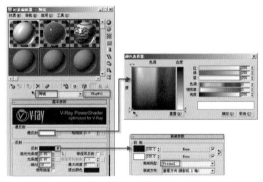

图6-102 调制"陶瓷"材质

●技巧：为"陶瓷"材质添加"衰减"贴图，可弥补其反射过于强烈而致使的失真现象，从而在清晰的反射中寻找一种朦胧的质感。

Step 03 在"双向反射分布函数"（BRDF）卷展栏中选择"沃德"（Ward）选项，同时调整"各项异性"（Anisotropy）的相关参数（如图6-103所示）。

●技巧：使用"沃德"渲染方式会增强其陶瓷材质的整体亮度，进而加强其质感体现。

Step 04 调整完毕的"陶瓷"材质示例球的显示效果（如图6-104所示）。

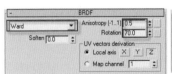

图6-103 "陶瓷"材质"双向反射分布函数"卷展栏　　图6-104 "陶瓷"材质示例球显示效果

Step 06 按【Shift+Q】组合键渲染当前模型，即可观察到"陶瓷"材质的渲染效果，随后单击菜单栏中的"文件"（File）|"保存"（Save）命令，将此模型存储为"常用材质陶瓷B.max"文件。

●注意：釉面带有纹饰的瓷瓶的材质调整方法与素色瓷瓶的调整方法基本一致，只是在其"漫反射"（Diffuse）通道中为其添加相应的位图，并给予合适的贴图坐标即可。

2. 瓷砖材质

位置：DVD 01\Video\06\6.7.3-2 瓷器材质（瓷砖材质）.avi　　AVI 时长：8:20　大小：30MB

瓷砖材质是室内空间中常用的材质之一，就其材质属性而言，也属于瓷器材质的一种，所以其调整的步骤与陶瓷材质大同小异，但由于其面积更大且触感更为粗糙，所以在环境表现效果上显得更为精细（如图6-105所示）。

Step 01 打开随书光盘中的"源文件下载"|"第6章材料质感的模拟真谛"|"常用材质瓷砖A.max"文件，为了便于观看效果，该文件中部分材质、灯光及相关VRay渲染参数都随之调整完善，下面主要为"瓷砖"材质调整相关参数。

Step 02 在"材质编辑器"对话框中选择"瓷砖"材质示例球，将此材质球由"标准材质"的默认状态转换为VRayMtl材质状态，并调整其"基本参数"（Basic parameters）卷展栏中的相关参数（如图6-106所示）。

图6-105 "瓷砖"材质的渲染效果

图6-106 调制"瓷砖"材质

●技巧：其"基本参数"卷展栏中的相关设置与"陶瓷"材质的设置基本一致，但其反射与细分数值明显较后者更为细腻，以增强瓷砖材质的反射模糊感，进而与现实生活中仿古或防滑砖的釉面表现更为贴切；倘若模拟釉面为被强化为抛光的玻化砖效果，只需适度提升其光泽度（Refl.glossiness）的数值即可。

Step 03 将"贴图"（Map）卷展栏开启，在其"漫反射"（Diffuse）与凹凸（Bump）通道中分别设置两张名为"仿古021.jpg"和"仿古015凹凸.jpg"的位图，同时在"反射"（Reflect）与"环境"（Environment）通道中分别为其添加"衰减"（Falloff）以及"输出"贴图，此外注意各通道的参数设置（如图6-107所示）。

Step 04 调整完毕的"瓷砖"材质示例球的显示效果（如图6-108所示）。

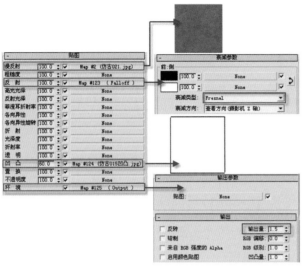
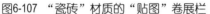
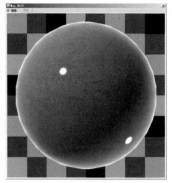

图6-107 "瓷砖"材质的"贴图"卷展栏
图6-108 "瓷砖"材质示例球显示效果

Step 05 将已添加的"UVW贴图"修改器调整合适，按【Shift+Q】组合键渲染当前模型，即可观察到"瓷砖"材质的渲染效果，随后单击菜单栏中的"文件"（File）|"保存"（Save）命令，将此模型存储为"常用材质瓷砖B.max"文件。

6.7.4 玻璃材质

玻璃材质是室内设计效果图中所必备的材质形式，其制作难点在于该材质的品质种类较多，如清玻璃、磨砂玻璃、冰裂纹玻璃等，其表现效果各有差异，下面对其逐一进行详解。

1. 清玻璃

| 位置：DVD 01\Video\06\6.7.4-1玻璃材质（清玻璃）.avi | AVI 时长：9:08 大小：33.7MB |

在制作"清玻璃"材质的过程中要注意材质透明质感与色彩关系的体现，同时加强其折射效果以凸显模型物体之间的空间位置比例（如图6-109所示）。

图6-109 "清玻璃"材质的渲染效果

Step 01 打开随书光盘中的"源文件下载"|"第6章材料质感的模拟真谛"|"常用材质清玻璃A.max"文件，为了便于观看效果，该文件中部分材质、灯光及相关VRay渲染参数都随之调整完善，下面主要为"清玻璃"的材质调整相关的参数。

Step 02 在"材质编辑器"对话框中选择"清玻璃"材质示例球，将此材质球由"标准材质"的默认状态转换为VRayMtl材质状态，并调整其"基本参数"（Basic parameters）卷展栏中的相关参数（如图6-110所示）。

技巧：将"折射"选项组中的"烟雾颜色"调整为淡绿色，可使清玻璃中的颜色更具真实性，透明中略带绿色，但在调整过程中要注意适度。

Step 03 调整完毕的"清玻璃"材质示例球的显示效果（如图6-111所示）。

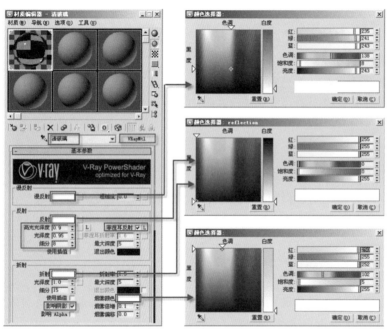

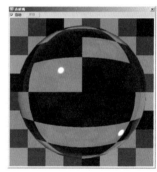

图6-110 调制"清玻璃"材质　　　　　　　　图6-111 "清玻璃"材质示例球显示效果

Step 04 按【Shift+Q】组合键渲染当前模型，即可观察到"清玻璃"材质的渲染效果，随后单击菜单栏中的"文件"（File）|"保存"（Save）命令，将此模型存储为"常用材质清玻璃B.max"文件。

2. 磨砂玻璃

位置：DVD 01\Video\06\6.7.4-2玻璃材质（磨砂玻璃）.avi　　　AVI 时长：6:38　大小：25.4MB

"磨砂玻璃"的反射与折射表现都略低于"清玻璃"材质，但其主要差别在于如何通过不同的细节刻画，来表现该材质所特有的磨砂颗粒质感（如图6-112所示）。

Step 01 打开随书光盘中的"源文件下载"|"第6章材料质感的模拟真谛"|"常用材质磨砂玻璃A.max"文件，为了便于观看效果，该文件中部分材质、灯光及相关VRay渲染参数都随之调整完善，下面主要为"清玻璃"材质调整相关的参数。

Step 02 在"材质编辑器"对话框中选择"磨砂玻璃"材质示例球，将此材质球由"标准材质"的默认状态转换为VRayMtl材质状态，并调整其"基本参数"（Basic parameters）卷展栏中的相关的参数（如图6-113所示）。

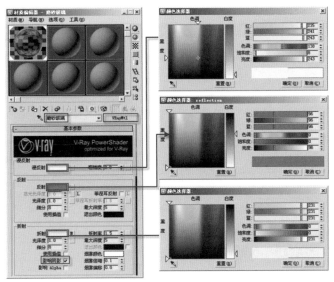

图6-112 "磨砂玻璃"材质的渲染效果　　　　　　　图6-113 调制"磨砂玻璃"材质

Step 03 将"贴图"（Map）卷展栏开启，在其"折射"（Refrect）、凹凸（Bump）通道中分别设置相应贴图类型，同时注意各通道的参数设置（如图6-114所示）。

Step 04 调整完毕的"磨砂玻璃"材质示例球的显示效果（如图6-115所示）。

Step 05 按【Shift+Q】组合键渲染当前模型，即可观察到"磨砂玻璃"材质的渲染效果，随后单击菜单栏中的"文件"（File）|"保存"（Save）命令，将此模型存储为"常用材质磨砂玻璃B.max"文件。

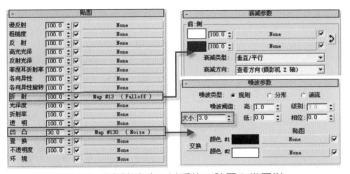

图6-114 "磨砂玻璃"材质的"贴图"卷展栏　　　　图6-115 "磨砂玻璃"材质示例球显示效果

3. 冰裂纹玻璃

位置：DVD 01\Video\06\6.7.4-3玻璃材质（冰裂纹玻璃）.avi　　　时长：5:42　大小：23.4MB

在制作"冰裂纹玻璃"材质的过程中不仅要有效借助于位图的应用，还要借助"玻璃材质"的折射原理来表现该材质所独具的纹理特点（如图6-116所示）。

Step 01 打开随书光盘中的"源文件下载"|"第6章材料质感的模拟真谛"|"常用材质冰裂纹玻璃A.max"文件，为了便于观看效果，该文件中部分材质、灯光及相关VRay渲染参数都随之调整完善，下面主要为"冰裂纹玻璃"材质调整相关的参数。

Step 02 在"材质编辑器"对话框中选择"冰裂纹玻璃"材质示例球，将此材质球由"标准材质"的默认状态转换为VRayMtl材质状态，并调整其"基本参数"（Basic parameters）卷展栏中的相关参数（如图6-117所示）。

191

图6-116 "冰裂纹玻璃"材质的渲染效果

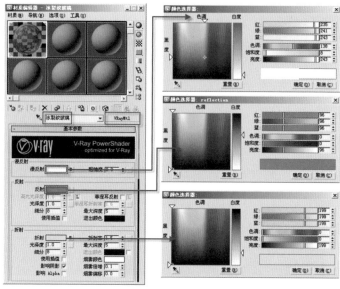

图6-117 调制"冰裂纹玻璃"材质

Step 03 将"贴图"（Map）卷展栏开启，在其"漫反射"（Diffuse）与"折射"（Refract）通道中分别设置相应的贴图类型，同时注意各通道的参数设置（如图6-118所示）。

Step 04 调整完毕的"冰裂纹玻璃"材质示例球的显示效果（如图6-119所示）。

Step 05 按【Shift+Q】组合键渲染当前模型，即可观察到"冰裂纹玻璃"材质的渲染效果，随后单击菜单栏中的"文件"（File）|"保存"（Save）命令，将此模型存储为"常用材质冰裂纹玻璃B.max"文件。

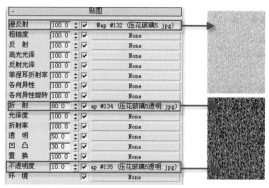

图6-118 "冰裂纹玻璃"材质的"贴图"卷展栏

图6-119 "冰裂纹玻璃"材质示例球显示效果

6.7.5 木料材质

木料在室内装饰行业的应用范围极其广泛，每块木料的纹理表现效果各不相同，但其制作的方法却万变不离其宗。

1.仿真木纹材质

位置：DVD 01\Video\06\6.7.5-1木料材质（仿真木纹材质）.avi ┊ **AVI** 时长：8:01 大小：31.4MB

下面重点讲解"仿真木纹"材质的制作方法，其材质渲染效果（如图6-120所示）。

图6-120 "仿真木纹"材质的渲染效果

Step 01 打开随书光盘中的"源文件下载"|"第6章材料质感的模拟真谛"|"常用材质木纹A.max"文件，为了便于观看效果，该文件中部分材质、灯光及相关VRay渲染参数都随之调整完善，下面主要为"仿真木纹"材质调整相关的参数。

Step 02 在"材质编辑器"对话框中选择"仿真木纹"材质示例球，将此材质球由"标准材质"的默认状态转换为VRayMtl材质状态，并调整其"基本参数"（Basic parameters）卷展栏中的相关参数（如图6-121所示）。

Step 03 将"贴图"（Map）卷展栏开启，在其"漫反射"（Diffuse）、"反射"（Reflect）与凹凸（Bump）通道中分别设置3张名为"木纹099.jpg"、"木纹099_spec.jpg"及"木纹099_bump.jpg"的位图，同时注意各通道的参数设置（如图6-122所示）。

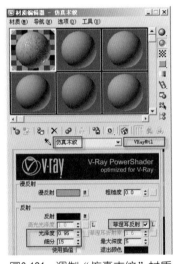

图6-121 调制"仿真木纹"材质

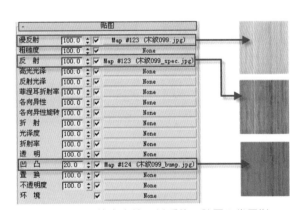

图6-122 "仿真木纹"材质的"贴图"卷展栏

●技巧：反射效果的调整不仅要调整反射示例色块，还要通过添加一张黑白位图，运用黑的区域反射较小，而白色区域反射较强的原理，对其适当调整，从而塑造木纹表面粗糙与光滑兼备的效果。

Step 04 单击"漫反射"（Diffuse）右侧的 M 按钮，进入该通道位图的"坐标"（Coordinates）卷展栏，在其中设置其"模糊"（Blur）数值为0.1（如图6-123所示）。

●技巧：根据木纹贴图纹理的现实表现效果，可适当增加其"漫反射"（Diffuse）通道中木纹贴图的"模糊"数值，该数值默认情况下为1，值越小贴图纹理越清晰。

Step 05 在"双向反射分布函数"（BRDF）卷展栏中选择"沃德"（Ward）选项，并适当调整其参数设置，从而得到更大的高光面积（如图6-124所示）。

  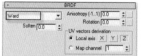 

图6-123 设置模糊数值 　　　　　图6-124 "仿真木纹"材质"BRDF"卷展栏

Step 06 调整完毕的"仿真木纹"材质示例球的显示效果（如图6-125所示）。

Step 07 将已添加的"UVW贴图"修改器调整合适，按【Shift+Q】组合键渲染当前模型，即可观察到"仿真木纹"材质的渲染效果，随后单击菜单栏中的"文件"（File）|"保存"（Save）命令，将此模型存储为"常用材质木纹B.max"文件。

2. 木地板材质

位置：DVD 01\Video\06\6.7.5-2木料材质（木地板材质）.avi　　AVI 时长：6:12　大小：23.8MB

从广义上讲，"木地板"材质与"瓷砖"材质的制作程序基本相同，两者都是室内空间中的地面材质，但在其具体参数设置上还有一定的差距（如图6-126所示）。

图6-125 "仿真木纹"材质示例球显示效果 　　　图6-126 "木地板"材质的渲染效果

Step 01 打开随书光盘中的"源文件下载"|"第6章材料质感的模拟真谛"|"常用材质木地板A.max"文件，为了便于观看效果，该文件中的部分材质、灯光及相关VRay渲染参数都随之调整完善，下面主要为"木地板"材质调整相关的参数。

Step 02 在"材质编辑器"对话框中选择"木地板"材质示例球，将此材质球由"标准材质"的默认状态转换为VRayMtl材质状态，并调整其"基本参数"（Basic parameters）卷展栏中的相关参数，在"漫反射"（Diffuse）通道中为其添加一张名为"木地板009.jpg"的位图，调整"模糊"（Blur）值为0.01；同时在"反射"（Reflect）通道中为其添加"衰减"（Falloff）贴图，同时调整其"衰减参数"（Falloff Parameters）卷展栏中的相关参数（如图6-127所示）。

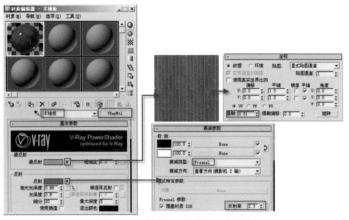

图6-127 调整"木地板"材质

Step 03 将"贴图"（Map）卷展栏开启，在其与凹凸（Bump）通道中继续为其添加一张名为"木地板034. jpg"的位图，同样调整其"模糊"（Blur）参数，注意将该通道的参数值设置为40（如图6-128所示）。

Step 04 调整完毕的"木地板"材质示例球的显示效果（如图6-129所示）。

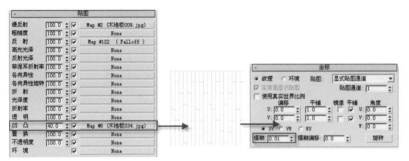

图6-128 "木地板"材质的"贴图"卷展栏

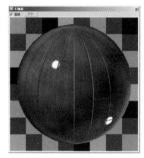

图6-129 "木地板"材质示例球显示效果

Step 05 将已添加的"UVW贴图"修改器适当调整，按【Shift+Q】组合键渲染当前模型，即可观察到"木地板"材质的渲染效果，随后单击菜单栏中的"文件"（File）|"保存"（Save）命令，将此模型存储为"常用材质木地板B.max"文件。

6.7.6 布料材质

在制作室内设计效果图场景中，所使用的布料材质的种类繁多，其制作的技巧、方法和表现效果也各具特色，在此便通过如下几种常见布料材质进行实例模拟，进而掌握不同布料质感的具体制作方法。

1. 绒布材质

位置：DVD 01\Video\06\6.7.6-1布料材质（绒布材质）.avi　　 时长：11:23　大小：39.4MB

"绒布"材质不同于普通布料材质，它具有没有反射的粗糙质感和表面茸茸的触感等特征，多被用于沙发、床单等厚重物料的模拟。下面通过制作单人沙发的"绒布"材质进行讲解其制作方法（如图6-130所示）。

Step 01 打开随书光盘中的"源文件下载"|"第6章材料质感的模拟真谛"|"常用材质绒布沙发及靠枕A.max"文件，为了便于观看效果，该文件中的贴图坐标、灯光及相关VRay渲染参数都随之调整完善，下面主要为"绒布"材质调整相关的参数。

Step 02 在"材质编辑器"对话框中选择"绒布"材质示例球，将此材质球由"标准材质"的默认状态转换为VRayMtl材质状态，并调整其"基本参数"（Basic parameters）卷展栏中的相关参数，同时在"漫反射"（Diffuse）通道中为其添加"衰减"（Falloff）贴图，同时适当调整衰减颜色（如图6-131所示）。

图6-130 "绒布"材质的渲染效果

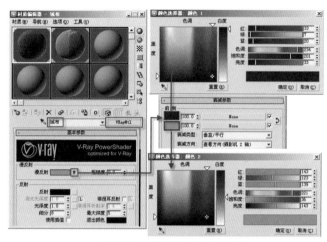

图6-131 调制"绒布"材质

●技巧："漫反射"（Diffuse）通道中的"衰减"（Falloff）贴图的两种色彩最好要在同一色系的基础上区分出明度的差别，但切勿过于夸张，以免由于色彩跨度而造成过度生硬的效果。

Step 03 将"贴图"（Map）卷展栏开启，在凹凸（Bump）通道中为其添加"斑点"（Speckle）贴图，同时将该通道的参数设置调整为20，随后将"斑点参数"（Size）卷展栏中大小设置为20（如图6-132所示）。

Step 04 调整完毕的"绒布"材质示例球的显示效果（如图6-133所示）。

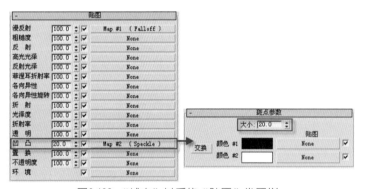

图6-132 "绒布"材质的"贴图"卷展栏

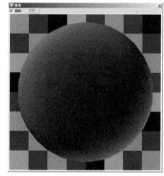

图6-133 "绒布"材质示例球显示效果

●技巧："斑点参数"卷展栏中的"斑点"的大小，可通过材质示例球的反复观察对其调整，其大小与模型物体的尺寸直接对应。

Step 05 将已添加的"UVW贴图"修改器适当调整，随后按【Shift+Q】组合键渲染当前模型，即可观察到"绒布"材质的渲染效果。

2. 靠枕材质

"靠枕"材质的布料质地属于"绒布"材质，通过对"自发光"（Self-Illumination）通道中添加模拟褶皱的位图，进行相应模拟设置，可以将"靠枕"材质的立体感表现更为逼真，如图6-134。下

196

面具体讲解其制作方法。

Step 01 将随书光盘中的"源文件下载"|"第6章材料质感的模拟真谛"|"常用材质绒布沙发及靠枕A.max"文件打开，在调整完"绒布"材质的基础上，下面主要继续为"靠枕"材质设置相关的参数。

Step 02 在"材质编辑器"对话框中选择"靠枕"材质示例球，此材质球为3ds Max所默认的"标准材质"，将其"着色控制"列表调整为"砂面凹凸胶性"（Oren-Nayar-Blinn）的明暗类型（如图6-135所示）。

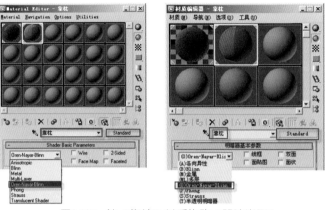

图6-134 通过凹凸贴图塑造靠枕模型立体效果　　　　图6-135 为"靠枕"材质修改"明暗类型"

Step 03 在"Oren-Nayar-Blinn基本参数"卷展栏中设置其部分参数，在其"漫反射"（Diffuse）通道中为其添加一张名为"布料353.jpg"的位图，并勾选"自发光"（Self-Illumination）复选框，同时单击其右侧的▨"快速贴图"按钮，为其添加一个"遮罩"（Mask）贴图（如图6-136所示）。

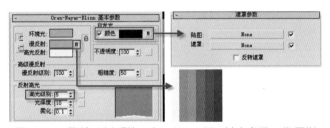

图6-136 "靠枕"材质的"Oren-Nayar-Blinn基本参数"卷展栏

Step 04 在其"遮罩参数"（Mask）面板中为"贴图"（Map）通道与"遮罩"通道分别添加"衰减"（Falloff）贴图，同时分别调整其"衰减"参数（如图6-137所示）。

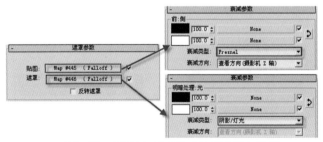

图6-137 "靠枕"材质的"遮罩参数"设置

●技巧：　"阴影/灯光"（Shadow/Light）形式的"遮罩"（Mask）衰减原理是根据灯光的方向来产生衰减的变化，再结合"菲涅尔"（Fresnel）形式的"贴图"(Map)衰减，这样的自发光衰减方式更符合真实的布料效果。

197

Step 05 在"贴图"（Map）卷展栏中的"凹凸"通道中添加一幅"凹凸072.jpg"位图，同时将凹凸参数设置为400（如图6-138所示）。

Step 06 将已添加的"UVW贴图"修改器调整合适，按【Shift+Q】组合键渲染当前模型，即可观察到"靠枕"材质的渲染效果。随后单击菜单栏中的"文件"（File）|"保存"（Save）命令，将此模型存储为"常用材质绒布沙发及靠枕B.max"文件。

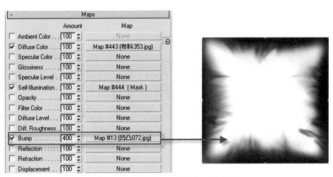

图6-138　添加"凹凸"贴图

3. 双色地毯材质

　　"双色地毯"材质，多用来表现室内空间中的地毯材质，该类型地毯质地属于短绒毛料，其图案色彩分为两种，由"混合"（Mask）贴图作为蒙版设置，通过对地毯色彩进行自由组合，从而制作出不同效果的地毯材质（如图6-139所示）。

Step 01 打开随书光盘中的"源文件下载"|"第6章材料质感的模拟真谛"|"常用材质双色地毯A.max"文件，为了便于观看效果，该文件中贴图坐标、灯光及相关VRay渲染参数都随之调整完善，下面主要为"双色地毯"材质调整相关的参数。

Step 02 在"材质编辑器"对话框中选择"双色地毯"材质示例球，将此材质球由"标准材质"的默认状态转换为VRayMtl材质状态，由于毛毯表面无任何反光质感，所以其基础属性设置中的反射可保持默认设置，在其"漫反射"（Diffuse）通道中添加"混合"（Mix）贴图类型（如图6-140所示）。

图6-139　"混合"贴图表现的地毯材质

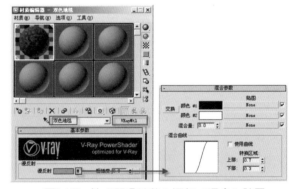

图6-140　为"双色地毯"添加"混合"贴图

Step 03 调整其"混合"（Mix）贴图参数面板中的贴图设置，在黑白两色的通道中分别设置两个"衰减"（Falloff）贴图，同时调整其颜色以模拟毛料材质的短绒毛质感；随后在混合量（Mix Amount）通道中为其添加一张名为"双色地毯.jpg"的位图（如图6-141所示）。

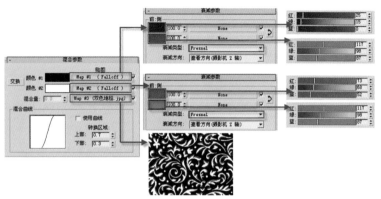

图6-141 "混合参数"面板

Step 04 将"贴图"（Map）卷展栏开启，在凹凸（Bump）通道中为其添加"斑点"（Speckle）贴图，同时将该通道的参数设置为200，随后将"斑点参数"（Size）卷展栏中的大小设置为4（如图6-142所示）。

Step 05 调整完毕的"绒布"材质示例球的显示效果（如图6-143所示）。

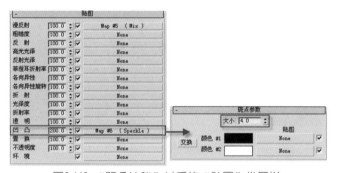

图6-142 "双色地毯"材质的"贴图"卷展栏

图6-143 "双色地毯"材质示例球显示效果

Step 06 将已添加的"UVW贴图"修改器调整合适，按【Shift+Q】组合键渲染当前模型，即可观察到"双色地毯"材质的渲染效果，随后单击菜单栏中的"文件"（File）|"保存"（Save）命令，将此模型存储为"常用材质双色地毯B.max"文件。

4. VR置换地毯材质

位置：DVD 01\Video\06\6.7.6-4 布料材质（VR置换地毯材质）.avi 时长：4:15 大小：25.8MB

运用"VR置换模式"表现中长绒毛质感的地毯材质，不仅能够将地毯的立体效果表现出来，而且还能表现凹凸质感和纹理图案，整体效果会比单纯仅用一张位图图片模拟的效果更为精彩（如图6-144所示）。

图6-144 用置换模式表现的地毯材质

Step 01 打开随书光盘中的"源文件下载"|"第6章材料质感的模拟真谛"|"常用材质置换地毯A.max"文件，为了便于观看效果，该文件中的部分材质、灯光及相关VRay渲染参数都随之调整完善，下面主要为"置换地毯"材质调整相关的参数。

Step 02 在"材质编辑器"对话框中选择"置换地毯"材质示例球，将此材质球由"标准材质"的默认状态转换为VRayMtl材质状态，地毯材质无需反射，所以"基本参数"（Basic parameters）卷展栏中的相关参数保持默认即可。

Step 03 将"贴图"（Map）卷展栏开启，在其"漫反射"（Diffuse）通道中添加一张名为"成品毯008.jpg"的位图，随后将其以"实例"（Instance）复制的方式复制到凹凸（Bump）通道中，并将其凹凸通道的参数调整为200（如图6-145所示）。

Step 04 调整完毕的"置换地毯"材质示例球的显示效果（如图6-146所示）。

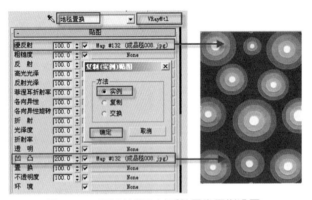

图6-145 "置换地毯"材质贴图卷展栏设置

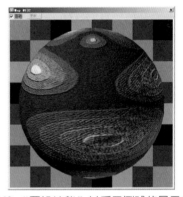

图6-146 "置换地毯"材质示例球的显示效果

Step 05 确保将"地毯"模型选中，然后在"修改器列表"（Modifier List）中为其添加"VRay置换模式"（VRayDisplacementMod）修改器，随后在其"参数"（Parameters）卷展栏中选择"2D贴图（景观）"（2D mappinglandscape）选项，同时在其下方为其增加一张名为"成品毯008置换.jpg"的位图，调整其"数量"为40（如图6-147所示）。

● 技巧：	"地毯"的模型是由"切角长方体"（Cha-mfer Box）创建而成的，为了能够达到较为理想的置换效果，该物体被设置了充分的段数，所以渲染时间也相对较慢。

Step 06 按【Shift+Q】组合键渲染当前模型，即可观察到"置换地毯"材质的渲染效果，随后单击菜单栏中的"文件"（File）|"保存"（Save）命令，将此模型存储为"常用材质置换地毯B.max"文件。

图6-147 为"地毯"模型添加"VRay置换模式"修改器

5. VR毛发地毯材质

位置：DVD 01\Video\06\6.7.6-5布料材质（VR毛发地毯材质）.avi 时长：6:35 大小：30.2MB

运用"VR毛发"（VRayFur）表现地毯材质，同样可以表现地毯材质的立体效果，而且可以将长毛地毯的毛发感模拟得更为逼真（如图6-148所示），但是此种类型材质的制作必须建立在VRay渲染器的基础上，否则将无法渲染。

Step 01 打开随书光盘中的"源文件下载"|"第6章材料质感的模拟真谛"|"常用材质VR毛发地毯A.max"文件，为了便于观看效果，该文件中的部分材质、灯光及相关VRay渲染参数都随之调整完善，下面主要为"VR毛发地毯"材质调整相关的参数。

图6-148　用VR毛发表现的地毯材质

Step 02 在"材质编辑器"对话框中选择"VR毛发地毯"材质示例球，将此材质球由"标准材质"的默认状态转换为VRayMtl材质状态，"VR毛发地毯"往往由于毛发阴影所致会显得比位图本身颜色稍暗一些，所以可适当为其添加少许高光效果，调整其"基本参数"（Basic parameters）卷展栏中的相关参数（如图6-149所示）。

Step 03 将"贴图"（Map）卷展栏开启，在其"漫反射"（Diffuse）通道中添加一张名为"成品毯212.jpg"的位图，随后将其以"实例"（Instance）复制的方式复制到凹凸（Bump）通道中，并将其凹凸通道的参数调整为100（如图6-150所示）。

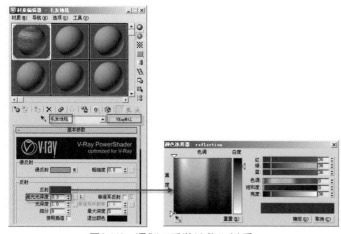

图6-149　调制"毛发地毯"材质

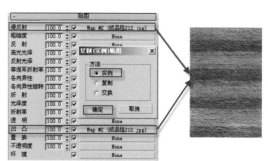

图6-150　"毛发地毯"材质贴图卷展栏设置

Step 04 调整完毕的"VR毛发地毯"材质示例球的显示效果（如图6-151所示）。

Step 05 确保"地毯"模型为选中状态，然后依次单击 　"创建"按钮和 　"几何体"按钮，在其下拉列表中选择 VRay 　选项，单击 VR毛发 （VRayfur）按钮，随后便在所选择的切角长方体上产生VR毛发效果，继而修改相应的参数（如图6-152所示）。

201

图6-151 "VR毛发地毯"材质示例球显示效果 　　　　图6-152 创建"VR毛发"

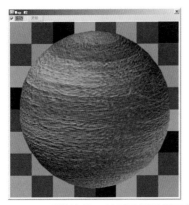

●技巧：与使用"VRay置换模式"修改器制作地毯材质一样，对于"地毯"的模型同样要求是由"切角长方体"（ChamferBox）创建而成，且适当设置一定的段数，目的是更好地将依附于该物体的VRay毛发表现真实的立体效果，但渲染时间往往会较为漫长。

Step 06 按【Shift+Q】组合键渲染当前模型，即可观察到"VR毛发地毯"材质的渲染效果，随后单击菜单栏中的"文件"（File）|"保存"（Save）命令，将此模型存储为"常用材质VR毛发地毯B.max"文件。

6. 透空圆形地毯材质

位置：DVD 01\Video\06\6.7.6-6布料材质（透空圆形地毯材质）.avi ｜ 时长：5:03 大小：23.3MB

　　透空圆形地毯材质，主要是通过"不透明度"贴图通道将不同的贴图进行叠加处理，继而模拟镂空的物体，同时结合"VRay置换模式"修改器对其适度调整，即可塑造出立体效果的透空圆形地毯材质（如图6-153所示）。

图6-153 透空圆形地毯的渲染效果

Step 01 打开随书光盘中的"源文件下载" | "第6章材料质感的模拟真谛" | "常用材质透空地毯A.max"文件，为了便于观看效果，该文件中的部分材质、灯光及相关VRay渲染参数都随之调整完善，下面主要为"透空地毯"材质调整相关的参数。

Step 02 在"材质编辑器"对话框中选择"透空地毯"材质示例球，将此材质球由"标准材质"的默认状态转换为VRayMtl材质状态，地毯材质无需反射，所以"基本参数"（Basic parameters）卷展栏中的相关参数保持默认即可。

Step 03 将"贴图"（Map）卷展栏开启，在其"漫反射"（Diffuse）通道中添加一张名为"成品毯091.jpg"的位图，并将其以"实例"（Instance）复制的方式复制到凹凸通道中，同时将该通道参数调整为100；再以同样的方法在"不透明度"通道中为其添加一张名为"成品毯090.jpg"的位图（如图6-154所示）。

●技巧：　"不透明度"通道的应用原理与"凹凸"通道基本相同，都是通过明度差别计算渲染效果，位图中黑色的部分为完全透明的部分，而白色部分则为相反。虽然此种方法大量节省了模型面片数量，但是对贴图图片的质量要求颇高，建议在添加位图时应准确定位。

Step 04 调整完毕的"透空地毯"材质示例球的显示效果（如图6-155所示）。

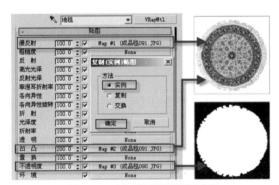

图6-154　材质贴图卷展栏设置

图6-155　材质示例球显示效果

Step 05 确保将"地毯"模型选中，然后在"修改器列表"（Modifier List）中为其添加"VRay置换模式"（VRayDisplacementMod）修改器，随后在其"参数"（Parameters）卷展栏中选择"2D贴图（景观）"（2D mapping(landscape)）单选按钮，同时在其下方为其增加一张名为"成品毯091.jpg"的位图，调整其"数量"为20（如图6-156所示）。

Step 06 按【Shift+Q】组合键渲染当前模型，即可观察到"透空地毯"材质的渲染效果，随后单击菜单栏中的"文件"（File） | "保存"（Save）命令，将此模型存储为"常用材质透空地毯B.max"文件。

图6-156　添加"VRay置换模式"修改器

6.7.7　金属材质

　　金属材质应用在室内设计的场景中同样非常广泛，主要体现在有不同反射强度的不锈钢材质、铜器或镜面材质上，它们常常被应用于家具的五金构件、灯具及装饰物的外部构架等。

1. 镜面不锈钢

位置：DVD 01\Video\06\6.7.7-1金属材质（镜面不锈钢）.avi　　AVI 时长：5:12　大小：19.9MB

在以往的渲染器下镜面不锈钢材质的质感往往较难把握，但在VRay渲染器下，"镜面不锈钢"材质的制作方法极为简单，但要注意其场景中渲染物体的周围环境，可适当为其添加VRayHDRI（VR高动态贴图）加以烘托氛围（如图6-157所示）。

Step 01 打开随书光盘中的"源文件下载"|"第6章材料质感的模拟真谛"|"常用材质镜面不锈钢A.max"文件，为了便于观看效果，该文件中部分材质、灯光、VR高动态贴图及相关VRay渲染参数都随之调整完善，下面主要为"镜面不锈钢"材质调整相关的参数。

Step 02 在"材质编辑器"对话框中选择"镜面不锈钢"材质示例球，将此材质球由"标准材质"的默认状态转换为VRayMtl材质状态，并调整其"基本参数"（Basic parameters）卷展栏中的相关参数（如图6-158所示）。

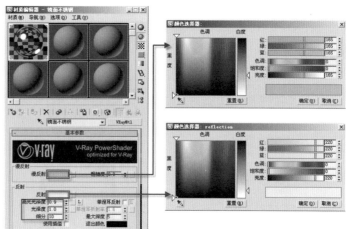

图6-157　"镜面不锈钢"材质的渲染效果　　　　图6-158　调制"镜面不锈钢"材质

Step 03 在"双向反射分布函数"（BRDF）卷展栏中选择"沃德"（Ward）选项，以便得到更大的高光面积（如图6-159所示）。

Step 04 调整完毕的"镜面不锈钢"材质示例球的显示效果（如图6-160所示）。

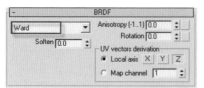

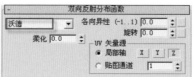

图6-159　"镜面不锈钢"材质BRDF卷展栏　　　　图6-160　"镜面不锈钢"材质示例球显示效果

Step 05 按【Shift+Q】组合键渲染当前模型，即可观察到"镜面不锈钢"材质的渲染效果，随后单击菜单栏中的"文件"（File）|"保存"（Save）命令，将此模型存储为"常用材质镜面不锈钢B.max"文件。

2. 哑光不锈钢与拉丝不锈钢

位置：DVD 01\Video\06\6.7.7-2金属材质常（哑光不锈钢与拉丝不锈钢）.avi ┃AVI┃ 时长：5:09 大小：19.2MB

"哑光不锈钢"与"拉丝不锈钢"材质在其本质上与"镜面不锈钢"材质是相同的，都属于金属材质，其制作方法也基本相同，只是在"镜面不锈钢"材质制作方法的基础上不同程度地降低其反射效果，同时在适当的方向上为其添加"拉丝"效果即可（如图6-161所示）。

图6-161 "哑光不锈钢"与"拉丝不锈钢"材质渲染效果

Step 01 打开随书光盘中的"源文件下载"|"第6章材料质感的模拟真谛"|"常用材质哑光拉丝不锈钢A.max"文件，为了便于观看效果，该文件中的部分材质、灯光、VR高动态贴图及相关VRay渲染参数都随之调整完善，下面主要为"哑光不锈钢"与"拉丝不锈钢"材质调整相关的参数。

Step 02 在"材质编辑器"对话框中选择"哑光不锈钢"材质示例球，将此材质球由"标准材质"的默认状态转换为VRayMtl材质状态，并调整其"基本参数"（Basic parameters）卷展栏中的相关参数（如图6-162所示）。

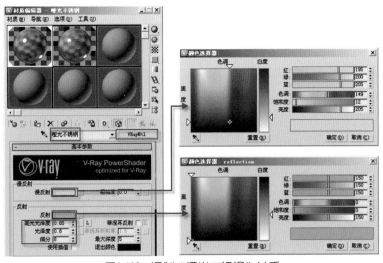

图6-162 调制"哑光不锈钢"材质

Step 03 调整完毕的"哑光不锈钢"材质示例球的显示效果（如图6-163所示）。

Step 04 将"哑光不锈钢"材质球拖动并复制到任意一空白材质球示例窗上，并将其命名为"拉丝不锈钢"，并将其赋予"Line01"物体，该材质的"基本参数"（Basic parameters）卷展栏中的参数设置与"哑光不锈钢"完全一致（如图6-164所示）。

图6-163 "哑光不锈钢"材质示例球显示效果

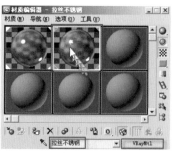

图6-164 复制"拉丝不锈钢"材质

Step 05 将此材质的"贴图"（Map）卷展栏开启，在其"漫反射"（Diffuse）通道中添加一张名为"拉丝不锈钢01.jpg"的位图，随后再将此图复制到凹凸（Bump）通道中，并将凹凸通道的参数设置为80（如图6-165所示）。

Step 06 调整完毕的"拉丝不锈钢"材质示例球的显示效果（如图6-166所示）。

Step 07 将已添加的"UVW贴图"修改器调整合适，按【Shift+Q】组合键渲染当前模型，即可观察到"拉丝不锈钢"材质的渲染效果。随后单击菜单栏中的"文件"（File）|"保存"（Save）命令，将此模型存储为"常用材质哑光拉丝不锈钢B.max"文件。

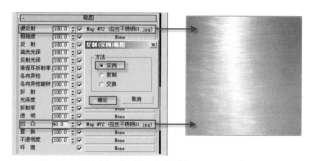

图6-165 "拉丝不锈钢"材质的"贴图"卷展栏设置

图6-166 示例球显示效果

6.8 轻松玩转材质管理技巧

通过学习以上章节的内容，初学者可熟练掌握室内空间中的模型材质的调整方法，但此时与优秀的制图高手相比仍存在较大的差距，关键问题则在于其较低的制图效率，因此在短时间内迅速掌握材质管理技巧，对于提高制图效率是至关重要的。

6.8.1 突破24个材质示例窗的限制

在3ds Max场景中同时只能显示24个材质示例窗，但这并不表示在制图场景中仅存在24个材质，实际上其余的材质只是被软件设置为替换显示状态，通过设置同样可以将其调出使用。

1. 实战操作——运用"材质编辑器"工具行按钮创建新材质

在"材质编辑器"对话框中将任意一个已被指定给场景模型的材质示例窗激活，再单击工具行中中 ✕ "重置贴图/材质为默认设置"按钮，随后系统会自动弹出"重置材质/贴图参数"（Reset Mtl/Map Params）对话框。

206

选择"仅影响编辑器示例窗材质/贴图"（Affect only mtl /map in the editor slot?）单选按钮，单击 确定 按钮，随之弹出的材质示例窗便是被刚刚复位的新材质球，此材质球可以进行重新编辑，且场景中的其他模型的材质将不会受到任何影响（如图6-167所示）。

●注意：若选择"影响场景和编辑器示例窗中的材质/贴图？"单选按钮，则当前示例窗材质从场景中完全删除，但其与模型的关联关系仍然保留，所以只有将该材质完全取消其编辑效果时才选用此单选按钮。

2. 实战操作——运用"材质编辑器"菜单命令创建新材质

在"材质编辑器"对话框中即使全部材质球已被使用，可在"材质编辑器"对话框中单击"工具"（Utilities）|"重置材质示例窗"（Reset Material Editor Slots）命令，可以快速将当前材质编辑器中所有的材质重置，且同样不会删除场景中的材质（如图6-168所示）。

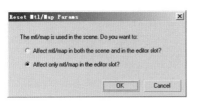 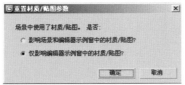 

图6-167 "重置材质/贴图参数"对话框　　　　　图6-168 "材质编辑器"的"工具"菜单

无论使用哪种方法都可以将材质实例球迅速增加，可根据增加材质的具体数量自由选择。随后再将 "从对象拾取材质"按钮激活，在视图中单击场景中的任意物体，便可以将其关联材质重新取回至示例窗中。

6.8.2　自定义材质库

将已编辑好的材质保存起来进而自建材质库，以便随时将其调用，这样可以节省大量反复调整材质的时间，进而提高制图效率。

1. 实战操作——自建材质库

Step 01 将3ds Max中的"材质编辑器"对话框开启，使用前边章节中讲解的方法，在材质实例框中创建部分常用材质，选择其中任意一个材质球，如"瓷砖"，单击"材质编辑器"工具行中的 "放入库"按钮，在弹出的"放置到库"（Put To Library）对话框中可为其更改名称或保持默认，随后可继续此操作进而将不同材质球分别存储（如图6-169所示）。

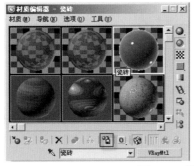 

图6-169 将"材质"存储

Step 02 随后单击工具行中的 "获取材质"按钮，将"材质/贴图浏览器"（Material/Map Browser）对话框开启，在"浏览自"（Browse From）选项组中选择"材质库"（Mtl Library）单选按钮，便可观察到刚刚存储的材质样本（如图6-170所示）。

●技巧：倘若在"材质/贴图浏览器"对话框中已经存有多余材质，可单击 🔲 "清除材质库"按钮，进而将当前材质库清空，如不具备此情况可将此步省略（如图6-171所示）。

图6-170 "材质/贴图浏览器"对话框   图6-171 清除多余材质样本

Step 03 确保在"材质/贴图浏览器"对话框中，在其左侧的"文件"（File）选项组中单击 另存为... （Save As）按钮，在弹出的"保存材质库"对话框中为新建的材质库指定保存路径并为其命名，然后单击 保存(S) 按钮，以将新的材质库保存至磁盘之中（如图6-172所示）。

2. 实战操作——调用材质库

Step 01 将3ds Max中"材质编辑器"对话框开启，单击 🔲 "获取材质"或 Standard "材质类型选择"按钮，将"材质/贴图浏览器"（Material/Map Browser）对话框开启，在"浏览自"（Browse From）选项组中选择"材质库"（Mtl Library）单选按钮，在"文件"（File）选项组中单击"打开"（Open）按钮，从打开的"打开材质库"对话框中选择所需的材质库文件，通过单击 打开(O) 按钮将材质库开启（如图6-173所示）。

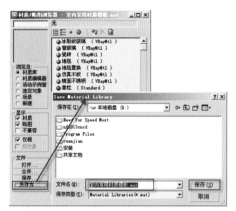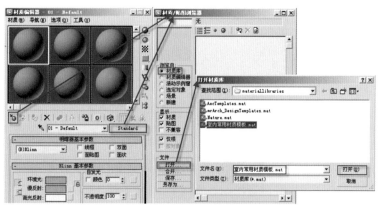

图6-172 为材质库指定保存路径   图6-173 开启材质库

Step 02 在打开的"材质/贴图浏览器"对话框中会显示所开启材质库的所有材质样本，通过其上方的工具栏 🔲 按钮，以便选择不同的浏览材质方式，将材质样本双击或采用拖动的方式便可将其调入场景，以备使用。

6.8.3　材质与模型的关联查找

1. 通过模型查找关联材质

通过选择模型，便可在"材质编辑器"对话框中查找到与其关联的材质示例球，该球与其他示例球的区别是其示例窗的四角显示，该显示状态分为3种（如图6-174所示）。

- 热材质：已经被指定给场景中当前选择的模型，材质示例窗四角便会出现纯白色的"小三角"图标，此材质球便被称为"热材质"。
- 冷材质：没有指定给场景中任何模型的材质，且其示例窗未呈现出任何变化状态，此材质被称为"冷材质"
- 温材质：已经被指定给场景中的某模型，但该物体未处于选择状态，其材质的示例窗出现淡灰色的"小三角"图标，此材质球便被称为"温材质"。

因此，选择场景中被选中的模型，便很快查找到与其关联显示的"热材质"示例窗。

2. 通过材质查找关联模型

随着场景模型的增多，在琳琅满目的材质示例窗中虽然冷、热、温材质可一目了然，但是对于众多的"温材质"而言，查找与其关联的模型对于材质编辑的进一步调整至关重要。可以通过"材质编辑器"工具列中的 <kbd>🔳</kbd> "按材质选择"按钮，在随后弹出的"选择对象"（Select Objects）对话框中通过软件自动筛查，单击 <kbd>选择</kbd> 按钮，便会查找到与之相关的模型物体（如图6-175所示）。

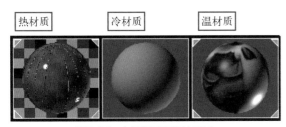

图6-174　材质实例窗的区分

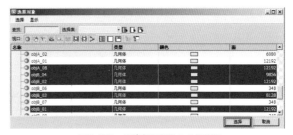

图6-175　"选择对象"对话框

6.8.4　巧用材质/贴图导航器

在编辑材质的过程中，会反复使用"材质编辑器"工具行中的 <kbd>🔼</kbd> "转到父对象"按钮与 <kbd>➡</kbd> "转到下一个同级项"按钮，但对于较为复杂的材质如："多维/子对象材质"来讲，其编辑过程会由于较多的层级而显得更为烦琐，且单纯使用以上两个按钮则不能达到同时观察到每一个层级具体编辑的纲要。

通过单击工具列中的 <kbd>🔳</kbd> "材质/贴图导航器"按钮，可将"材质/贴图导航器"对话框中当前处于激活状态下的实例球的材质贴图的纲要表现的一目了然（如图6-176所示），并且通过单击排列在导航器中的材质或贴图选项，便能轻松导航当前材质示例球的层次。

反之，当使用 <kbd>🔼</kbd> "转到父对象"按钮与 <kbd>➡</kbd> "转到下一个同级项"按钮调整材质实例球显示层次时，也同样会将该材质所选中的层次在"材质/贴图导航器"对话框中处于黄色高亮显示状态。

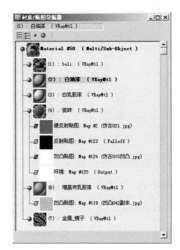

图6-176　"材质/贴图导航器"对话框

6.8.5　查找缺少的外部文件

当某文件在传送过程中，由于部分位图贴图或广域网文件丢失、路径被更改等外部原因，都会在开启模型文件之时，弹出"缺少外部文件"（Missing External Files）对话框（如图6-177所示）。

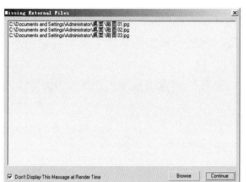

图6-177　"缺少外部文件"对话框

倘若贴图文件真正丢失或文件名被更改，只能在"材质编辑器"对话框中为其重新指定贴图，但由于贴图路径更改而出现的此种问题，却可通过如下方法重新寻找到暂时丢失的外部文件。

1. 实战操作——添加外部路径

通过单击"缺少外部文件"（Missing External Files）对话框下方的 浏览 （Browse）按钮，在随之弹出的"配置外部文件路径"（Configure External File Paths）对话框中单击 添加(A)... （Add）按钮，将贴图所在的文件夹设置为系统默认搜索贴图的路径（如图6-178所示）。

图6-178　"配置外部文件路径"对话框

但往往由于增加过多的贴图，在搜索文件时会大大增加搜索时间，所以此方法不是寻找缺少外部路径最为妥善的方法。

2. 实战操作——重设外部路径

相对第一种方法而言，重设外部路径的方法更易提升场景计算速度，它是通过重设路径的方法将以前丢失的文件路径覆盖，从而节省了查找时间。在制作过程中，用户可根据两者具体的方法择其优势自选其一。重设外部路径的具体操作方法如下：

Step 01 单击命令面板中的 T "工具"命令按钮，在此面板中单击 更多... 按钮，从众多"工具"（Utilities）中查找"位图/光度学路径"（Bitmap/Photometric Paths）命令（如图6-179所示）。

Step 02 在弹出的"路径编辑器"（Path Editor）卷展栏中，单击 编辑资源... （Edit Resources）按钮（如图6-180所示）。

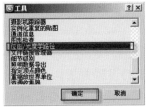

图6-179 查找"位图/光度学路径"命令

图6-180 "路径编辑器"卷展栏

Step 03 在随之弹出的"位图/光度学路径编辑器"（Bitmap/Photometric Path Editor）对话框中，单击 选择丢失的文件(M) （Select Missing Files）按钮，丢失的文件会被系统自动选中，再单击 按钮，为系统指定新贴图路径文件夹，单击 设置路径(P) （Set Path）按钮，原丢失的路径会被更换为新指定的路径（如图6-181所示）。

图6-181 "位图/光度学路径编辑器"卷展栏

6.8.6 外部文件整理与保存

即便可以通过以上两种方法将材质贴图或广域网反复调出使用，但由于制作模型的增多，整体场景也会随之复杂化，在多个文件夹中反复调用外部文件必将会延缓文件的计算速度，为此将其汇集成一个整体无论从编辑还是携带角度，多是对制作文件更为人性化的管理。

"资源收集器"（Resource Collector）命令便可以将场景中所有的外部组件非常方便地整合为一个整体。使用该命令同样要单击命令面板中的 工"工具"命令按钮，在此面板中单击 更多... 按钮，从众多"工具"（Utilities）中查找"资源收集器"（Resource Collector）命令（如图6-182所示）。

在该命令的参数面板中，只需单击 浏览 按钮，随后指定收集文件的位置路径，其中可将"包括MAX文件"（Include MAX File）复选框勾选，同时采用"复制"（Copy）的方式，最后单击 开始 按钮，场景中的所有贴图、光域网甚至"MAX文件"，都会自动复制到指定文件夹中（如图6-183所示）。

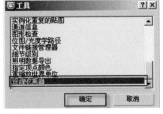

图6-182 查找"资源收集器"命令

图6-183 "资源收集器"参数面板

6.9 本章小结

　　本章主要讲述在制作室内设计效果图中材质的设置方法，通过部分常见材质的实例讲解，使读者在实践中逐渐把握材质参数的具体理论，其中重点把握不同类型材质及贴图与VRay渲染器的结合要点，同时熟练操作3ds Max"材质编辑器"对话框中的参数设置，进而真正领略在制作室内效果图中材料质感的模拟真谛。

第7章

光源特效的逼真表现

DVD

超值视频教学版

⚙ 贴图

DVD 03\素材与源文件\贴图\第7章
光源特效的逼真表现

⚙ 渲染效果图

DVD 03\素材与源文件\渲染效果
图\第7章 光源特效的逼真表现

⚙ 源文件

DVD 03\素材与源文件\源文件\第7
章 光源特效的逼真表现

光源对大自然中的世间万物起着举足轻重的作用，同样对于制作室内效果图来讲，室内空间的层次、材质质感的体现等一系列场景氛围的营造都与灯光的设置密不可分。

7.1 完美室内效果图中灯光的科学配用

设计师在为室内效果图设置灯光时，不仅要兼顾其表现于外在的功能性设置要求，更为重要的是对其艺术氛围塑造的调整。

在艺术绘画中运用光照效果对色彩表达的理论分析，结合不同灯光的特点，进而创作出更为丰富的图像层次及微妙的光照变化（如图7-1所示）。

图7-1 设置灯光对比渲染效果

目前对于在业内被广泛使用的VRay渲染器来讲，用其绘制的优秀室内效果图，其成功的关键因素，多半要归功于软件中灯光光感对立体空间的塑造功能。

使用3ds Max软件结合VRay渲染器后，其灯光创建主要集中于创建面板中，类型分为"标准"（Standard）灯光、"光度学"（Photometric）灯光、"VRay"灯光3种（如图7-2所示）。既然选用VRay渲染器，多数场景都应以使用VRay灯光与部分附加光域网的"光度学"灯光为主，而部分"标准"灯光为辅，从而对其进行分布设置。

图7-2 灯光的创建面板

7.2 熟识3ds Max灯光的设置原则与技巧

在3ds Max中所设置的灯光中分为两种，一种为"标准灯光"（Standard），另一种则为"光度学灯光"（Photometric）。但这些灯光并非都会在VRay渲染器下发挥其各自最佳的应用效果，因此，根据各类灯光与VRay渲染器的有效结合，择其重点给予详解。

7.2.1 主要标准灯光

3ds Max中所设置的"标准灯光"（Standard）共分为8种，其中主要与VRay渲染器产生直接关联的灯光仅有几种，其余一些如"天光"（Skylight）则必须配合"光跟踪器"（Light Tracer），才能发挥其理想的效果；同样"mr区域泛光灯"（mr Area Omni）与"mr聚光灯"（mr Area Spot）是属于结合mental ray渲染器下的灯光类型（如图7-3所示）。

图7-3 标准灯光创建面板

1. 聚光灯

"聚光灯"的渲染效果呈锥状的投射光束显示形式（如图7-4所示），在此所涉及的"聚光灯"实际上包括两种，分为"目标聚光灯"（Target Spot）与"自由聚光灯"（Free Spot），两者的本质区别在于其是否具备"投射目标点"（如图7-5所示）。

在多数情况下，无目标点的"目标聚光灯"用于动画场景中，而在室内效果图场景中则更多使用有投射目标点的"目标聚光灯"，通过聚光灯的"投射点"与"目标点"位置上的调整可以轻松地改变灯光的投影状态。用其模拟筒灯、台灯、壁灯以及电影幻灯、窗口投影等一系列局部光照效果。

图7-4 聚光灯的光束形式

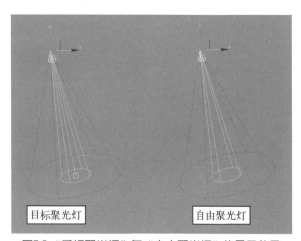

图7-5 "目标聚光灯"与"自由聚光灯"的显示效果

2. 平行光

"平行光"可以呈现出圆柱形或方柱形的平行光束，其发光点与照射点的大小相等（如图7-6所示），且"平行光"也可根据其"投射目标点"的差异分为"目标平行光"（Target Direct）与"自由平行光"（Free Spot）（如图7-7所示），主要用于模拟自然光的照射效果，如太阳光等。

图7-6 平行光的光束形式

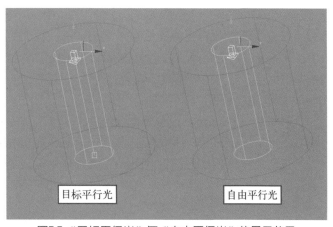

图7-7 "目标平行光"与"自由平行光"的显示效果

3. 泛光灯

"泛光灯"（Omni）是一种可以向四面八方均匀发光的"点光源"（如图7-8所示），其照射范围可以通过"衰减"设置进行控制，同时注意其设置的数量与定位关系，以更好地处理图面的层次关系。

图7-8 泛光灯的光束形式

7.2.2 标准灯光的通用参数设置

3ds Max中的"标准"灯光类型多样，可以通过修改面板中的类型属性随时进行调换（如图7-9所示）。虽然其形式丰富，但是其中的设置参数大同小异，主要的一些设置参数可以通用，下面就针对重点内容进行详解。

图7-9 调换"标准灯光"的类型

1. 强度与色彩

标准灯光的光照强度是依靠"倍增"（Multiplier）值的参数进行控制与调整的，默认数值为1（如图7-10所示）。数值越大意味着其光照强度也会随之增大。但是此强度参数展示效果是建立在色彩统一的前提下，不同色系的"倍增"强度也应有所差距。一般情况下，在室内空间的光线以偏暖色彩为主，可将其调整为淡黄色。

2. 衰减

"衰减"是指将灯光的光线通过参数控制，以达到在亮度上有不同程度的变化。实际上在现实场景中，光线衰减的变化是通过空气或其他介质的运动干扰，将光照的强度逐渐减弱直至完全消退。在3ds Max中"标准"灯光的"衰减"设置就是用来模拟此种变化的展示效果，其主要方法有如下几种：

- "衰退"设置

"衰退"（Decay）设置是根据自然界中的灯光衰减设置的原理进行灯光衰减的模拟，它通过"倒数"（Inverse）与"平方反比"（Inverse Square）两种类型进行计算灯光的衰减（如图7-11所示），还可通过调整"开始"（Start）参数值为灯光添加衰退变化，因为其衰减力度不易掌控，所以多数经验丰富的设计师会选择"衰减"方式对灯光强度的变化加以控制。

图7-10 "标准"灯光的强度与色彩

图7-11 "衰退"设置参数

216

● "衰减"设置

"衰减"（Attenuation）设置是一种人为控制灯光渐变的方式。它通过灯光的首尾两组参数的设置来控制灯光的衰减度（如图7-12所示）。其中"远距衰减"（Far Attenuation）值设置在灯光减为0处的距离，"近距离衰减"（Near Attenuation）值设置在灯光"淡入"处的距离。但必须将"使用"（Use）复选框选中，同时通过勾选"显示"复选框可更为快捷地调整灯光衰减变化。

在室内效果图的灯光调整过程中，此项参数设置被广泛应用于聚光灯、泛光灯等光照的模拟效果，从而使画面达到更为逼真的光照效果（如图7-13所示）。

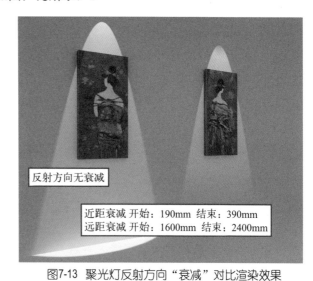

反射方向无衰减

近距衰减 开始：190mm 结束：390mm
远距衰减 开始：1600mm 结束：2400mm

图7-12 "衰减"设置参数　　　　　图7-13 聚光灯反射方向"衰减"对比渲染效果

● 聚光灯衰减

聚光灯只是针对灯光自身照射方向的衰减，其渲染效果对于模拟真实灯光的渐变效果仍是远远不够的，所以调整其"聚光区"和"衰减区"的参数是控制灯光水平方向衰减变化的关键（如图7-14所示）。其中"聚光区/光束"（Hotspot/Beam）与"衰减区/区域"（Falloff/Field）两者的默认值为43与45，将两者的差距值适度增大，相应聚光灯的光束衰减变化会更为写实（如图7-15所示）。

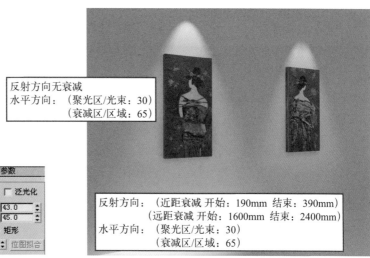

反射方向无衰减
水平方向：（聚光区/光束：30）
　　　　　（衰减区/区域：65）

反射方向：（近距衰减 开始：190mm 结束：390mm）
　　　　　（远距衰减 开始：1600mm 结束：2400mm）
水平方向：（聚光区/光束：30）
　　　　　（衰减区/区域：65）

图7-14 "聚光灯参数"卷展栏　　　　　图7-15 聚光灯"衰减"对比渲染效果

3. 包含/排除

当场景中某个模型完全不需要灯光照射或呈现阴影时，可将此物体设置为排除。单击 排除... 按钮，随之弹出的"排除/包含"（Exclude/Include）对话框所提供的设置功能，便是计算机软件超脱于现实场景的体现之一，这样可以让灯光的照射更具针对性，从而巧妙处理模型之间的光影变化。

同样，在场景中部分需要单独照亮的模型物体，也可以使用此种方法对其特殊处理，通过设置可以单独照射某模型或将其排除，甚至可以只针对于物体阴影进行显示设定（如图7-16所示）。

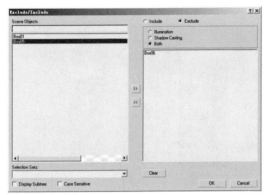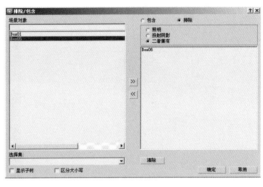

图7-16 "排除/包含"对话框

4. 入射角

影响照射效果的因素除了照射强度、衰减力度以外，还包括光源与模型物体之间的位置关系。影响模型表面的亮度与光源照射距离有直接的关系，其中起主导作用的则是入射角。

入射角指的是曲面法线相对于光源的角度，角度越小，则表面接受光线越多。光源距离模型表面越近，光源投射在物体上的光线角度越大，此时物体表面会随着亮度的降低而产生"光斑"。这也正是3ds Max标准灯光光照效果最难以表现的弱点（如图7-17所示）。

5. 高级效果

"高级效果"卷展栏是用来控制灯光影响模型物体表面区域的一种方式，其中可以对灯光影响模型表面的明暗的细节深入调整（如图7-18所示）。

图7-17 入射角对光照的影响　　　　　图7-18 "高级效果"卷展栏

其中包括"影响曲面"（Affect Surfaces）选项组，通过调节"对比度"（Contrast）与"柔化漫反射边"（Soften Diff.Edge）两个选项的参数值，可以避免产生清晰的明暗分界，但是此选项多数用于室内空间中的主体标准灯光上，细节灯光较少使用。

此外，在"高级效果"卷展栏中不仅可以对灯光的明暗对比度进行调整，更为突出的细节便是通过"投影贴图"（Projector Map）选项组的设置，可以让阴影的变化更为丰富。勾选"贴图"（Map）复选框，单击其右侧的按钮为其添加一张位图，便可以轻松将灯光投射出图片效果，甚至可以添加动画文件，随即灯光的投射效果便如同放映机一般。

在室内效果图中该设置被广泛地应用于模拟窗外的树影效果，为其添加一张黑白相间的位图（如图7-19所示），既节约了模型面数又可达到以假乱真的效果（如图7-20所示）。

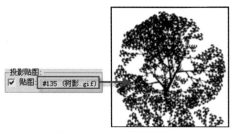

图7-19 添加"投影贴图"

图7-20 "投影贴图"产生的树影效果

6. 阴影

● 阴影的类型

在现实场景中，任何的一盏灯光通过对物体的照射都会产生相应的阴影，而计算机软件对灯光阴影的处理方法则更为人性化，在制作过程中可以根据场景需要将部分灯光的"常规参数"（Deneral Parameters）卷展栏中的"阴影"（Shadows）选项组中的"启用"（On）复选框勾选，以使场景物体之间的明暗变化更富立体美感。

在多种阴影设置中，各种阴影类型都有其各自的特色（如表7-1所示），在3ds Max默认渲染器设置下，"阴影贴图"（Shadow Map）与"光线跟踪阴影"（Ray Traced Shadows）为常用类型。但在大多情况下，这些标准的3ds Max光影追踪阴影无法在VRay渲染器下正常工作，所以使用"VRay阴影"（VRayShadow）是最为恰当的选择（如图7-21所示）。

从"VRay阴影"（VRayShadow）的参数设置中便可确认，虽然该阴影也同其他阴影的基础设置相同，如"偏移"（Bias）参数等，但特殊设置便在于其不仅对透明物体和光滑表面物体产生相应的奇效，而且此种阴影支持面阴影的操作设置（如图7-22所示）具体介绍如下：

表7-1 多种阴影类型的特点

阴影类型	特　　　　　点
高级光线跟踪	阴影效果鲜明强烈，且阴影边缘清晰，可以产生透明阴影效果
mental ray阴影贴图	在mental ray渲染器的控制下，此种阴影设置会比光线跟踪阴影渲染速度更快
区域阴影	在3ds Max默认渲染器下，该阴影由远及近的光影变化渲染效果较为理想，而且支持透明阴影
阴影贴图	该类型阴影在众多类型阴影中其渲染速度最快，阴影边缘模糊，但不能渲染透明阴影
光线跟踪阴影	较"高级光线跟踪"阴影而言需要更多的内存，但渲染效果近似，同样支持透明阴影效果
VRay阴影	该类型阴影是在VRay渲染器下渲染效果最为理想的阴影类型，且支持来自VRay置换物体或透明物体的相关阴影设置，阴影效果细腻、逼真且速度较快，在多数情况下尽量选择此种阴影模式
VRay阴影贴图	该阴影设置更为精细，可以减少动画场景中VRay毛发的抖动现象

219

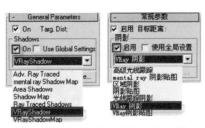

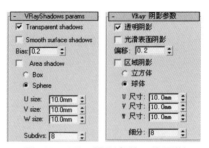

图7-21 灯光"常规参数"卷展栏　　　　　　　　图7-22 "VRay阴影参数"卷展栏

➢ "透明阴影"（Transparent shadows）：勾选此选项，可将场景中的透明物体产生透明阴影的投射效果，VRay会自动忽略3ds Max物体阴影参数。

➢ "光滑表面阴影"（Smooth surface shadows）：勾选此选项后，场景中所有曲面物体会在VRay渲染器的作用下自动光滑处理，可避免在粗糙物体表面产生斑点阴影效果。

➢ "区域阴影"（Area shadow）：通过勾选此选项，同时选择"立方体"（Box）与"球体"（Sphere）选项，便可以在U、V、W不同方向调整模拟光源的尺寸，进而将阴影产生模糊变化（如图7-23所示）。

➢ "细分"（Subdivs）：此参数用于控制阴影的品质。当设置数值较低时，渲染速度较快，但质量较差，适合于文件过程处理阶段；当设置数值较高时，渲染速度慢，一般用于渲染质量较高的最终处理文件中。

● 阴影参数

通过相关参数的调整，可以对灯光阴影的色彩、密度等加以控制，通过勾选"灯光影响阴影颜色"复选框，可以让阴影同样受到灯光色彩的影响（如图7-24所示）。

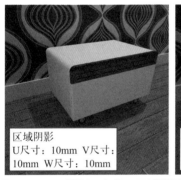

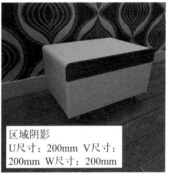

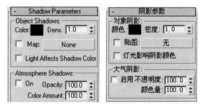

图7-23 "VRay阴影"中的"区域阴影"设置不同光源尺寸的渲染效果　　　图7-24 "阴影参数"对话框

对于3ds Max的"标准"灯光而言，以上参数设置是较为常见的调整选项，而对于部分不为常用的设置选项，多数保持默认设置即可。设置灯光时主要从灯光的强度、色彩、明暗衰减、投射位置、阴影等几方面着手模拟，进而取得较为理想的渲染效果。

7.2.3　主要光度学灯光

"光度学"（Photometric）灯光的使用方法与"标准"（Standard）灯光的基本设置大体一致，其主要区别是光度学灯光的计算方法是模拟真实世界的光线处理方式，这种方式不仅可以调节灯光的类型、分布方式，还可以为其指定真实的光域网文件，进而加强场景光影变化的细节。

在光度学灯光创建面板中，虽然提供了3种全新灯光，但可以将其视为两种灯光（如图7-25所示）。其中"目标灯光"（Target Light）与"自由灯光"（Free Light）的本质并无区别，只是在外形表现上存在"目标点"的差异，在制作静态效果图时更为推荐使用"目标灯光"。另一种名为"mr Sky门户"（mr Sky Portal）的光度学灯光，它是建立在mental ray渲染器基础之上的区域灯光，进而从环境中调整其亮度和色彩。

鉴于此种情形，在结合VRay渲染器制作室内效果图时，主要常用的光度学灯光为"目标灯光"。

图7-25 光度学灯光创建面板

7.2.4 目标灯光的参数设置

"目标灯光"（Target Light）似为一种光源，实则该灯光是集合于3ds Max早先版本中"目标点光源"（Target Point Light）、"标线光源"（Target Linear Light）以及"目标面光源"（Target Area Light）的统一体，它还可以超出以上3种光源的应用范围，从而实现更为多样的渲染变化。其基本参数设置与"标准"（Standard）灯光的调整方法相同，在此便不赘述，以下对该灯光的应用范围给予详解。

1. 模板

通过"模板"（Template）卷展栏中下方的▼按钮（如图7-26所示），可以在各种系统预设的灯光类型中进行选择（如图7-27所示）。其中系统主要提供一些较为常见的灯光类型模板，随着不同模板的调入，灯光的参数设置也会随之改变，也可保持默认设置不变，由用户自主调整灯光的参数设置。

2. 常规参数

在光度学灯光的"常规参数"（General Parameters）卷展栏主要集中灯光的"灯光属性"（Light Properties）、"阴影"（Shadows）及"排除"（Exclude）等相关设置，这些选项的设置方法与"标准"（Standard）灯光的设置方法完全相同，值得注意的是阴影类型尽量选择"VRay阴影"设置选项（如图7-28所示）。

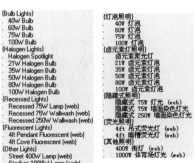
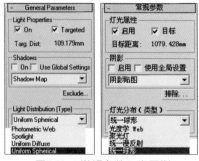

图7-26 光度学灯光"模板"卷展栏　　图7-27 系统预设的"模板"类型　　图7-28 "常规参数"卷展栏

此卷展栏中的主要选项是"灯光分布（类型）"（Light DistributioType），其中系统预设的分布形式分为4种，设计师可根据选用灯光类型及实际模型设计形式进行综合考虑，进而选择较为适宜的分布形式。下面对4种分布形式进行具体的介绍：

● 统一球形

"统一球形"（Uniform Spherical）是3ds Max系统中默认的灯光分布方式，该方式可将灯光呈球形形式进行均匀分布，随着距离的增加而减弱，常被用于设计图中点光源的渲染表现（如图7-29所示）。进而可以推论出，早先版本中该类型的分布形式被命名为"等向"（Isotropic）的缘由，也正是由于此种灯光光源均匀的分布形式而得名（如图7-30所示）。

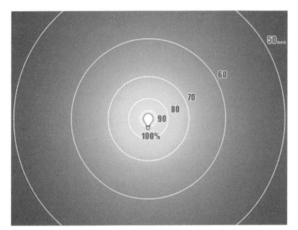

图7-29 "统一球形"分布类型的发光效果　　　　　图7-30 "统一球形"的灯光形态

● 统一漫反射

"统一漫反射"（Uniform Diffuse）的分布类型发光效果与"统一球形"（Uniform Spherical）的较为相似，它是在半球体范围内发射的漫反射灯光（如图7-31所示）。从某种角度而言，如同从某一面发射灯光一样，因此只对一面造成灯光影响。其中该分布形式遵循Lambert余弦定理，在制作场景中无论从各个角度观看该灯光，都会具有相同的明显的强度（如图7-32所示）。

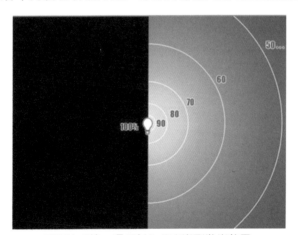

图7-31 "统一漫反射"分布类型发光效果　　　　　图7-32 "统一漫反射"的灯光形态

● 聚光灯

"聚光灯"（Spotlight）的分布方式就如同像闪光灯一样投影集中的光束，灯光分布集中统一（如图7-33所示）。该分布形式的光束角度从外观上便可发现与标准灯光的聚光角度较为相似，但所有聚光区的强度均为100%。

其中，区域角度与标准灯光的衰减角度相似（如图7-34所示），但对于衰减角度，强度会减为零；由于光度学灯光使用的是较平滑的曲线，因此某些灯光可能投影在区域角度之外。

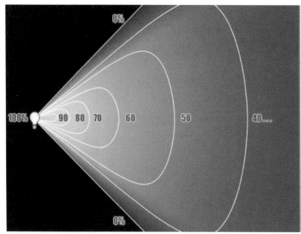

图7-33 "聚光灯"分布类型发光效果

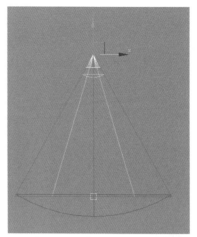

图7-34 "聚光灯"的灯光形态

在将灯光指定为"聚光灯"分布形式之后，便会弹出"分布（聚光灯）"（Distribution (Spotlight)）卷展栏（如图7-35所示）。同使用"标准"聚光灯来控制光束在水平方向的衰减变化相同，都是通过增大"聚光区/光束"（Hotspot/Beam）与衰减区/区域"（Falloff/Field）的数值对比差，进而加剧光束分布的衰减变化。

图7-35 "分布（聚光灯）"卷展栏

- 光度学Web

"光度学Web"（Photometric Web）指的是工业生产中的光域网，是灯光强度分布的三维表现形式，存储于IES文件中。实际上在现实生活中，光域网存在于世间的每个角落，无处不在。

光域网是灯光的一种物理性质，确定光在空气中发散的方式，不同的灯光域所形成的光束也会大相径庭（如图7-36所示）。

在"分布（光度学Web）"（Distribution Photometric Web）卷展栏（如图7-37所示）中可为灯光指定形式不一且方向多样的光域网，从而满足渲染别具特色的光源的要求（如图7-38所示）。其渲染效果被广泛应用于模拟台灯、壁灯、吊顶等诸多造型的光源，它是光度学灯光中最为常用的分布形式（如图7-39所示）。

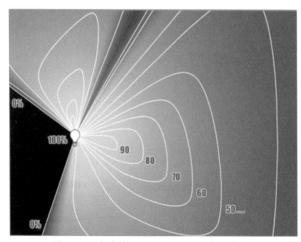

图7-36 "光度学Web"分布类型发光效果

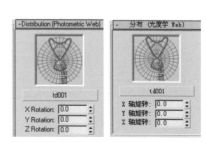

图7-37 "分布（光度学Web）"卷展栏

223

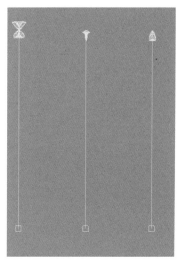

图7-38 光域网定义的灯光形态

图7-39 几种不同光域网渲染效果

3. 色彩、强度与衰减

光度学灯光的色彩主要是依靠"颜色"选项组进行设置，可以通过"过滤颜色"（Filter Color）的色块进行调节，还可以采取"灯光下拉列表"中的系统预设模式进行调换，或者使用"开尔文"（Kelvin）选项的数值，对灯光颜色进行精确设置。

光度学灯光的强度的设置单位可分为"流明"（Lumen）、"烛光"（Candela）以及"勒克斯"（Lx）。通过不同的单位设置对灯光倍增参数进行调整，已达到调整其光亮强度的要求。

同时还可以通过"远距衰减"（Far Attenuation）选项组中的参数来设置灯光强度的衰减，以降低灯光的光亮强度，此种衰减方式与"标准"灯光的衰减方式极为类似。严格来讲，此种方式虽然不同于真实世界的灯光原理，但在图像渲染的过程中其设置衰减范围却是提高渲染速度的最佳方法（如图7-40所示）。

4. 图形光源

在"图形/区域阴影"（Shape/Area Shadows）卷展栏中的"从（图形）发射光线"的下拉列表中可以选择不同的图形光源，当选择非点的图形光源时，结合阴影采样控件便可将灯光渲染出更为丰富的层次变化（如图7-41所示）。

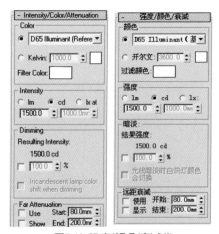

图7-40 强度/颜色/衰减卷

图7-41 "图形/区域阴影"卷展栏

一般情况下，结合VRay渲染器，在图形光源中较为常用的则是添加光域网的点光源渲染选项，而其余图形灯光多数会采用VRay灯光替代。

7.3 科学设置VRay灯光渲染参数

在启用VRay渲染器之后，在灯光创建面板中便会自动显现VRay灯光创建选项，其中由VRay灯光（VRayLight）、VRayIES以及VR太阳（VRaySun）3种灯光组建而成（如图7-42所示）。这3种光源是使用VRay渲染器渲染场景中最为推崇使用的光源，通过它们分别可以对室内效果图中的夜景及日照效果给予逼真地模拟。

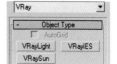
图7-42 VRay灯光创建面板

7.3.1 VR灯光

在当前使用VRay渲染器下，VR灯光（VRayLight）是最为常用的灯光类型，常以此来替代3ds Max光度学灯光中的类似形状的图形光源，进而模拟实际场景中多种光源类型，如灯带等面积光源，以提高VRay渲染器的计算时间及渲染质量。

VR灯光的参数有许多的设置选项，与3ds Max的灯光基本相同，如灯光的开关设置、排除以及颜色选项，在此不逐一进行详解，下面便针对其中有所差异的重要选项分别讲述。

1. 灯光分类与尺寸

VR灯光可分为3种类型，其中包括："平面"（Plane）、"穹顶"（Dome）、"球体"（Sphere）（如图7-43所示），在3种灯光转化的同时，可以通过"尺寸"与"穹顶灯光选项"两个选项组对光源不同方向的尺寸进行精密调整，以更为准确地符合不同场景要求（如图7-44和图7-45所示）。

图7-43 VR灯光的分类

图7-44 VRay灯光的尺寸

图7-45 VRay穹顶灯光光子发射

2. 选项

VR灯光的"选项"（Options）选项组要根据场景空间中灯光光源具体要求综合处理，切勿套用模式化（如图7-46所示）。

- 投射阴影（Cast shadows）：在多数情况下该选项会保持默认选中状态，它用来增强图面阴影的层次感。
- 双面（Double-sided）：当需要灯光双面产生照明效果时，可将此选项设定为选中状态，但此选项只对VRay"平面"灯光方能奏效（如图7-47所示）。
- 不可见（invisible）：用来控制渲染效果是否显示灯光图形，所以在多数情况下会将此选项设置为勾选状态（如图7-48所示）。

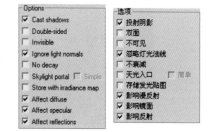
图7-46 VRay灯光选项设置

未勾选"双面"选项

勾选"双面"选项

图7-47 设置"双面"选项对比效果

未勾选"不可见"选项

勾选"不可见"选项

图7-48 设置"不可见"选项对比效果

- 忽略灯光法线（Ignore light normals）：勾选此选项时，可以将灯光不按照光线的法线发射；相反，灯光光线则会按照光线的法线发射，从某种角度而言，光影将更为柔和。
- 不衰减（No decay）：由于在现实场景中，灯光的衰减始终存在，所以在模拟灯光的过程中应尽量将此设置保持默认不选择状态，否则灯光会造成室内空间中光影变化过于平淡（如图7-49所示）。

未勾选"不衰减"选项

勾选"不衰减"选项

图7-49 设置"不衰减"选项对比效果

- 天光入口（Skylight portal）：此选项可将VRay灯光转变为GI光照，这样便失去了场景中直接光照的意义，所以在一般情况下，此选项将保持不被选择状态。

- "储存发光贴图"（Store with irradiance map）：可将此选项勾选，会将此时所设定的发光效果存储于发光贴图之中，以提高最终的渲染速度。
- "影响漫反射"（Affect diffuse）、"影响镜面"（Affect specular）、"影响反射"（Affect reflections）：这3个选项分别设置该灯光的光照是否对漫反射、高光及反射产生影响，一般情况下，对于主要光源都会对此保持默认选择的状态，而就个别局部光源可视其具体变化适当忽略，可提高其渲染速度。

3. 采样

在"采样"（Sampling）选项组中，通过对"细分"（Subdivs）精度的控制可以大大提高图像最终的渲染质量，但同时也会相应地降低渲染速度，这一选项与"VRay阴影"中的"细分"设置其原理完全一致。至于"阴影偏移"（Shadow bias）与"中止"（Cut off）这两个选项，多数情况下都保持默认不变即可（如图7-50所示）。

4. 纹理

"纹理"（Texture）选项组可为半球光设置贴图纹理，进而使用贴图作为光源，同时调整"分辨率"（Resolution）以提高光照纹理的精度。多数情况下会在此选项组中添加高动态贴图（VRay HDRI）（如图7-51所示），在添加光照的同时可统一整体渲染图像的色彩要素（如图7-52所示）。

图7-50 低"细分"参数渲染效果

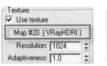

图7-51 VR灯光"纹理"选项组

图7-52 VR灯光设置高动态贴图纹理对比渲染效果

227

7.3.2 VRay阳光

"VRay阳光"顾名思义便是运用VRay渲染器模拟物理世界里的阳光效果，此种灯光的渲染效果较为真实，通过灯光位置及参数的改变其光线表现效果也随之变化（如图7-53所示）。

在"VRay阳光参数"面板中的部分基本参数与"VRay灯光"的设置选项基本类同，如"激活"（enabled）、"不可见"（invisible）以及"排除"（Exclude）等，所以在此便不再加以重复。下面对部分参数讲述如下：

图7-53 "VRay阳光"参数面板

- "浊度"（turbidity）：此参数用于模拟空气中的浑浊度，进而影响场景中太阳与天空的颜色，数值愈小，则表示空气愈加清晰，渲染效果更为偏蓝；相反，数值较大，则更适合表现偏橘黄色的阴天效果。

- "臭氧"（ozone）：此参数表示空气中的臭氧含量，数值较小，表示阳光偏黄；数值较大，表示阳光偏蓝（如图7-54所示）。

浊度：2 臭氧：1

浊度：20 臭氧：0

图7-54 "VRay阳光"不同"浊度"及"臭氧"设置参数渲染效果

- "强度倍增器"（intensity multiplier）：此参数与其余灯光的"强度倍增器"设置意义完全一样，但注意其默认数值为1，会对3ds Max摄像机投射的场景造成亮度曝光过强的效果，建议将其调整至0.006左右为宜；倘若使用VRay摄像机则可以保持默认，当然该参数设置也同系统曝光设置直接相关，在设置参数大小时要结合不同曝光设置的效果。

- "尺寸倍增器"（size multiplier）：此参数指阳光的大小，数值越小阴影边缘越清晰；相反，数值越大阴影的边缘越模糊。通过调整该参数值更易表现其日光映射的逼真质感（如图7-55所示）。

尺寸倍增器为1

尺寸倍增器为4.5

图7-55 "尺寸倍增器"不同参数渲染效果

7.3.3 VRayIES

VRayIES灯光VRay渲染器下特定的一种灯光光源，同样也是VRay新版本中增设的选项之一。通过其名便可预知，该灯光是用来加载IES光域网文件的灯光类型，其渲染效果与原理与在3ds Max光度学灯光中添加光域网的光源的效果和原理较为类似。

但在VRay渲染器的影响下，VRayIES灯光不仅可以渲染出普通照明无法模拟的散射、多层反射、日光灯等效果（如图7-56所示），更为重要的是VRayIES灯光的渲染速度通常会较其他灯光更为迅速。

其中，VRayIES灯光的参数设置也较为简单，主要通过VRayIES卷展栏中的 无 按钮，为其添加不同的光域网，同时使用"颜色"（color）与"功率"（power）为其调整光照色彩及强度。至于其他选项设置，如"激活"（enabled）、"阴影偏移"（shadow bias）以及"图形细分"（shape subdivs）等选项与VRay灯光基本相同，在此便不赘述（如图7-57所示）。

图7-56 VRayIES灯光渲染效果

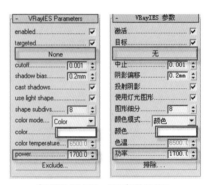

如图7-57 VRayIES参数面板

7.4 整理思路科学布光

即使将每种灯光的参数设置都基本掌握，但对于灯光设置来讲也仍是制图过程中难以把握的难题。因为在不同参数调整的背后，还隐藏着灯光具体定位设置的玄机。由于每幅室内效果图光影渲染的具体表现形式各不相同，所以在灯光布局理论上并没有固定的套路，因此这便成为初学者难以攻克的难关。

为了尽可能地提高工作效率，多数经验丰富的设计师便会将灯光布局归纳出不同的几种原则，以避免反复地设置调整。

7.4.1 夜晚效果灯光布局

夜晚效果表达需要灯光布局的层次较为密集，多数情况便要把握按照室内场景中真实灯具布局的形式加以模拟的原则，同时注意灯光冷暖关系及明暗亮度层次的表达（如图7-58所示）。往往即使室外为夜晚无光场景，也可为其设置一盏暗蓝色的夜晚环境光，以烘托模型物体的立体造型。

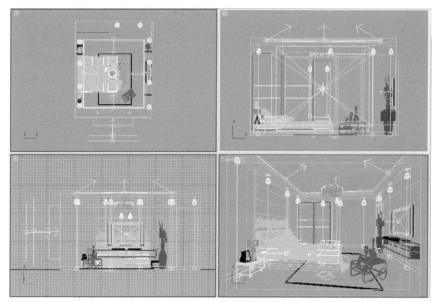

图7-58 夜晚室内空间灯光布局形式

　　此外，室内场景中一般都以射灯、吊灯、台灯、壁灯以及灯槽为主，在制作过程中最好以相应设置的光度学灯光或VR灯光调用光域网进行设置，配合此种灯光的布局形式整体渲染效果会更易体现场景的空间光影层次关系（如图7-59所示）。

图7-59 夜晚室内空间灯光布局渲染效果

7.4.2　日光效果灯光布局

　　日光效果的灯光布局形式较夜晚而言，较为容易表现。一般情况下，日光仅通过太阳光和天空光就可营造出较为逼真的光照效果（如图7-60所示）。

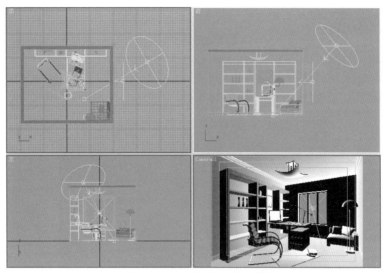

图7-60 日光室内空间灯光布局形式

其中"VR阳光"或3ds Max"平行光"便是模拟真实阳光最好的灯光类型，此外再配合"VR平面光"模拟的天光，进一步塑造出室外日光映射到室内窗口的渐变光感（如图7-61所示）。如有需要可适当为其在室内必要位置添加部分局部光照，如添加光域网的射灯，以突出整体场景中的重点照明（如图7-62所示）。

图7-61 日光室内空间灯光布局渲染效果　　　　图7-62 日光室内空间添加重点局部光照渲染效果

另外，无论在设置何种布局形式的灯光都要把握"循序渐进"的原则，应先从主光源设置起步，逐渐向辅助光源拓展。注意个体单位灯光不易过亮，以免造成随灯光数量的增加而影响整体光照亮度。

同时，灯光拷贝尽量确保按光照类型关联复制，以提升反复修改效率，进而在汲取最多经验的基础上，将室内场景中的灯光最为合理化布局。

7.5 室内场景灯光实例揭秘

室内场景灯光类型看似复杂混乱，其实外部造型及照射效果还是存有一定内在联系的。如台灯、地灯及壁灯等，由于其表现效果的近似，所以可以采用相同的方法加以模拟。下面便结合设计师的设计要求及经验，列举出在运用VRay渲染器下，室内场景常用光源的制作秘笈。

7.5.1 射灯光照

位置：DVD 01\Video\07\7.5.1射灯光照.avi　　　AVI　时长：9:25　大小：34.3MB

射灯可以说是效果图制作过程中最为常见的灯光类型，多数情况会使用3ds Max目标点光源或VRayIES灯光配合光域网加以模拟，通过不同的渲染要求进而选择不同的光域网文件（如图7-63所示）。

图7-63 射灯渲染效果

1. 使用3ds Max光度学灯光制作射灯效果

Step 01 打开随书光盘中"源文件下载"|"第7章光源特效的逼真表现"|"射灯A.max"文件，为了便于观看效果，该文件中材质及相关VRay渲染参数都随之调整完善，下面主要在场景中创建适宜的射灯。

Step 02 单击"灯光"按钮，在其下拉列表中选择光度学，在"对象类型"卷展栏中单击 目标灯光 按钮，在前视图拖动鼠标，即可创建一盏目标灯光，随后系统自动将其命名为TPhotometricLight01，将此灯光移动到"射灯模型01"之下（如图7-64所示）。

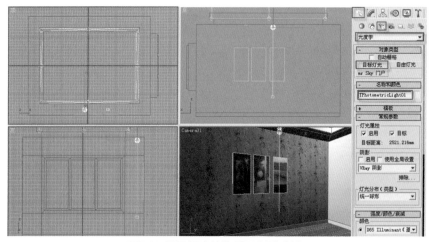

图7-64 目标灯光的位置及创建方法

图7-65 启用阴影设置

Step 03 单击 🖉 "修改"按钮，进入该灯光的修改命令面板，在"常规参数"（General Parameters）卷展栏中将其"阴影"选项卡下的（Shadows）"启用"（On）复选框勾选，并将其阴影类型调整为"VRay阴影"（VRayShadow），同时将其灯光分布类型改选为"光度学Web"（Photometric Web）（如图7-65所示）。

Step 04 随后在"分布（光度学Web）"（Distribution Photometric Web）卷展栏中单击 < 选择光度学文件 > 按钮，随之在弹出的"打开光域Web文件"对话框中选择名为"10.IES"的光域网文件（如图7-66所示）。

📎 ●技巧：可以通过光域网预览框进而对该光域网进行初步观察，以调过其调整效率。

Step 05 在"Intensity/Color/Attenuation（强度/颜色/衰减）"卷展栏中，将其"过滤颜色"调整为淡黄色，同时光源亮度设置为1200mm，以完成3ds Max目标灯光制作射灯的操作步骤（如图7-67所示）。

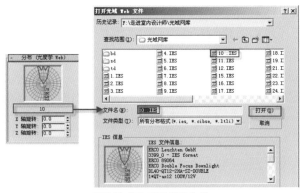

图7-66 添加光域网文件

图7-67 3ds Max光度学射灯颜色及强度设置

2. 使用VRayIES灯光制作射灯效果

Step 01 继续确保在"射灯A.max"文件中，单击 🔦（灯光）按钮，在其下拉列表中选择VRay，在"对象类型"卷展栏中单击 VRayIES 按钮，在前视图拖动鼠标，创建一盏VRayIES灯光，随后系统会自动将其命名为VRayIES01，将此灯光移动到"射灯模型02"之下（如图7-68所示）。

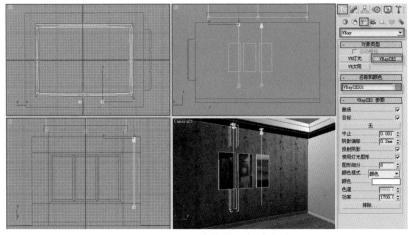

图7-68 VRayIES的位置及创建方法

Step 02 单击 ✎ "修改"按钮，进入该灯光的修改命令面板，在 "VRayIES参数"（VRayIES Parameters）卷展栏中，单击 无 按钮，同样为其添加名为"10.IES"的光域网文件，随后同样将其 光照颜色调整为淡黄色，同时调整该灯光的"功率"（Power）为 1700，以完成利用VRayIES灯光制作射灯的操作步骤（如图7-69 所示）。

Step 03 按【Shift+Q】组合键渲染当前模型，即可观察到分别使用 "目标灯光"及VRayIES灯光所制作的射灯光照渲染效果，随后单 击菜单栏中的"文件"（File）|"保存"（Save）命令，将此模型 存储为"射灯B.max"文件。

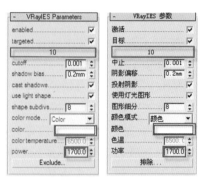

图7-69 VRayIES参数卷展栏

7.5.2 台灯与壁灯光照

位置：DVD 01\Video\07\7.5.2台灯与壁灯光照.avi ⬛AVI 时长：7:45 大小：26.2MB

台灯与壁灯的光照效果较为类似，都属于夜晚室内效果图较为普遍的光照类型，而且在多数情况 下，都是整体场景中突出渲染气氛的局部光照。其设置方法同样可以采用光域网文件调用处理，但此 种制作方法塑造出的阴影效果往往会由于受到灯罩的制约，而显得较为生硬，缺少生机。

所以多数制作经验丰富的设计师则会使用VR球型灯进行模拟，进而突出其细腻婉约的光影效果 （如图7-70和图7-71所示）。

图7-70 台灯渲染效果

图7-71 壁灯渲染效果

Step 01 打开随书光盘中的"源文件下载"|"第7章光源特效的逼真表现"|"台灯与壁灯A.max"文件， 为了便于观看效果，该文件中材质及相关VRay渲染参数都随之调整完善，下面主要在场景中创建适宜 的台灯与壁灯。

Step 02 依次单击 ❊.（灯光）和 VR灯光 按钮，随后在其"参数"（Parameters）卷展栏中的"类型" （Type）下拉列表中选择"球体"（Sphere）选项，在顶视图中创建一盏VR球型灯光，并将此灯光 移动到"台灯灯罩"模型之内，并将此灯光命名为"VR台灯"（如图7-72所示）。

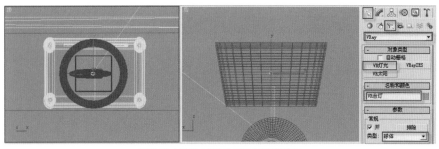

图7-72 VR台灯的位置及创建方法

Step 03 单击 [图] "修改"按钮，进入该灯光的修改命令面板，调整其灯光"颜色"（Color）及"倍增器"（Multiplier）数值，同时注意该灯光的"半径"（Radius）尺寸，以完成VR台灯的制作步骤（如图7-73所示）。

●注意：壁灯的制作过程与台灯基本类同，在此便不再次重复讲述，可利用本文件中的"壁灯"模型及"VR壁灯"灯光进行渲染壁灯效果。

●技巧：为了将灯罩渲染出半透明的发光质感，可将灯罩材质添加"VR材质包裹器"（如图7-74所示），通过提高全局照明的产生及接受参数，并可将灯罩在灯光照射下渲染得更为逼真。

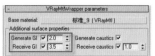

图7-73 VR台灯参数设置　　　　　　　　　　　　图7-74 灯罩VR材质包裹器参数设置

Step 04 按【Shift+Q】组合键渲染当前模型，即可观察到使用"VR灯光"所制作的"台灯"与"壁灯"效果，随后单击菜单栏中的"文件"（File）|"保存"（Save）命令，将此模型存储为"台灯与壁灯B.max"。

7.5.3　灯槽渲染

位置：DVD 01\Video\07\7.5.3灯槽渲染.avi　　　　[AVI] 时长：7:21　大小：25.2MB

　　灯槽是室内场景中处理特殊造型较为常用的表现手段，其中在表现顶面及装饰墙面造型上应用最为普遍，适当的灯槽渲染对烘托场景氛围可以起到画龙点睛的奇效。

　　3ds Max结合使用VRay渲染器来表现灯槽效果，其主要方法有两种：其中一种是使用VR灯光表现直线灯槽；另一种则是利用VRay灯光材质进而表现曲线灯槽。两种方法都存在自身的优势，进而在制图的过程中根据模型造型扬长避短，选择能够表现其特质效果的渲染方法（如图7-75所示）。

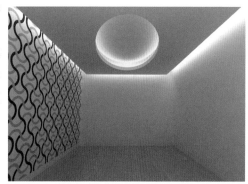

图7-75 不同形状灯槽渲染效果

1. 直线灯槽

Step 01 打开随书光盘中的"源文件下载"|"第7章光源特效的逼真表现"|"灯槽A.max"文件，为了便于观看效果，该文件中材质及相关VRay渲染参数都随之调整完善，下面主要在场景中创建适宜的直线灯槽效果。

235

Step 02 依次单击 ↘ （灯光）按钮、 VR灯光 按钮，在顶视图使用拖动的方式创建一盏平面类型的VR灯光，将其平面尺寸尽量调整接近于灯槽尺寸，同时调整其倍增数值（如图7-76所示）。

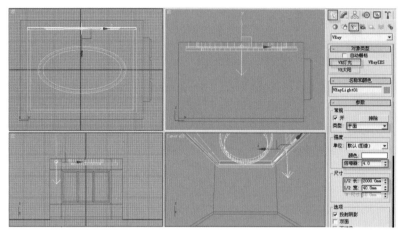

图7-76 VR灯光直线灯槽的位置及尺寸

Step 03 激活左视图或前视图，确认所创建的VR灯光处于被选择的状态，单击工具栏中的 ▶ "镜像"按钮，将其沿Y轴镜像设置，以便达到灯光朝上照射的效果（如图7-77所示）。

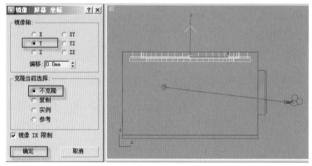

图7-77 镜像处理VR灯光

Step 04 在顶视图中复制多盏，可根据灯槽所处边长适当调整，同时将其安置就位，可适当调整其细化数值（如图7-78所示）。

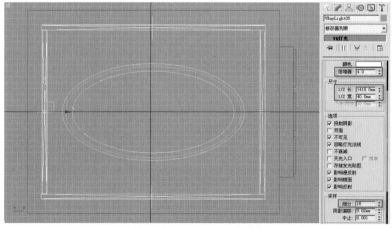

图7-78 直线灯槽的分布形式及相关参数调整

2. 曲线灯槽

Step 01 确保在此文件之中，继续为顶部名为"Ellipse01"的椭圆线形设置VRay灯光材质最好准备。

Step 02 选择Ellipse01椭圆线形，在其修改面板中的"渲染"卷展栏下将其设置为可渲染模型，将其充当为发光灯管（如图7-79所示）。

Step 03 在"材质编辑器"中选择"灯槽"材质示例球，将此材质球由"标准材质"的默认状态转换为"VR灯光材质"（VRLightMtl），同时调整该材质的"颜色"及亮度参数，已完成曲线灯槽的制作过程（如图7-80所示）。

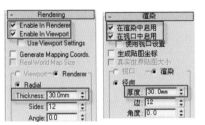

图7-79 渲染卷展栏

图7-80 "VR灯光材质"参数设置

Step 04 按【Shift+Q】组合键渲染当前模型，即可观察到"直线灯槽"及"曲线灯槽"分别的渲染效果，随后单击菜单栏中的"文件"（File）|"保存"（Save）命令，将此模型存储为"灯槽B.max"。

7.5.4 日光渲染

位置：DVD 01\Video\07\7.5.4日光渲染.avi 　　　AVI 时长：16:20 大小：71MB

日光渲染在3ds Max的许多渲染插件中都是较易表达且效果突出的表现手段，同样在VRay渲染器中也不例外。往往使用VRay渲染表现日光效果方法较多，多数设计师会选择"VR太阳"与"VR灯光"结合模拟太阳光与天光的方法。此种模拟方式不仅模拟光感色彩更为逼真，而且能够通过模糊地光影质感进一步凸现出室内空间的进深变化（如图7-81所示）。

Step 01 打开随书光盘中"源文件下载"|"第7章光源特效的逼真表现"|"日光A.max"文件，为了便于观看效果，该文件中材质及相关VRay渲染参数都随之调整完善，下面主要在场景中创建适宜的日光效果。

Step 02 依次单击 （灯光）按钮、 VR太阳 按钮，在顶视图中使用拖动的方式创建一盏VR太阳光，然后在各个视图中调整其位置坐标（如图7-82所示）。

图7-81 日光渲染效果

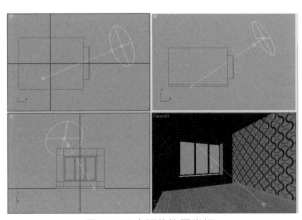

图7-82 VR太阳的位置坐标

237

Step 03 单击"VR太阳参数"（VRaySun Parameters）卷展栏，调整"浊度"（turbidity）、"强度倍增器"（intensity multiplier）、"尺寸倍增器"（size multiplier）及"阴影细分"（shadow subdivs）相关参数，以提高阴影的渲染质量（如图7-83所示）。

Step 04 单击VR太阳的参数卷展栏最下方的 ▇▇▇▇ 排除... ▇▇▇（Exclude）按钮，在随后弹出的"排除/包含"（Exclude/Include）对话框中将"玻璃窗"模型排除，以便将室外灯光真正引入室内空间（如图7-84所示）。

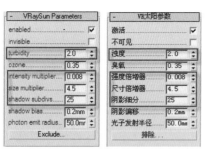

图7-83 "VR太阳参数"卷展栏

图7-84 排除/包含对话框

●技巧：设置VR太阳效果必须将玻璃窗模型排除，或者在室内场景中的玻璃折射较弱的情况下，可删除玻璃窗模型。

Step 05 依次单击 ▨（灯光）按钮、 ▇ VR灯光 ▇ 按钮，在左视图中使用拖动的方式创建一盏平面类型的VR灯光，调整其光照应用方向，在安放于窗口之前（如图7-85所示）。

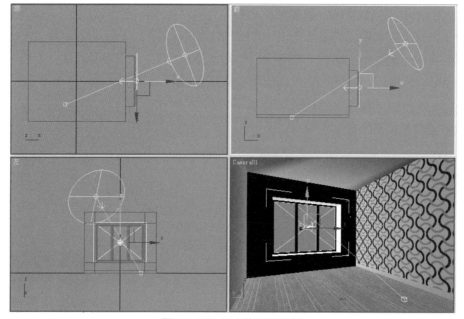

图7-85 VRay灯光的位置坐标

Step 06 单击VR灯光的"参数"（Parameters）卷展栏，设置其相应参数及颜色设置（如图7-86所示）。

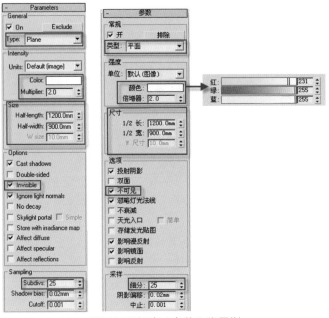

图7-86 VR灯光"参数"卷展栏

●技巧：运用VR灯光模拟天光效果，所以可以将此灯光根据场景需求调为淡蓝色，但注意作为室外天光的VR灯光，最好将其设置为"不可见"，以不影响室外场景的观看效果。

Step 07 按【Shift+Q】组合键渲染当前模型，即可观察到使用"VR太阳"及"VR灯光"模拟日光的渲染效果，随后单击菜单栏中的"文件"（File）|"保存"（Save）命令，将此模型存储为"日光B.max"。

7.6 本章小结

本章重点讲述了3ds Max配合VRay渲染器下灯光参数及位置的设定方法，从中通过不同的实例加以印证各种制作方法的实用性，进而使读者尽可能有效地掌握不同灯光的渲染技巧。

同时，建议设计师在设置光照效果时，多积累现实物理照明布局设置的经验，进一步突出光线在室内空间中不可忽视的作用，以提高三维空间的立体质感。

第8章

渲染与输出的真理

☼ 光子图

☼ 源文件

在将场景中模型、材质及灯光设置完毕之后，下一步渲染出动画或图像，便是利用三维软件创作设计作品的最终展现成果。结合计算机硬件及软件的配置要求，与不同的建模、布光及材质的设置方法，应选用相应便捷的渲染方式。其中，VRay渲染器相对于其他的3ds Max默认渲染设备来讲，其规模不仅小巧且功能强大。

目前多数经验丰富的设计师在渲染输出电脑室内效果图时，已经普遍使用VRay渲染器结合3ds Max部分输出选项进行设置。在此便通过详解VRay渲染器中相对模式化的渲染技巧，使初学者尽快掌握室内效果图快捷精准地输出方法。

8.1 科学快捷的测试渲染

位置：DVD 01\Video\08\8.1科学快捷的测试渲染.avi　　时长：12:38　大小：46.7MB

对于制图经验丰富的设计师来讲，在渲染与输出效果图的过程中，有条不紊地测试渲染是十分必要的制作环节。通过对渲染参数科学地设置，可以有效地提高渲染效果的显示速度，并为最终渲染奠定基础。

8.1.1 巧妙粗化处理材质、灯光及阴影参数

测试渲染，顾名思义其主要目的并非追求图像渲染质量，更多的是考虑场景图像的输出速度，所以在设置VRay渲染参数之前，要将场景中材质的反射及折射细化参数设置得尽量低（如图8-1所示），同时无论采用何种方式所制作的灯光及阴影，都需要进行适度的粗化设置（如图8-2和图8-3所示）。

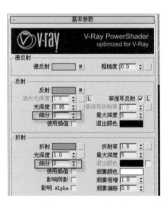

图8-1　调整VRay材质的"细分"参数　　图8-2　调整VRay灯光的"细分"参数　　图8-3　调整VRay阴影的"细分"参数

8.1.2 合理设置VRay渲染的测试渲染参数

随即在VRay渲染设置中，也要相应设置测试渲染参数，以提高整体的渲染速度。实际上，VRay渲染器，绝大部分的基础设置参数仍可以保持不变，只是针对部分高级选项给予低配置参数处理，从而满足设计师迅速观看场景渲染效果的目的。

Step 01 将VRay渲染器选定为当前渲染设备之后，在"全局开关"（Global switches）卷展栏中，取消
"默认灯光"（Default light）及"隐藏灯光"（Hidden Light）两个复选框的选择，以将场景中的全
局光照启用（如图8-4所示）。

图8-4 "全局开关"卷展栏

Step 02 展开"图像采样器（反锯齿）"（V-Ray:Image sampler Antiakasing）卷展栏，将"类型"
（Type）调整为"固定"（Fixed）模式，同时将其细分值降至最低，在必要时可将"抗锯齿过滤
器"（Antialiasing filter）关闭（如图8-5所示）。

图8-5 "图像采样器"卷展栏

Step 03 对于其"V-Ray:环境"（V-Ray:Environment）及"V-Ray:彩色贴图"（V-Ray:Color mapping）
而言，要结合图面具体情况而定，多数情况便是将"天光"（Skylight）开启，同时调整为"指数"渲
染模式，以避免产生由"线性倍增"（Linear multiply）造成的曝光过度的情况（如图8-6所示）。

图8-6 "环境"卷展栏

Step 04 展开"间接照明（GI）"（Indirect illumination（GI））卷展栏，将其"首次反弹"（Primary
bounces）及"二次反弹"（Secondary bounces）的"全局光引擎"（GI engine），分别调整为
"发光贴图"（Irradiance map）与"灯光缓存"（Light cache），随后其下的两个卷展栏也会因其
设置而发生相应变化（如图8-7所示）。

图8-7 "间接照明（GI）"卷展栏

●注意：在二次反弹设置选项中，虽然"灯光缓存"并非最为省时的设置选项，但从与最终渲染的一致性角度出发，此项设置更为科学，随后还可对选项参数进行精简，以提升其渲染速度。

Step 05 展开"V-Ray:发光贴图"（V-Ray:Irradiance map）卷展栏，将其"当前预置"（Current preset）设置为"非常低"（Very low），随后再降低其"半球细分"（HSph subdivs）数值，同时根据计算机硬件显示速度可将"选项"（options）中所有选项设置为空缺，以提高其显示进程（如图8-8所示）。

图8-8 "发光贴图"卷展栏

Step 06 展开"V-Ray:灯光缓存"（V-Ray:Light cache）卷展栏，在其"计算参数"（Calculation parameters）选项组中，针对影响渲染运算速度的"细分"（subdivs）及"进程数量"（Number of passes）选项进行设置，同时确保其"显示计算相位"（Show calc.phase）复选框未选择，以从全面提高其显示进程（如图8-9所示）。

图8-9 "灯光缓存"卷展栏

●技巧：对于在VRay渲染参数选项设置中，虽然部分选项还未曾触及，但该设置对渲染效果及进程影响并无大碍，因此保持默认即可。

Step 07 返回到"公用"（Common）选项卡下，在"公用参数"（Common Parameters）卷展栏中将"输出大小"（Output Size）的参数尽量缩小，以满足渲染速度的要求，但注意其图像纵横比例，可使用3ds Max中默认的比例模板（如图8-10所示）。

图8-10 "公用参数"卷展栏

8.1.3 快捷调整渲染预设

面对于渲染面板中繁多的渲染参数，虽然通过以上的详解，已大致将主要参数设置归纳为模式套路模板，但对于初学者而言，在起步阶段难免会有所遗漏，相对较为稳妥的方法是将其保存为"渲染预设文件"，以便随时调用。

在设置时用户可根据具体情况，分设为"测试渲染预设"、"光子图渲染预设"与"最终渲染预设"等多个.RPS文件，以提高工作效率。

1. 保存渲染预设

Step 01 确保将预想渲染参数调整完备的基础上，单击"渲染设置"（Render Setup）对话框，在其最下方单击 [-------------▼]"预设"（Preset）按钮，在其下拉列表中选择"保存预设"（Save Preset）选项（如图8-11所示）。

图8-11　选择3ds Max渲染预设

Step 02 在弹出的"保存渲染预设"（Render Presets Save）对话框中，选择保存路径与文件名，单击 [保存(S)] 按钮，结束该对话框的设置（如图8-12所示）。

Step 03 在相继弹出的"选择预设类别"（Select Preset Categories）对话框中，所默认选择的便是所有渲染参数的调整记录，通过单击 [保存(S)] 按钮，便可将其保存，随后在渲染预设列表中便会自动出现所保存的预设选项（如图8-13所示）。

图8-12　"保存渲染预设"对话框

图8-13　"选择预设类别"对话框

● 注意：可使用以上方法将"渲染场景"对话框中调整好的测试渲染参数，储存为名为"测试渲染预设".rps文件。

2. 加载渲染预设

　　"加载渲染预设"与"保存渲染预设"步骤基本类同，同样是在"渲染设置"（Render Setup）对话框中单击 [-------------▼]"预设"（Preset）按钮右侧的下拉列表中，选择"加载预设"（load Preset）选项。在随后弹出的"渲染预设加载"（Render Presets load）对话框中选择预存的设置选项，并在"选择预设类别"（Select Preset Categories）中，选择相应设置类别，并单击 [　加载　]按钮，以将渲染预设选项载入场景之中，从而避免了反复调整渲染设置选项的重复性操作（如图8-14所示）。

图8-14　加载渲染预设

8.1.4 控制渲染区域

在测试渲染的过程中，有时可能会对某一区域或模型对象反复观察，所以在渲染的过程中将整体视图全部渲染未免过于浪费，多数经验丰富的设计师会使用"渲染区域"加以控制，进而在加快渲染速度的同时，缩短反复观察的调整进程。

在渲染显示对话框中，单击"要渲染的区域"（Area to Render）按钮，从其下拉列表中可以选择相应的渲染类型（如图8-15所示）。

在系统默认情况下，渲染区域以"视图"（view）模式，便可以根据摄像机所有观察的效果将场景内容完全地渲染显示出来；而"选定"（Selected）模式，则针对于场景中所选中的模型物体单独渲染；"区域"（Region）模式，可使用视图中随即出现的虚线框进行控制（如图8-16所示）；"剪切"（Crop）模式，指在"区域"模式的基础上，将其不相干的渲染选区删除；而"放大"（Blowup）模式，则是为用户提供更为清晰观察渲染对象的设置选项（如图8-17所示）。

图8-15 渲染类型

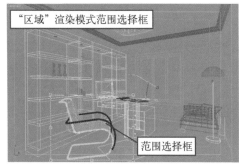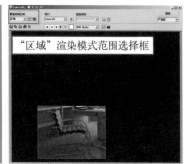

图8-16 "区域"渲染模式设置及渲染效果

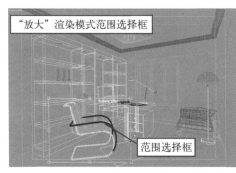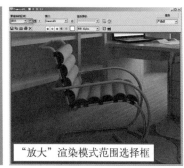

图8-17 "放大"渲染模式设置及渲染效果

其中，除了默认的"视图"模式以外，"区域"及"放大"则是经常被调用的两种模式。在制图过程中应结合不同的观察要求，可选择相应的渲染区域，从而更为科学地提高测试渲染的调整效率。

8.2 高效完美的最终渲染

位置：DVD 01\Video\08\8.2 高效完美的最终渲染.avi　　AVI 时长：21:59　大小：84.9MB

通过测试渲染的观察，对场景模型、材质及灯光的相关参数进行了反复调整，在最终渲染之前还应对场景渲染参数重新定位，这里所谓的"重新定位"既包括"渲染设置"中部分细化参数；同时场

245

景中材质、灯光与阴影的细化数值也应考虑在内。

但所有的细化数值也需要限定在适宜的范围之内，对于大面积存有反射或折射模糊的材质，其细分数值可设置为10～20左右；而灯光及阴影的细分则需视其所处环境区别对待，对于视觉影响力较大的对象可适度细分数值，切勿一味加大而影响最终渲染进程。

另外结合光子图渲染，进而快速准确地将三维立体模型完美地输出为二维图像。

8.2.1 计算光子图

对于VRay渲染器而言，在最终渲染之前，无论利用光子图进行最终测试观察渲染，还是通过光子直接保存光照布局，都是该渲染器区别于其他渲染设备最大的亮点。即使在光子图计算完成之后，仍然可以对场景中的材质贴图元素继续调整以达到理想的材质效果。

1. 设置光子图尺寸

从理论上讲，虽然光子图的尺寸与最终成品图的尺寸越接近其渲染效果则越好，但实际上，过大尺寸的光子图只能造成对渲染时间的浪费。光子图尺寸为成品图尺寸的1/4时，便可以成功地为最终渲染图像提供光子计算。

例如假设最终渲染图像尺寸为2400mm×1700mm，那么光子图的最小尺寸仅设置为600×425即可，但稳妥起见可将光子图的输出尺寸适度放大，将其调整为800mm×567mm，以保证光子图在输出成品图时达到较为完美的效果（如图8-18所示）。

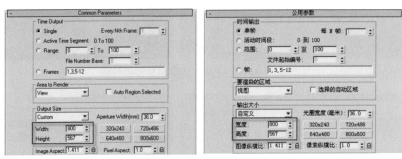

图8-18 设置光子图输出尺寸

2. 优化设置光子图渲染参数

对于光子图渲染参数的调整，实际上就是在测试渲染参数基础上的细化，其主要细分选项也是在"测试渲染预设参数"的基础上进行修改，如下便对其修改细节进一步详解。

Step 01 结合上述内容，在"渲染设置"（Render Setup）对话框将"测试渲染预设"选项载入场景中，将"发光贴图"（Irradiance map）卷展栏中的"当前预置"（Current preset）设置为"高"（High）选项，同时设置"半球细分"（HSph subdivs）数值，必要时可将"选项"（options）选项组中部分选项开启，以便及时观察渲染进程（如图8-19所示）。

图8-19 "发光贴图"卷展栏

Step 02 展开"灯光缓存"（Light cache）卷展栏，将其"细分"（subdivs）及"进程数量"（Number of passes）优化设置，同样可以将其"显示计算相位"（Show calc.phase）复选框勾选，以能够及时地观察到渲染进程。（如图8-20所示）

图8-20 "灯光缓存"卷展栏

　　随后，便根据输出光子图的像素要求，对渲染图像尺寸进行的设置，同时可以将以上渲染参数存储为"光子图渲染预设"，以便随时调用。

3. 保存光子图

Step 01 按【F10】键在"渲染设置"对话框中，将预存的"光子图渲染预设"参数载入场景，并调整好光子图输出图像尺寸。

Step 02 选中摄像机视口，单击"渲染设置"对话框中的 渲染 按钮，开始计算光子图，由于较高的渲染质量，所需渲染时间会根据硬件设置有所区别。

●技巧：对于制图经验较为丰富的设计师而言，在渲染光子图时可将"全局开关"（Global switches）卷展栏中的"不渲染最终的图像"（Don't render final image）复选框勾选，以便在渲染计算光子时，不计算最终图像，继而缩短渲染光子图的时间（如图8-21所示）。

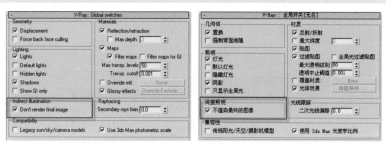

图8-21 "不渲染最终的图像"设置

Step 03 确认光子图计算完毕后，观察并确保光子图图像准确无误，将"发光贴图"（Irradiance map）卷展栏展开，在"模式"（Mode）选项组中单击 保存 按钮，同时在弹出的"保存发光贴图"（Save irradiance map）对话框中为其选择路径及输入名称，最后单击 保存 按钮存储相应（.vrmap）发光贴图文件（如图8-22所示）。

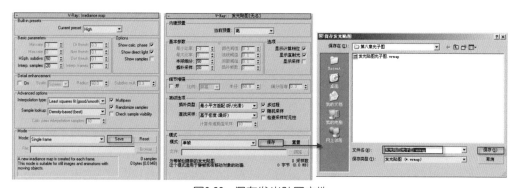

图8-22 保存发光贴图文件

Step 04 使用方法同步骤03，打开"灯光缓存"（Light cache）卷展栏，单击 保存到文件 按钮，将已计算好的灯光缓存文件存储到所设置的相应（.vlmap）灯光缓存文件中，以结束光子图全部保存过程（如图8-23所示）。

图8-23　保存灯光缓存文件

4. 调用光子图

调用保存好的光子图，便可对最终成品图像进行直接渲染，此时仍可以对材质进行一些调整，以将材质质感更为逼真。其具体操作步骤与保存光子图基本相对，是将先前存好的（.vrmap）发光贴图文件与（.vlmap）灯光缓存文件调入到场景之中。

Step 01 将"发光贴图"（Irradiance map）卷展栏展开，在"模式"（Mode）下拉列表中选择"从文件"（From file）选项，随后单击 浏览 按钮，同时在弹出的"选择发光贴图"（choose irradiance map file）对话框中将先前存好的（.vrmap）发光贴图调入到场景之中，随后所调用的发光贴图路径便会自动显示于该选项组的"文件"（File）选项之中（如图8-24所示）。

图8-24　调用发光贴图文件

Step 02 使用同步骤01的方法，打开"灯光缓存"（Light cache）卷展栏，在"模式"（Mode）下拉列表中选择"从文件"（From file）选项，并单击 浏览 按钮，将已存好的（.vlmap）灯光缓存文件调入到场景之中，从而完成光子图的全部调用操作（如图8-25所示）。

图8-25　调用灯光缓存文件

8.2.2 渲染输出成品图

将光子图成功载入场景之后，场景中所面临最终渲染输出成品图像的步骤并非单纯设置成品图尺寸一步而已。在此之前还需对图像采样进行细化，以满足成品图面细腻光影变化的要求。其具体步骤如下：

Step 01 按【F10】键，进入"渲染设置"对话框，将"光子图渲染预设"与相应的"光子图"载入场景，随后展开"图像采样器"（Image sampler）卷展栏，将"类型"（Type）调整为"自适应细分"（Adaptive subdivision），"抗锯齿过滤器"（Antialiasing filter）设置为Catmull-Rom选项，同时细分采样数值，以优化图像采样（如图8-26所示）。

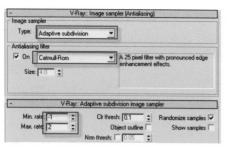

图8-26 "图像采样器"卷展栏

●注意：倘若在渲染光子图时已在"全局开关"（Global switches）卷展栏中，将"不渲染最终的图像"（Don't render final image）选项设置为勾选状态，那么相应的在最终渲染图像阶段就要将此选项取消，以便能够将图像成功地渲染输出。（如图8-27所示）

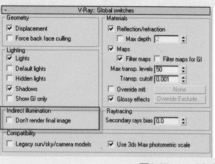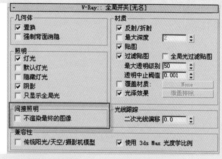

图8-27 "不渲染最终的图像"设置

Step 02 返回到"公共"（Common）选项卡下，在"公用参数"（Common Parameters）卷展栏中调整成品图像的"输出大小"（Output Size）尺寸，将以上设置保存为"最终渲染预设"。同时单击 文件... 按钮，在随后弹出的"渲染输出文件"（Render Output File）对话框在为其选择输出路径、文件类型及输入图像名称。选择相应摄像机视口，单击 渲染 按钮，便可渲染输出最终成品图像（如图8-28所示）。

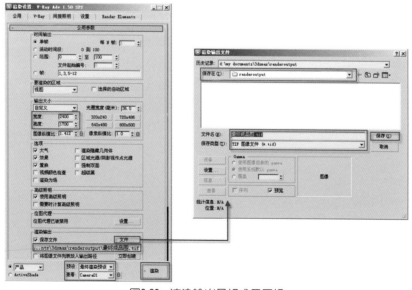

图8-28 渲染输出最终成品图像

249

●注意：在最终输出成品图像的保存类型中，在有条件的情况下建议用户选择TIF或TGA文件格式，此两种图像类型虽然占有空间较大，但其图像质量是其他如JPG文件格式无法比拟的，而且还能在必要时为图像添加Alpha通道，以帮助存储快速拾取图像后期处理中的通道信息。

8.3 本章小结

    本章重点讲述了3ds Max软件结合VRay渲染器相关渲染与输出的选项设置，其中应重点掌握光子图的保存与应用，在不同渲染进程中通过对场景对象合理地粗化及细化，进而使读者掌握更为科学的渲染设置方法。

    其中，虽然结合所讲解的具体操作步骤已将其归纳总结出不同阶段的"渲染预设"模板，但希望读者能够在熟练操作基本设置的基础上，将渲染参数灵活掌握，进而结合不同的场景要求，渲染出形式丰富的艺术作品。

第9章

卧室制作实战

视频位置：DVD 02\Video\09

● 第9章 卧室制作实战　时长：1:31:51　大小：927MB　页码：250

DVD

超值视频教学版

⚙ **光子图**

DVD 03\素材与源文件\光子图\第9章 卧室制作实战

⚙ **贴图**

DVD 03\素材与源文件\贴图\第9章 卧室制作实战

⚙ **渲染效果图**

DVD 03\素材与源文件\渲染效果图\第9章 卧室制作实战

⚙ **源文件**

DVD 03\素材与源文件\源文件\第9章 卧室制作实战

卧室空间属于家居设计空间中必备的区域，虽然该空间在整体家居环境中并非尺度最大的场所，但其功能要求却较其他领域更为严谨。

本章主要结合该空间中特殊的设计需求，将前面章节的知识综合归纳，引领初学者从零起步制作完成一张夜晚光效的卧室效果图，进而帮助读者更为系统地掌握室内小空间整体制作的操作流程，以及Photoshop后期处理的制作要点，以便在学习的同时积累实践经验。

9.1 卧室设计构思

卧室是人们最佳休息和独处的私人生活空间，它应具有安静、温馨、私密的特征。故此，该空间在设计过程中，不仅要注意空间结合时段与光感差异的设计效果，而且在充分满足其使用功能的基础上，更为追求表现运用夜晚灯光所营造的温馨氛围。

卧室空间的整体色调在结合不同设计对象心理要求的前提下，尽量不宜过亮，以满足人们就寝休息的功能要求。

本例中便采用以暖咖色为主的基调，配合亮度对比明显的必备家具及装饰背景，凸显了明暗的衔接特效；同时运用室内、外冷暖反差的光线烘托，适度调节了视觉冲击效应；此外结合富于韵律的曲线图案映衬简洁家具的直线造型，柔美的线条实乃点睛之笔，整体空间中的温馨惬意的舒适感应运而生（如图9-1所示）。

图9-1 温馨卧室设计效果图

9.2 卧室空间模型创建

本例中的卧室由于该空间范围较小，且造型较为规整，所以在创建模型前，首先考虑的是可以采用3ds Max单面建模的方法直接创建场景框架模型。此种方法，在避免渲染漏光的同时，可以提高制图效率，并省去采用AutoCAD软件导入基本框架线形的步骤，但其中要注意模型的比例精准性。

因此，对于结构较为简单的室内空间，使用3ds max单面建模的方法已成为制作效果图中首选的建模方式。

9.2.1 墙体制作

Step 01 启动3ds Max软件，单击菜单栏中的"自定义"（Customize）|"单位设置"（Units Setup）命令，在弹出的"单位设置"对话框中设置单位（如图9-2所示）。

Step 02 单击 "创建" | "几何体" | 长方体 （box）按钮，在顶视图中创建一个5200mm ×4280mm ×2800mm 的方体，将其命名为"墙体"，右击，在弹出的快捷菜单中选择"转换为可编辑多边形"（Convert to Editable Poly）命令（如图9-3所示）。

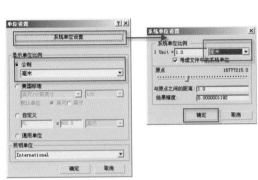

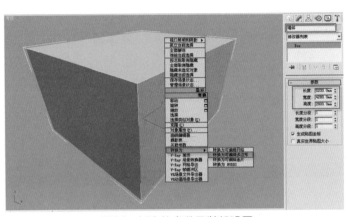

图9-2 单位设置

图9-3 长方体参数及装换设置

Step 03 将"墙体"选中，按【5】键，进入该物体的 "元素"子物体层级，按【Ctrl+A】组合键，随后单击 翻转 （Flip）按钮，翻转"墙体"的法线（如图9-4所示）。

Step 04 在任意视口中右击，在弹出的快捷菜单中选择"对象属性"（Object Properties）命令，在随之弹出的对话框中勾选"背面消隐"（Backface Cull）复选框（如图9-5所示），将单面墙体显示于视图中，完成室内房型墙体创建（如图9-6所示）。

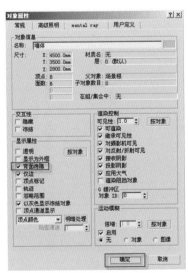

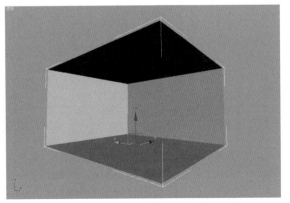

图9-4 翻转墙体的法线　　　图9-5 开启背面消隐功能　　　图9-6 "墙体"背面消隐后的显示效果

9.2.2 房型结构细节制作

使用单面建模方法制作门窗，为了便于观察制作效果必须将物体的结构线框显示出来，故此，在透视视图中按下【F4】键，使场景转换成"边面"显示状态。

Step 01 按下【4】键，进入该物体的 ■ "多边形"子物体层级，选择即将制作入口的墙面，单击"编辑几何体"（Edit Geometry）卷展栏中的 快速切片 （QuickSlice）按钮，在左视图中利用格栅点捕捉形式截取三条线段，并调整其位置以形成门洞雏形（如图9-7所示）。

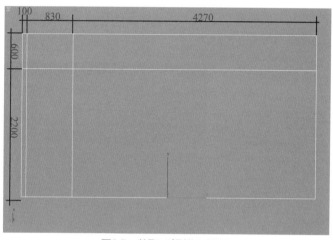

图9-7 截取"门框"面型

Step 02 按下【4】键，再次进入 ■ "多边形"子物体层级，选择刚刚截取组成的面型，同样单击 快速切片 （QuickSlice）按钮，在左视图中距离门洞80mm处截取三道线段作为门框，随后选中门体面型，在"编辑多边形"（Edit Polygon）卷展栏中单击 挤出 □ （Extrude）按钮，在其弹出的"挤出多边形"（Extrude Polygons）对话框中将所选面的挤出高度设置为-120mm，单击 确定 按钮，制作出门与墙体的立体结构关系（如图9-8所示）。

Step 03 仍然保持在 ■ "多边形"子物体层级，选中所截取的门口面型，同样单击 挤出 □ （Extrude）按钮，在其弹出的"挤出多边形"（Extrude Polygons）对话框中将所选面挤出高度设置为15，单击 确定 钮以完成门及门框的全部制作步骤（如图9-9所示）。

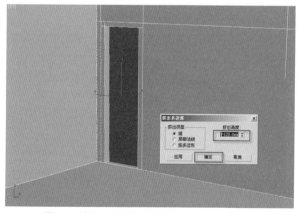

图9-8 执行"挤出"命令后生成门洞结构

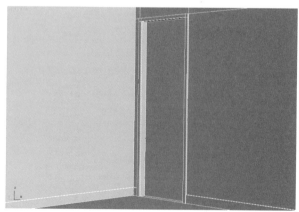

图9-9 执行"挤出"命令后生成门框结构

●技巧：对于预先选定的渲染角度而言，在不影响其整体输出效果的同时，对于部分面数较多的物体可适当删减，如本例中门把或窗帘等。

●注意：室内房型中的窗、天花吊顶及踢脚设置，具体操作步骤请参见在本书中 3.3.3节，在此便不逐一加以赘述。

Step 04 确保继续在"可编辑多边形"（Edit Poly）修改面板中，使用不同的层级命令将室内单面模型整体完善，按【Ctrl+S】组合键，将场景模型保存为"卧室房型框架.Max"文件（如图9-10所示）。

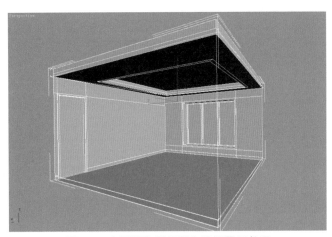

图9-10　房型墙体框架制作最终显示效果

9.2.3　空间电视背景墙创建

Step 01 继续上面的操作步骤，依次单击　"创建"按钮、　"图形"按钮、　矩形　（Rrectangular）按钮，在顶视图中创建两个分别为2000mm ×50mm 与1800mm ×60mm 二维矩形，将其中任意一个执行"转换为"（Convert To）｜"转换为可编辑样条线"（ Convert to Spline）命令，然后使用　附加　及　二维布尔运算的"并集"命令将二者合并为一个整体，并安置于卧室空间中的适当位置，将其命名为"床头背景"（如图9-11所示）。

Step 02 将"床头背景"线形选中，单击　"修改"按钮，在"修改器列表"（Modifier List）中选择"挤出"（Extrude）命令，调整其"参数"（Parameters）面板，调整后的效果如图9-12所示。

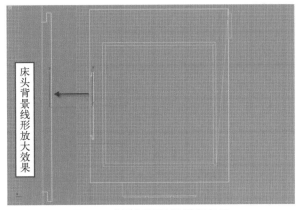

图9-11　创建矩形及编辑样条线

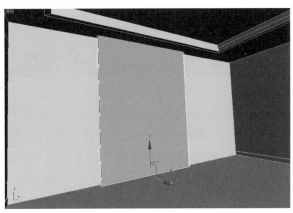

图9-12　对"床头背景"执行"挤出"命令效果

Step 03 将"床头背景"模型转化为可编辑多边形，按下【4】键，进入该物体的 ■ "多边形"子物体层级，选择最前方的面型，单击"编辑几何体"（Edit Geometry）卷展栏中的 切片平面 （Slice planar）按钮，在右视图中将"切片平面"移到Z轴1445mm处，随后单击 切片 按钮，便会自动截取一条线形（如图9-13所示）。

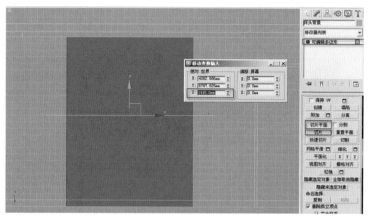

图9-13 "切片平面"截取线段

Step 04 按下【2】键，确认进入 ◁ （边）子物体层级，选择刚被截取而生成的两条外部边缘线段，选择"编辑边"（Edit Edges）卷展栏中的 连接 □ 按钮，在随之弹出的"连接边"（Connect Edges）对话框中将其"段数"（segment）设定为2，单击 确定 按钮结束调整，随即窗体的面片则被均匀地插入两条段数，从而被等分为3个平均面（如图9-14所示）。

Step 05 仍然确保在 ◁ （边）子物体层级中，将"床头背景"的3条等分线段选中，使用 切角 □ 命令为其切分出距离5mm的缝隙（如图9-15所示）。

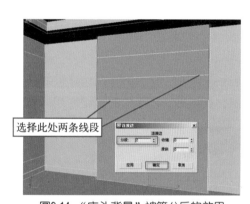

选择此处两条线段

图9-14 "床头背景"被等分后的效果

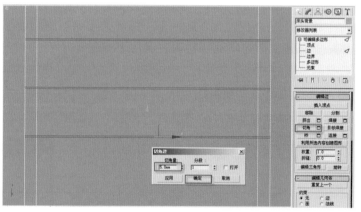

图9-15 "床头背景"线段被切角后的效果

Step 06 按下【4】键，进入该物体的 ■ "多边形"子物体层级，选择被编辑后的"床头背景"的4个面型，为其添加 倒角 □ 命令，并调整倒角参数（如图9-16所示）。

Step 07 依次单击 "创建"按钮、 "图形"按钮、 线 按钮，在右视图中刻画出相应的装饰图案，可反复单击 插入 （Insert）、 优化 （Refine）、 焊接 （Weld）进行调整，最终为其添加"挤出"（Extrude）命令，将其"数量"调整为2mm，使用捕捉将其安置于"床头背景"之上（如图9-17所示）。

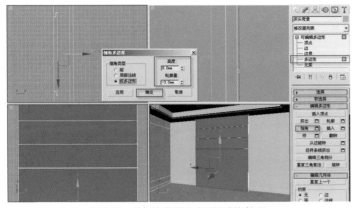

图9-16 "床头背景"倒角后的效果

图9-17 床头背景展示效果

Step 08 按【Ctrl+S】组合键，将"卧室房型框架.Max"文件快速保存。

9.2.4 合并卧室家具

Step 01 继续上面的操作步骤，单击菜单栏中的"文件"（File）|"合并"（Merge）命令，在弹出的"合并文件"对话框中选择本书配套光盘"源文件下载"|"第9章卧室制作实战"|"卧室家具.max"文件，随后单击 打开(0) 按钮，在弹出的"合并-卧室家具.max"（Merge卧室家具.max）对话框中单击 全部(A) 按钮，再单击 确定 按钮，所有模型便会自动合并于场景之中（如图9-18所示）。

Step 02 将其模型调整至合适的位置（如图9-19所示），单击菜单栏中的"文件"（File）|"另存为"（Save as）命令，将此文件保存至"夜晚卧室.Max"。

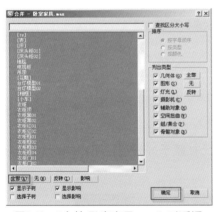

图9-18 "合并-卧室家具.max"对话框

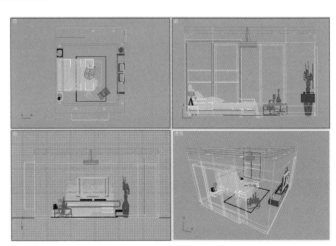

图9-19 卧室空间模型显示效果

9.3 卧室空间摄像机设置

Step 01 继续上面的操作步骤，依次单击 "创建"按钮、 "摄像机"按钮和 目标 按钮，在顶视图中创建一盏摄像机，其目标点与摄像机点尽可能要保持平衡，以便从水平角度更好地观察整体室内空间（如图9-20所示）。

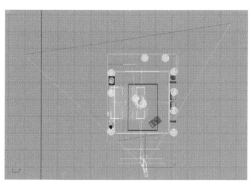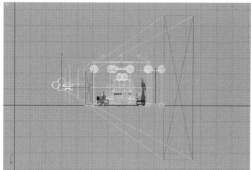

图9-20　摄像机具体设定位置

Step 02 将摄像机激活，单击 "修改"按钮，调整其具体参数（如图9-21所示）。

Step 03 结合参数调整摄像机具体观看角度，以得到较为理想的视图效果（如图9-22所示）。

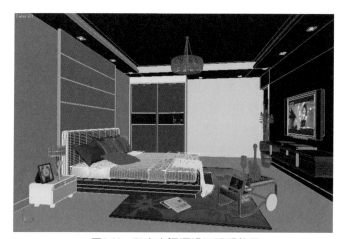

图9-21　摄像机参数设置　　　　　图9-22　卧室空间摄像机观看效果

Step 04 按【Ctrl+S】组合键将此文件快速保存。

9.4 卧室空间材质调整

至此，卧室空间的模型全部制作完成，合并到场景中的家具已被赋予好材质，下面将针对场景中墙体框架的"多维/子对象"材质进行详细讲解（如图9-23所示）。

图9-23　卧室空间"多维/子对象"材质渲染效果

9.4.1　多维/子对象材质的调整

　　继续上面的操作步骤，按【M】键，打开"材质编辑器"对话框，任意选择一个未使用过的冷材质，将此材质命名为"房型材质"，单击其 Standard 按钮，将此材质转换为"多维/子对象"材质，并将其子对象材质数量设置为7（如图9-24所示）。

　　随后，便针对各个材质的属性进行分别调整设置。首先，按【F10】键，打开"渲染场景"对话框，在其中选择"公共"选项卡，在"指定渲染器"卷展栏中将VRay指定为当前渲染器。

9.4.2　调制壁纸材质

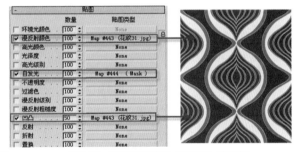

图9-24　调整"多维/子对象"材质

Step 01 按【M】键，打开"材质编辑器"对话框，选择"房型材质"中ID数值为1的对象材质，将其命名为"花纹壁纸"，同时设置其相关基本参数（如图9-25所示）。

Step 02 为"花纹壁纸"调整不同通道的贴图设置（如图9-26所示）。

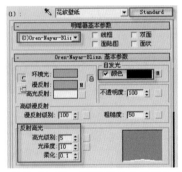

图9-25　花纹壁纸的"明暗器基本参数"卷展栏　　　　图9-26　花纹壁纸的"贴图"卷展栏

Step 03 返回到"花纹壁纸"材质的漫反射颜色层级，将工具行中的 🌐 "在视图中显示标准材质"按钮开启，以便最终调整贴图坐标显示。

Step 04 对于其余的壁纸材质，可由"花纹壁纸"复制后继续为其添加不同的贴图设置，在此便不再重复讲述。

9.4.3　调用木地板材质

Step 01 按【M】键，打开"材质编辑器"对话框，在其中选择"房型材质"中一个未曾调制过的子对象材质，单击其后的长按钮，进入该材质的调整面板，单击 🌐 "获取材质"按钮，将本书中前面章节所预存的"木地板"材质调入此场景之中（如图9-27所示）。

Step 02 在该材质子对象层级将工具行中的 🌐 "在视图中显示标准材质"按钮开启，以便最终调整贴图坐标的显示。

　　●注意"房型材质"中其余的"多维/子对象"材质可根据以上操作步骤继续调用材质库中的材质（如图9-28所示），在此便不再重复讲述。

259

图9-27 调用木地板材质

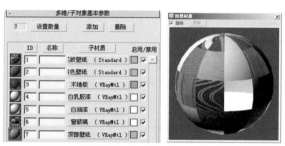

图9-28 房型材质最终设置效果

9.4.4 多维/子对象材质的赋予及贴图坐标设置

Step 01 确认"房型材质"为选择状态，同时选取"墙体"模型，单击 按钮，将调整完备的"多维/子对象"材质赋给此模型，并根据材质的 ID号在"可编辑多边形"修改器下"多边形：材质ID"（Polygon: Material IDs）卷展栏中设置其相应的ID数值（如图9-29所示）。

图9-29 "多边形：材质ID"卷展栏

Step 02 在透视视图中，使用环绕视图反复观察各材质的所赋予的相应ID参数（如图9-30所示）。

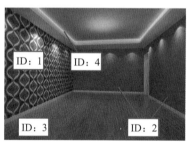

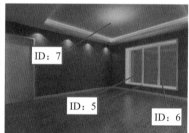

图9-30 房型材质相应ID数值设置

Step 03 确认"墙体"模型为选中状态，在修改器列表中为其添加"网格选择"（Mesh Select）修改器，按【4】键，进入其 ■ "多边形"层级，将"床头背景墙面型"选中，其随之会呈大红色显示（如图9-31所示）。

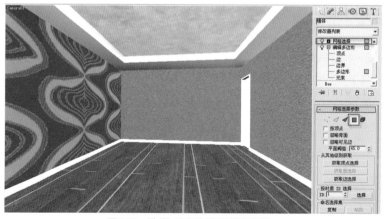

图9-31 选择"床头背景墙面型"

Step 04 确保将此面型选中，为"墙体"模型继续添加"UVW贴图"（UVW Mapping）修改器，同时调整其相应的设置参数（如图9-32所示）。

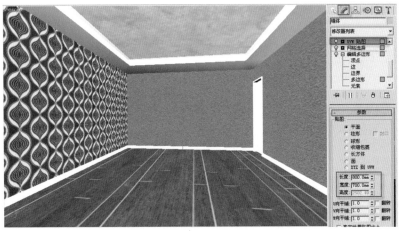

图9-32　调整"床头背景墙面型"贴图坐标显示效果

Step 05 关闭"UVW贴图"修改命令的子对象层级，以结束"床头背景墙面型"贴图坐标的调整。反复重复步骤②和步骤③，从而将"墙体"模型的各个贴图材质分别添加相应的贴图坐标（如图9-33所示）。

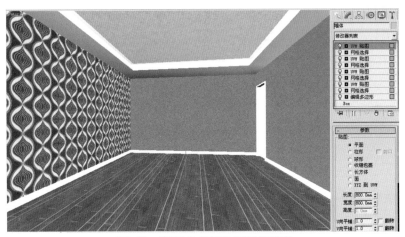

图9-33　"墙体"模型贴图坐标设置

Step 06 在该物体"修改器堆栈列表"中右击，在弹出的快捷菜单中选择"塌陷全部"（Collapse All）命令，将各层模型及贴图的修改命令进行塌陷整理（如图9-34所示）。

Step 07 "床头背景"模型此时便不用单独调制，选择一个未使用的材质球，用 🔧 "吸管"工具在名为"衣柜黑"模型上单击，此时便将该模型所赋予的名为"黑镜"的材质吸附到材质球上，并将其赋予给"床头背景"模型即可。"背景图案"模型也可采用同样的方法，将"射灯模型"的"VR灯光材质"赋予其上。

Step 08 因为合并物体的材质已事先调好，至此，

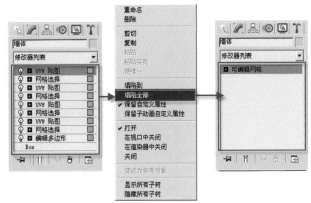

图9-34　执行"塌陷全部"命令

第 8 章　卧室制作实战

261

卧室空间的全部材质已调制完成，接下来便根据其摄像机具体观察角度及空间渲染气氛对该场景进行灯光设置。

Step 09 按【Ctrl+S】组合键将此文件快速保存。

9.5 卧室空间灯光创建

场景中的灯光可分为几种不同的灯光类型，如射灯、台灯、天光等，通过不同光线的渲染效果主要烘托场景中夜晚光照的环境氛围。

9.5.1 创建射灯

Step 01 依次单击 （灯光）按钮、 目标灯光 按钮，在前视图中拖动鼠标，便随后创建一盏目标灯光，将其命名为"射灯01"，将此灯光移动到"射灯模型01"之下，同时以"实例"复制的方式分别将其复制到所有"射灯模型"之下（如图9-35所示）。

●技巧：灯光的复制类型，务必要选择"实例"（Instance）的克隆选项，以便提高灯光参数的修改效率。

Step 02 单击任意一盏"射灯"，在修改面板中为其添加名为sd033.ies的光域网文件，同时调整相关参数（如图9-36所示）。

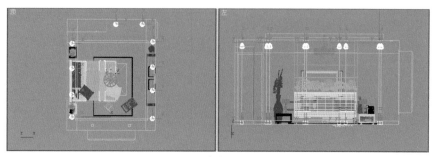

图9-35 卧室射灯位置设定

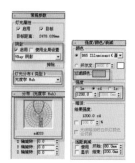

图9-36 卧室射灯参数设置

9.5.2 设置台灯

Step 01 依次单击 （灯光）按钮、 VR灯光 按钮，随后在其"参数"（Parameters）卷展栏的"类型"（Type）下拉列表中选择"球体"（Sphere）选项，在顶视图中创建一盏VR球型灯光，并将其移动到"台灯灯罩"模型之内，然后将其命名为"台灯01"，同时将其实例复制至另一灯罩之中（如图9-37所示）。

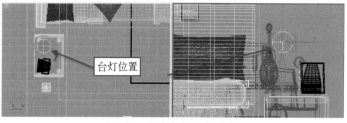

图9-37 卧室台灯位置设定

Step 02 单击任意一盏"台灯"，在修改面板中调整其相关参数（如图9-38所示）。

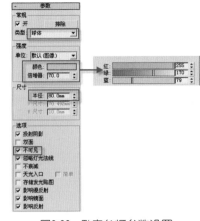

9.5.3 设置吊灯

Step 01 使用创建台灯同样的方法，在顶视图中创建一盏VR球型灯光，并将此灯光移动到"吊灯罩"模型之内，并将此灯光命名为"vr球体吊灯01"，同时将其实例拷贝到所有吊灯灯泡模型之上，以模拟其发光质感（如图9-39所示）。

图9-38 卧室台灯参数设置

Step 02 单击任意一盏"vr球体吊灯"，在修改面板中调整其相关参数（如图9-40所示）。

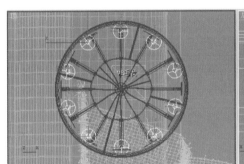

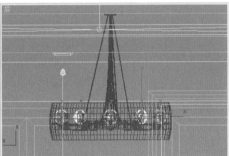

图9-39 卧室vr球体吊灯位置设定　　　　　　　图9-40 卧室吊灯参数设置

Step 03 继续依次单击 🔧（灯光）按钮、 **VR灯光** 按钮，在"vr球体吊灯"之上创建一盏"VRay平面光"，并将其命名为"vr平面吊灯01"，同样将其关联拷贝到所有吊灯灯泡模型之上，以进一步模拟吊灯发光质感（如图9-41所示）。

Step 04 单击任意一盏"vr平面吊灯"，在修改面板中调整其相关参数，注意其双面设置（如图9-42所示）。

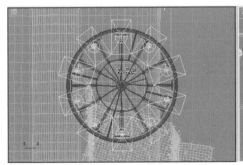

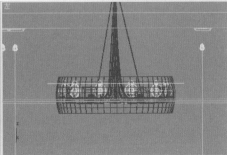

图9-41 卧室vr平面吊灯位置设定　　　　　　　图9-42 卧室vr平面吊灯参数设置

9.5.4　设置灯槽

Step 01 同样单击 （灯光）按钮、 VR灯光 按钮，在顶视图使用拖动的方式创建一盏平面类型的VR灯光，将其命名为"灯槽01"，同时在修改面板中调整其相关参数（如图9-43所示）。

Step 02 在顶视图中根据吊顶的平面尺寸，将灯槽尺寸尽量调整与其对应，随后关联拷贝并将其旋转移至四周，同时将其调整为合理角度（如图9-44所示）。

图9-43　卧室灯槽参数设置

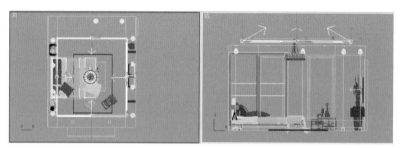

图9-44　卧室灯槽位置设定

9.5.5　设置天光

Step 01 依次单击 （灯光）按钮、 VR灯光 按钮，在前视图中结合窗户的位置及尺寸创建一盏VR平面光，将其命名为"偏冷天光"，同时将其移至"墙体"模型之外（如图9-45所示）。

Step 02 将此灯光激活，在修改面板中调整其具体参数，注意其颜色设置（如图9-46所示）。

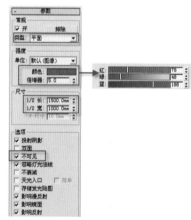

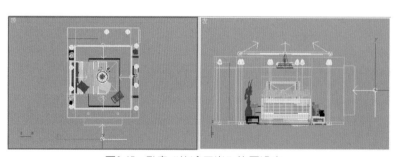

图9-45　卧室"偏冷天光"位置设定

图9-46　卧室"偏冷天光"参数设置

Step 03 将视图切换至顶视图，选择"偏冷天光"，按住【Shift】键沿Y轴正方向进行拖动，进而拷贝出另一盏天光，将其命名为"偏暖天光"（如图9-47所示）。

Step 04 将此灯光激活，在修改面板中调整其具体参数，注意其颜色设置（如图9-48所示）。

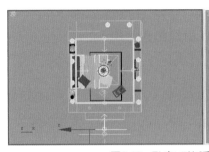
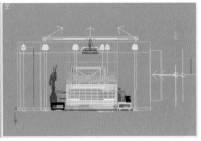
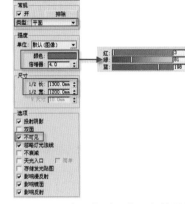

图9-47 卧室"偏暖天光"位置设定　　　　　图9-48 卧室"偏暖天光"参数设置

●技巧：尽管此场景为夜景，此时室外环境较为昏暗，但为其设置一定的偏冷蓝色光源在加强图面整体环境冷暖层次关系的同时，更为整体环境增添几分夜晚幽静温馨的气氛。

9.5.6 设置电视屏幕光

Step 01 依次单击 "灯光"按钮、 VR灯光 按钮，在右视图中结合电视屏幕的位置及尺寸创建一盏VR平面光，将其命名为"电视屏幕光"，同时确认此灯光投射方向为朝向室内床品的一侧（如图9-49所示）。

Step 02 将此灯光激活，在修改面板中调整其具体参数，注意其颜色设置（如图9-50所示）。

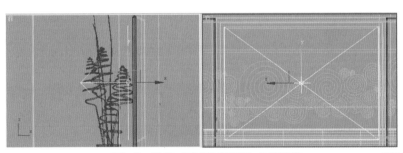
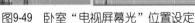

图9-49 卧室"电视屏幕光"位置设定　　　　图9-50 卧室"电视屏幕光"参数设置

●技巧：设置此"电视屏幕光"同样是为了烘托气氛，在将电视屏幕设置为偏冷蓝色图像画面的基础上，为其添加一盏屏幕光源，进一步重点强调图面整体冷暖光线的对比效果。

Step 03 按【Ctrl+S】组合键将此文件快速保存。

9.6 卧室空间渲染与输出

　　结束了场景模型的材质与灯光设置后，并不代表一张完美效果图的制作过程就此结束，科学严谨的VRay输出参数设置，对于渲染高质量的图像来讲，尤为重要。同时，再配以相应的Photoshop后期调整，以增强整体图面的层次关系。

9.6.1 成品图的渲染与输出

Step 01 继续上面的操作步骤，按【F10】键，打开"渲染场景"对话框，在随书光盘中查找第8章预存的"测试渲染预设.rps"，将其调入场景之中，同时对场景进行渲染，以观察整体布局的设置变化。

Step 02 在确保场景布局基本合理的基础上，优化模拟天光的平面光及射灯细分参数，以提高渲染质量（如图9-51所示）。

●注意：灯槽的灯光可不添加细分，从而大幅度地提高渲染速度。

Step 03 在"渲染场景"对话框中，将光子图的输出尺寸调整为800mm×567mm，同时设置相关渲染参数（如图9-52所示），并将其渲染、保存。

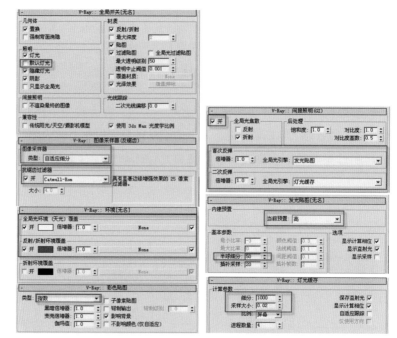

图9-51 平面光及射灯细分参数　　　　　图9-52 "渲染场景"参数设置

Step 04 将上一步所保存的光子图调出（如图9-53所示），再次检查相关的渲染参数。

图9-53 载入光子图

Step 05 调整渲染尺寸、类型及输出路径，选择相应摄像机渲染窗口，单击 渲染 按钮，将此场景中的 .max文件以 "夜晚卧室渲染图.tif" 命名的二维图像渲染输出（如图9-54所示）。

Step 06 观察渲染成品图（如图9-55所示），按【Ctrl+S】组合键，将 "夜晚卧室.Max" 文件快速保存。

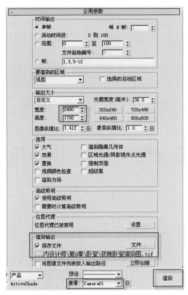

图9-54 设置渲染参数

图9-55 夜晚卧室渲染图

9.6.2 通道图的渲染与输出

从所输出的成品图像中，便可分辨出VRay渲染插件其不同于其他三维渲染软件的渲染差别，其表现出光感与材质都较为理想。但在细节之处还需使用Photoshop软件进行重点修复，以得到更为精确的质感体现。

其中渲染通道图像是为了更为便捷地将输出图像在Photoshop软件中进行选取和修改。通过通道设置所渲染的图像，被设置成不同单色色块的，进而可以提高修改效率。具体操作如下：

Step 01 继续上面的操作步骤，单击菜单栏中的 "文件" （File）| "另存为" （Save as）命令，将此场景另存为 "夜晚卧室通道.max" 文件。

Step 02 在主工具栏中的选择过滤器中选择 L-灯光 选项，按【Ctrl+A】组合键，将所有的灯光选择，随后按【Delete】键，将所有选中的灯光删除（如图9-56所示）。

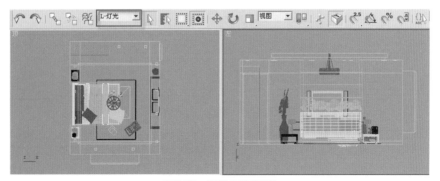

图9-56 删除所有灯光

Step 03 按【M】键，将"材质编辑器"对话框开启，选择名为"墙体材质"的示例球，单击 "获取材质"按钮，将该材质中ID值为7的"顶部壁纸"重新恢复为"标准"材质，并调整其相关参数设置（如图9-57所示）。

Step 04 使用同样的方法对其他材质进行调整。

> ●注意：在调整的过程中，临近模型其单色材质的色彩尽量区分明显，以将所输出的通道图像在Photoshop软件中更加分明易选。

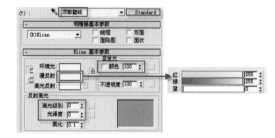

图9-57　将顶部壁纸设置为自发光单色材质

Step 05 按【F10】键，将"渲染场景"对话框开启，将VRay渲染器使用"默认扫描线渲染器"代替（如图9-58所示）。

Step 06 当选择"默认扫描线渲染器"后，进行渲染设定，此时便会出现"渲染错误"对话框，所以先要将VR毛发物体删除，以便顺利渲染（如图9-59所示）。

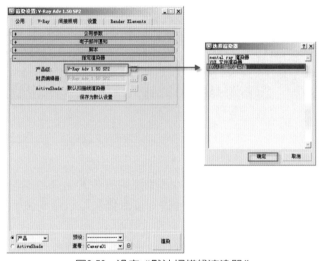

图9-58　设定"默认扫描线渲染器"

图9-59　"渲染错误"对话框

Step 07 将通道图的输出尺寸同样设置为2400mm×1700mm，将命名为"夜晚卧室通道图.tif"的图像渲染输出（如图9-60所示）。

图9-60　渲染的通道图

9.7 Photoshop后期处理

　　Photoshop后期处理作为成就完美效果图的最后一步，固然有其所特有的重要性，它不仅可以弥补三维软件在渲染表现方面的不足之处，而且在制作过程中更是整体的画龙点睛之笔。

　　从Photoshop角度来看，使用3ds Max及VRay软件所创建输出的成品图像，实际上是为Photoshop提供修改的"毛坯"素材。

　　在一些必要的场景中，运用Photoshop后期处理的强大调整功能，可以将人物、绿化、外景等二维辅助设施与整体场景惟妙惟肖地融合统一。同时，还能够对图像整体或局部的色相、明度及饱和度进行恰如其分的调整（如图9-61所示）。其具体操作如下：

图像处理前效果　　　　图像处理后效果

图9-61　用Photoshop处理的图像对比效果

Step 01 开启Photoshop软件，将刚刚使用3ds Max软件所输出的"夜晚卧室渲染图.tif"及"夜晚卧室通道图.tif"图像文件依次打开。

●注意：两张图像的尺寸均为2400mm×1700mm，以便对其快捷调整。

Step 02 在"夜晚卧室渲染图.tif"图像的图层面板中，按住"背景"图层，并将其拖到底部的 □（创建新的图层）按钮之上，以对此图层进行复制，便可得到名为"背景副本"的图层（如图9-62所示）。

●注意：通过仔细观察得知，该卧室空间虽为较昏暗的室内空间，但"夜晚卧室渲染图"的图面稍微灰暗，可通过调节整体图面的"亮度"及"对比度"，继而拉大图面整体空间的层次关系。

Step 03 在图层窗口中将刚刚复制出的"背景副本"选中，按【Ctrl+M】组合键，打开"曲线"对话框，通过相关参数设置来提高整体图面的亮度（如图9-63所示）。

Step 04 单击菜单栏中的"图像"|"调整"|"亮度/对比度"命令，在打开的"亮度/对比度"对话框中进行适当的设置（如图9-64所示）。

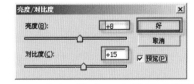

图9-62　"图层"面板　　图9-63　通过"曲线"对话框调整整体亮度　　图9-64　"亮度/对比度"对话框的参数设置

●技巧：通过以上的调整，物体间的层次关系更加明确，图像的整体效果得到了很大的完善（如图9-65所示），但对于其细节来讲，还需局部调整，才能更加凸显夜晚温馨氛围中的光感变化。

Step 05 按【V】键，工具箱中“选择并移动”工具便会自动选择，同时按住【Shift】键，将“夜晚卧室通道图.tif”拖动到“夜晚卧室渲染图.tif”图像中，随后此图像的图层面板中便会随之增添一层名为“图层1”的设置选项（如图9-66所示）。

图9-65 调整图像“曲线”及“亮度/对比度”后的效果

图9-66 “图层”面板

●技巧：按住【Shift】键便可方便把将两幅图像更为准确地进行对齐，从而利于准确选择不同色彩的图像像素。

Step 06 将名为“图层1”的通道层激活，单击工具箱中的“魔棒工具”，将顶部通道色为大红色的吊顶部分选中，随后在“图层”面板中关闭“图层1”的显示状态，并将“背景副本”图层激活（如图9-67所示）。

图9-67 通过通道快速选取图像

Step 07 在“背景副本”图层中确保白色吊顶区域为选中状态，按【Ctrl+J】组合键，将选区从图像中单独复制出一个图层，并按住【Alt】键不放，依次按【I】、【A】、【C】键，在随之弹出的“亮度/对比度”对话框中调整其参数（如图9-68所示）。

图9-68　单独复制图层"亮度/对比度"参数设置

Step 08 按【Ctrl+B】组合键，进入"色彩平衡"对话框对该图层其色彩变化继续进行调整，以提高图面冷暖对比差别（如图9-69所示）。

Step 09 使用同样的方法将顶部中央区域也单独复制出一个层次，名为"图层3"，将该图层选中，按【Ctrl+M】组合键，打开"曲线"对话框，通过相关参数设置RGB通道的亮度参数（如图9-70所示）。

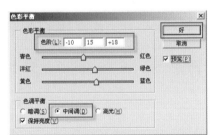

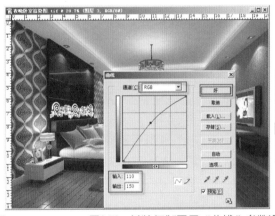

图9-69　"色彩平衡"对话框中的相应参数设置　　　　图9-70　单独复制图层"曲线"参数设置

Step 10 保持在此图层中，使用工具箱中的 "加深工具"与 "减淡工具"，同时在其属性栏中调整其应用范围，在视图中适当位置涂画数下，进而将顶面造型进深感加强（如图9-71所示）。

图9-71　加强顶部进深距离感

Step 11 其他细节也可使用同样的方法进行调整，以得到更为理想的效果，随后确认位于显示图层最上方的"图层2"为选中状态，单击图层面板中底部的 ◎. "创建系的填充或调整图层"按钮，在随之弹出的菜单中选择"照片滤镜"命令，同时调整其参数设置（如图9-72所示）。

●技巧：通过冷却滤镜的添加，可以更为强烈地强调夜晚室外冷光源与室内暖光源的反差效应，进而提高整体图面的艺术格调。

Step 12 调整完毕后，单击菜单栏中的"文件"|"存储为"命令，将处理好且带有细节图层的文件另存为"夜晚卧室修改图.tif"（如图9-73所示）。

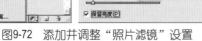

图9-72　添加并调整"照片滤镜"设置　　　　　图9-73　夜晚温馨卧室最终效果图

Step 13 最后再将图像中的"图层1"通道层删除，同时把其他各细节图层合并，按【Shift+Ctrl+S】组合键，将合层图像以.jpg文件类型存储为"夜晚卧室修改图副本.jpg"。

9.8 本章小结

　　本章引领读者通过对夜晚温馨卧室效果图的全部制作过程进行剖析，进而使读者掌握3ds Max创建整体模型的制作方法，其中房型单面创建为难点内容之一。此外，还应具备一定的VRay渲染技能，运用该软件对整体空间的材质与灯光进行调整，经过合理地设置，从而将刻画精彩的三维模型输出成一张较为完善的二维图像。

　　同时，对于个别的细节之处，可以不在渲染软件中反复揣摩其参数的精准性，以免浪费过多渲染时间，为提高调整进程，在不影响整体效果的前提下，适当为其添加Photoshop图像后期调整环节，以烘托图像整体的氛围意境。

第10章

客厅与餐厅制作实战

视频位置：DVD 02\Video\10

● 第10章 客厅与餐厅制作实战 时长：3:11:47 大小：1.41GB 页码：272

超值视频教学版

光子图

DVD 03\素材与源文件\光子图\第10章 客厅与餐厅制作实战

贴图

DVD 03\素材与源文件\贴图\第10章 客厅与餐厅制作实战

渲染效果图

DVD 03\素材与源文件\渲染效果图\第10章 客厅与餐厅制作实战

源文件

DVD 03\素材与源文件\源文件\第10章 客厅与餐厅制作实战

客厅与餐厅空间同样是现代家居设计中不可或缺的组成部分，尤其对于客厅空间而言，该区域主要是供予主人与客人会面的场所，更是整体家居设计的"门面"。故此，不同的设计风格是反映主人性格特征、审美情趣的直观体现。

本章是在充分考虑此类设计要素的基础上，通过制作较为复杂的客厅与餐厅效果图，使读者熟悉该图像制作的整体流程，以便读者掌握3ds Max、VRay及Photoshop软件应用于图像制作领域中的细节功能。

10.1 客厅与餐厅设计构思

本例中的客厅与餐厅直接相连，明媚的阳光透过超大的阳台窗挥洒到客厅空间中，在拓展整体空间视觉范围的同时，更加凸显出色彩及明度的对比差别。同时，运用日光下室内、外客厅与餐厅不同方向的光感表现，进一步增加纵深空间的立体效果。

此外，造型简洁、色彩淡雅的装饰细节，更是将现代简洁的设计风格渲染得淋漓尽致。通过不同视角观察所渲染的效果图，效果如图10-1所示。

图10-1 客厅与餐厅设计效果图

図10-1 客厅与餐厅设计效果图（续）

10.2 客厅与餐厅空间模型创建

客厅与餐厅空间的模型创建相对较为复杂，户型结构及窗体造型也更为多变。所以在其户型创建上，最为简便的方法是巧妙运用相应AutoCAD平面图进行导入，使用平面图中的线形作为绘制模型的比例参考，同时适当结合3ds Max单面建模的方法来绘制墙体模型，以便将整体模型制作得更为精准。

10.2.1 客厅与餐厅墙体制作

Step 01 启动3ds Max软件，单击菜单栏中的"自定义"（Customize）|"单位设置"（Units Setup）命令，在弹出的对话框中设置单位（如图10-2所示）。

Step 02 单击菜单栏中的"文件"（File）|"导入"（Import）命令，此时弹出"选择要导入的文件"（Select File to Import）对话框，在"文件类型"中选择"AutoCAD图形（*.DWG，*.DXF）"格式，同时选择本书配套光盘中名为"客厅与餐厅.DWG"文件，单击 打开(0) 按钮，将二维平面图导入到场景中（如图10-3所示）。

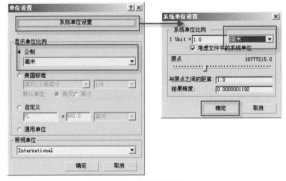

图10-2 单位设置

图10-3 "选择要导入的文件"对话框

275

Step 03 在弹出的"AutoCAD DWG/DXF导入选项"（AutoCAD DWF/DXF Import Options）对话框中，在"几何体"（Geometry）选项卡下调整导入模型单位及线条闭合设置（如图10-4所示）。

Step 04 设置完毕后单击"确定"按钮，名为"客厅与餐厅.DWG"的二维图形文件便被导入3ds Max场景中（如图10-5所示）。

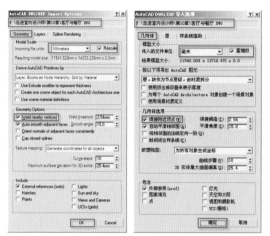

图10-4 "AutoCAD DWG/DXF导入选项"对话框

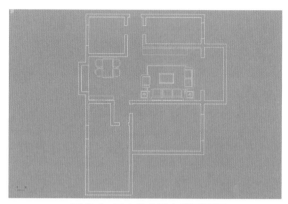

图10-5 导入的CAD房型平面图

● 注意：导入的平面图已提前在AutoCAD中将尺寸标注删除，在所导入的平面图中只保留墙体及部分家具，以便更为清晰地观察整体客厅与餐厅空间的户型结构。

Step 05 在视图中将名称为"层:墙体"的二维线形选中，单击 "显示"按钮，在其下方"隐藏"（Hide）展卷栏中单击 隐藏未选定对象 （Hide Unselected）按钮，将视图中的其他二维平面线形隐藏。随后，再单击"冻结"（Freeze）展卷栏中的 冻结选定对象 （Freeze Selected）按钮，锁定所选"层:墙体"线形，以免在随后的操作过程中将其位移（如图10-6所示）。

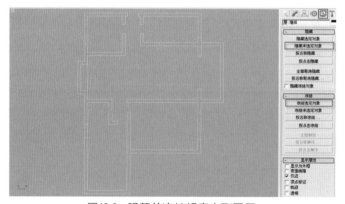

图10-6 隐藏并冻结相应房型图层

Step 06 单击菜单栏中的"自定义"（Customize）|"自定义用户界面"（Customize User Interface）命令，在弹出的对话框中选择"颜色"（Colors）选项卡，在元素下拉列表中选择"几何体"（Geometry），同时再选择"冻结"（Freeze）选项，单击右侧色块并将其调整为较为明亮的颜色，最后单击 立即应用颜色 （Apply Colors Now）按钮，将冻结物体颜色进行调整（如图10-7所示）。

Step 07 单击工具栏中的 按钮，并在该按钮上右击，在弹出的"格栅和捕捉设置"（Grid and Snap Settings）对话框中设置相应的选项（如图10-8所示）。

276

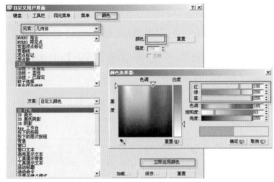

图10-7 改变冻结物体的颜色　　　　　　　　　　　　图10-8 设置捕捉

Step 08 将顶视图激活，按【Alt+W】组合键，将顶视图最大化显示，按【G】键将格栅隐藏，同时单击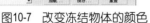按钮，运用捕捉功能在客厅与餐厅的位置绘制出墙体的内部封闭线形，并将其命名为"墙体"（如图10-9所示）。

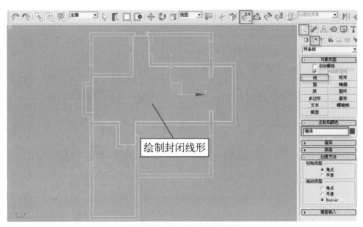

图10-9 绘制封闭线形

●技巧：为之减少户型面型的数量，在绘制户型中只描绘客厅、餐厅空间，以方便于随后的编辑修改。

Step 09 将"墙体"线形选中，单击 "修改"按钮，为其添加"挤出"（Extrude）命令，然后调整其"参数"（Parameters）面板，将其房高设置为2900mm，同时在透视图中按【F4】键，将"墙体"的"边面"同时显示出来（如图10-10所示）。

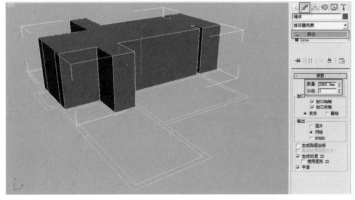

图10-10 为"墙体"线形添加"挤出"命令

Step 10 在"显示"面板中，单击 全部解冻 按钮，将"层:墙体"二维线形解除冻结，并将其删除，随后在"墙体"上右击，在弹出的快捷菜单中选择"转换为可编辑多边形"命令（如图10-11所示）。

Step 11 将"墙体"模型选中，按【5】键，进入该物体的 "元素"子物体层级，按【Ctrl+A】组合键，随后单击 翻转 （Flip）按钮，翻转"墙体"法线（如图10-12所示）。

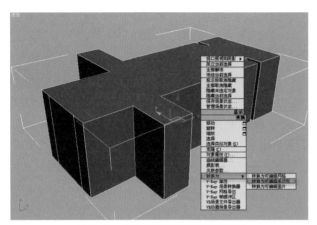

图10-11 转化为可编辑多边形物体　　　　　　　图10-12 翻转墙体法线

Step 12 在任意视口中右击，在弹出的快捷菜单中选择"对象属性"（Object Properties）命令，在随之弹出的对话框中勾选"背面消隐"（Backface Cull）复选框（如图10-13所示）。

Step 13 客厅与餐厅的墙体被翻转生成并显示于视图中，随后便完成该空间房型墙体的创建（如图10-14所示）。

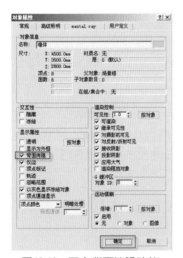

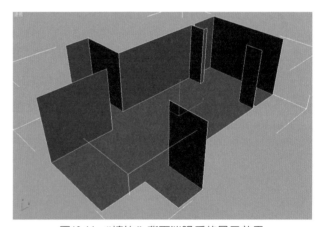

图10-13 开启背面消隐功能　　　　　　图10-14 "墙体"背面消隐后的显示效果

Step 14 按【Ctrl+S】组合键将此文件保存至"客厅与餐厅房型框架.Max"。

10.2.2 客厅与餐厅门窗细节制作

Step 01 按下【4】键，进入该物体的 "多边形"子物体层级，在透视图中选择客厅阳台的门口对称的两面墙，在修改面板中单击 切片平面 按钮，随后将"切片平面"移置2350mm的位置，随后单击 切片 按钮，在侧面墙上便会添加相应的截面线（如图10-15所示）。

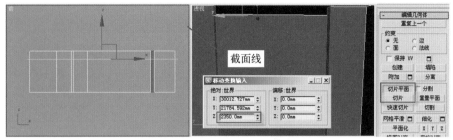

图10-15 "墙体"背面消隐后的显示效果

Step 02 继续保持在 ■ "多边形" 子物体层级，将刚刚截选的顶部侧面选中，单击 桥 按钮，随后在两面墙中便会创建出相应的连接墙面（如图10-16所示）。

图10-16 创建阳台门口

Step 03 同样确认保持在 ■ "多边形" 子物体层级中，将客厅阳台的3个面选中，单击 隐藏未选定对象 按钮，将"墙体"模型中其他的面型隐藏，同时继续将 快速切片 按钮激活，在阳台面型中结合捕捉方式，画出相应的界面线形（如图10-17所示）。

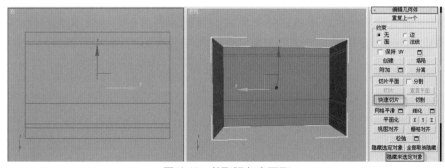

图10-17 截取阳台窗面型

Step 04 按下【2】键，确认进入 ◁ （边）子物体层级，将阳台面型中上下连接的线形选中（如图10-18所示）。

Step 05 确保处于 ◁ （边）子物体层级，单击 连接 □ 按钮，在随之弹出的 "连接边"（Connect Edges）对话框中将其"段数"（segment）设为3，单击 确定 按钮结束调整，随即窗体的面片则被均匀地插入3条段数，从而将窗体面片分为4个平均面（如图10-19所示）。

279

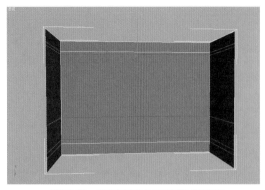

图10-18　选择阳台上下连接的边线

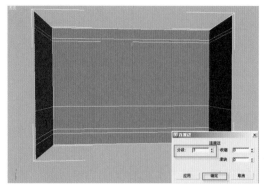

图10-19　执行"连接"命令的结果

Step 06 按【4】键，进入 ■ "多边形"子物体层级，将刚刚分成的等分面片选中，单击 插入 □ （insert）按钮，在随之弹出的"插入多边形"（insert Polygons）对话框中将其"插入形式"（insert Type）修改为"按多边形"（By Polygon）方式，随后将其"插入量"（insert Amount）设置为40，单击 确定 按钮结束调整（如图10-20所示）。

Step 07 仍确保在 ■ "多边形"子物体层级中，将刚刚插入的面型选中，单击 挤出 □ （Extrude）按钮，并将挤出高度设置为-40mm，单击 确定 按钮结束调整，阳台窗便立即呈现立体变化（如图10-21所示）。

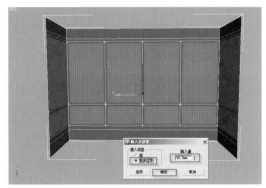

图10-20　"按多边形"方式分别插入面片

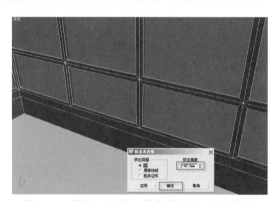

图10-21　执行"挤出"命令将窗体立体化效果

Step 08 仍确保在 ■ "多边形"子物体层级中，将阳台窗台的面型选中，继续单击 挤出 □ （Extrude）按钮，将窗口挤出60mm，最终结构严谨的阳台窗便制作完成（如图10-22所示）。

Step 09 使用同样的方法制作餐厅窗，在制作过程中注意其细节结构的严谨（如图10-23所示）。

图10-22　创建完好的阳台窗

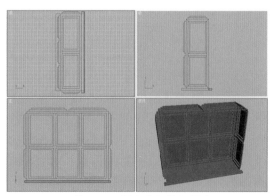

图10-23　创建完好的餐厅窗

Step 10 同样是在 ■ "多边形"子物体层级中，单击 全部取消隐藏 按钮，将场景中客厅与餐厅门窗全部解除隐藏（如图10-24所示）。

Step 11 继续保留在 ■ "多边形"子物体层级中，将两组窗户中的玻璃面型选中，单击 分离 按钮，将其分别命名为"阳台玻璃"与"餐厅玻璃"，为便于区别显示可将其更换显示颜色（如图10-25所示）。

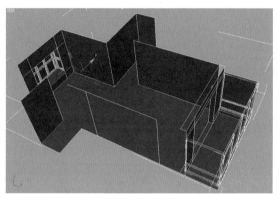

图10-24　客厅与餐厅门窗展示效果

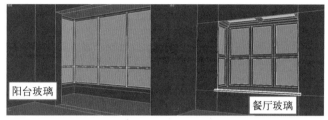

图10-25　将玻璃面型分离

Step 12 按【Ctrl+S】组合键，将"客厅与餐厅房型框架.Max"文件快速保存。

10.2.3 客厅与餐厅天花吊顶制作

Step 01 继续上面的操作步骤，依次单击 "创建"按钮、 "图形"按钮和 线 （Line）按钮，在顶视图中结合捕捉命令绘制出一个封闭线形，将其命名为"顶面"（如图10-26所示）。

● 注意：在所绘制的顶面图形中，要注意将窗帘的位置预留出来。

Step 02 将所隐藏名为"层:家具"的线形释放出来并将其冻结，以便作为参考，将"顶面"线形转化为"可编辑多边形"，单击 快速切片 按钮，在相应的位置截取界面，并将其移到房型中2640mm的位置（如图10-27所示）。

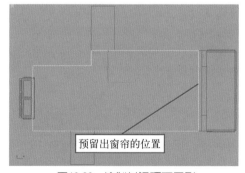

图10-26　绘制封闭顶面图形

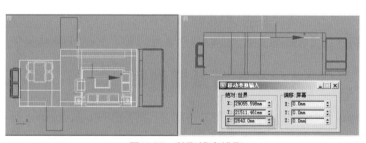

图10-27　截取相应线形

Step 03 确认"顶面"面型为选择状态，右击，单击 隐藏未选定对象 按钮，在透视视图中按【4】键，在 ■ "多边形"子物体层级中，将餐厅顶部面型选中，单击 挤出 □ （Extrude）按钮，将该面挤出高度设置为200mm，并靠近墙面的侧面删除，制作出餐厅顶部的立体造型结构（如图10-28所示）。

Step 04 继续保持在 ■ "多边形"子物体层级中，将"窗帘盒"面型选中，同样单击 [挤出 □] 按钮，并将其挤出高度设置为-270mm，制作出窗帘盒的立体造型结构（如图10-29所示）。

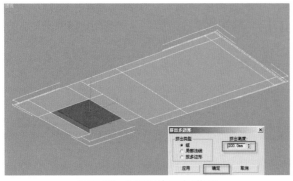

图10-28　餐厅顶部立体造型

图10-29　窗帘盒立体造型

Step 05 同样将客厅顶部面型选中，单击 [挤出 □] 按钮，为其执行两次挤出命令，其挤出高度分别设置为75mm与155mm，进而形成客厅顶部初步立体造型（如图10-30所示）。

Step 06 最后在将刚刚挤出高为155mm的4个面型选中，单击 [挤出 □] 命令设置按钮，将其"挤出类型（Extusion Type）"设置为"局部法线"（Local Normal）类型，将挤出高度设为150mm，从而完成其顶部立体造型效果（如图10-31所示）。

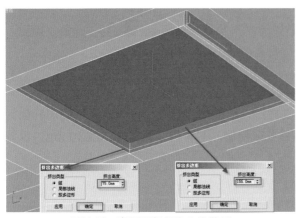

图10-30　客厅顶部初步立体造型

图10-31　客厅顶部立体造型

Step 07 按【Ctrl+S】组合键，将"客厅与餐厅房型框架.Max"文件快速保存。

10.2.4　客厅背景墙制作

Step 01 在任意视图中，右击，单击 [全部取消隐藏] 按钮，将场景中目前所有物体全部显示出来，选择"墙体"模型，按下【2】键，在 ◁ （边）子物体层级，依次单击 [快速切片] 及 [连接 □] 按钮，设置其相应分段参数，以对此面型进行分割（如图10-32所示）。

Step 02 选择"沙发背景墙"中间的面型，对其执行 [挤出 □] 命令，并将挤出高度设置为-120mm（如图10-33所示）。

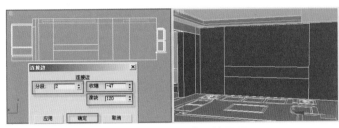

图10-32 沙发截取背景墙面型　　　　　　　图10-33 挤出沙发背景墙面型

Step 03 在沙发背景墙一侧创建一个2540mm×940mm的平面，将"长度分段"设置为5，将其"转化为可编辑多边形"，并将其命名为"背景镜"（如图10-34所示）。

Step 04 在透视图中按【4】键，在 ■ "多边形"子物体层级中，将其中均分的面型选中，执行 倒角 命令，并设置相应倒角类型及参数（如图10-35所示）。

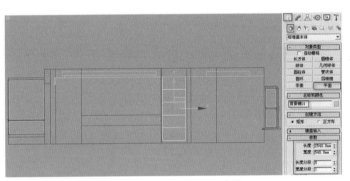

图10-34 平面的位置及参数　　　　　　　图10-35 平面的位置及参数

Step 05 在顶视图中用"线"（Line）命令绘制一条密闭的二维线形作为"背景镜"边框的挤出剖面，尺寸为35mm×60mm，并将其命名为"背景镜框"（如图10-36所示）。

Step 06 对二维线形"背景镜框"添加"挤出"修改器，并将其挤出数量设置为2640mm，然后将其镜像复制，将复制的模型放于"背景镜"的另一侧，随后再将"背景镜框"及"背景镜"一同复制于客厅沙发背景墙另一侧，以完成沙发背景的制作（如图10-37所示）。

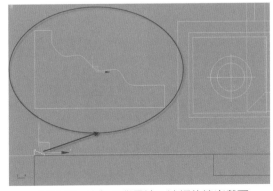

图10-36 绘制"背景镜"边框的挤出截面　　　　图10-37 沙发背景展示效果

Step 07 在前视图中用"线"（Line）命令绘制一个封闭图形，并将其命名为"电视背景墙"，将其与墙体对齐（如图10-38所示）。

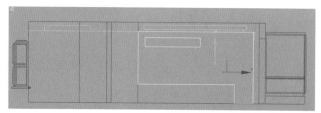

图10-38　电视背景墙平面图形

Step 08 为"电视背景墙"图形添加"倒角"修改器，并设置其相关参数（如图10-39所示）。

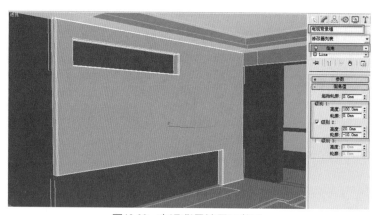

图10-39　电视背景墙展示效果

Step 09 将场景中所有物体取消隐藏，并按【Ctrl+S】组合键，将"客厅与餐厅房型框架.Max"文件快速保存（如图10-40所示）。

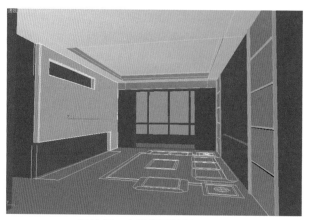

图10-40　客厅背景墙模型展示

10.2.5　餐厅背景墙制作

Step 01 为了便于观察，可将场景中部分模型及"墙体"、"顶面"中部分面片隐藏，在右视图中，使用"线"（Line）命令绘制一条"L"形线条，随后在修改面板中按【3】键，确保在"样条线"层级中，在其 轮廓 设置选项中输入-60，并将其命名为"餐厅背景墙"（如图10-41所示）。

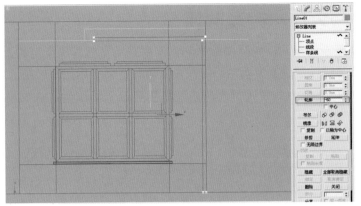

图10-41　绘制餐厅背景墙线形

Step 02 将"餐厅背景墙"线形选中，为其添加"挤出"修改器，并设置其相关参数（如图10-42所示）。

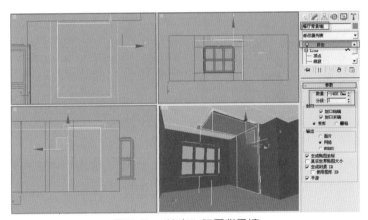

图10-42　"挤出"餐厅背景墙

Step 03 对"餐厅背景墙"执行"转换为可编辑多边形"命令，按【2】键，确保在 ⊿（边）子物体层级中，选中该物体正面对称的两条横向线形，单击 连接 按钮，设置其相应参数（如图10-43所示）。

Step 04 按【4】键，确保在 ■ "多边形"子物体层级中，将所切分的中间面型选中，执行 挤出 命令，设置相应倒角类型及参数，最后其最下方及背部的面型删除（如图10-44所示）。

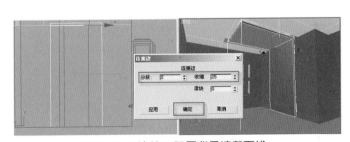

图10-43　"连接"餐厅背景墙截面线

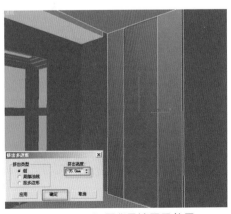

图10-44　餐厅背景墙展示效果

Step 05 按【Ctrl+S】组合键，将"客厅与餐厅房型框架.Max"文件快速保存。

285

10.2.6 客厅与餐厅踢脚板制作

对于房型结构较为复杂的空间，其踢脚板的制作不易采用在固有房型结构上直接单面编辑操作的方法，看似省面但其实际操作是极其烦琐的，所以多数情况下会采用另外绘制的方法。具体如下：

Step 01 将场景中名为"墙体"及"背景镜框"的模型单独显示于场景中，在顶视图中依次单击 "创建"按钮、 "图形"按钮和 截面 "截面"按钮，创建相应的截面，并将该截面的高度设置为100mm（如图10-45所示）。

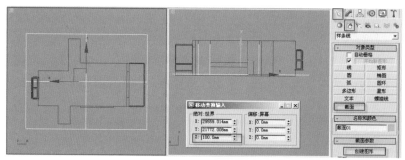

图10-45 创建截面

Step 02 将该截面选中，单击 按钮，随后再单击 创建图形 按钮，随后创建"踢脚板"截面（如图10-46所示）。

Step 03 将截面01线形删除，将"踢脚板"线形选中，分别按【3】和【1】键，反复单击 修剪 与 焊接 按钮，将"踢脚板"修剪成闭合的线段，并在 轮廓 编辑框中输入10mm，最后为其添加"挤出"修改器，并将其挤出高度设置为-100mm（如图10-47所示）。

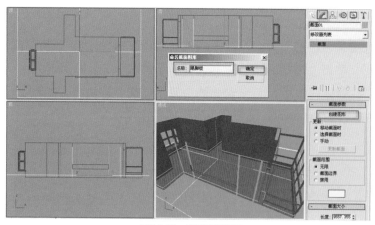

图10-46 创建踢脚板

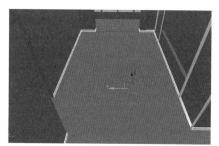

图10-47 制作完成的踢脚板

Step 04 按【Ctrl+S】组合键，将"客厅与餐厅房型框架.Max"文件快速保存。

10.2.7 合并客厅与餐厅家具

Step 01 继续上面的操作步骤，单击菜单栏中的"文件"（File）|合并（Merge）命令，在弹出的"合并文件"对话框中选择本书配套光盘"源文件下载"|"第10章阳光客厅与餐厅制作实战"|"客厅与餐厅家具.max"文件，随后单击 打开(0) 按钮，在弹出的"合并-客厅与餐厅家具.max"（Merge客厅与

餐厅家具.max）对话框中单击 全部(A) 按钮，再单击 确定 按钮，所有模型便会自动合并于场景之中（如图10-48所示）。

Step 02 将合并的模型根据场景中"层:家具"的线形的位置及比例关系，调整至合适形态（如图10-49所示），单击菜单栏中的"文件"（File）|"另存为"（Save As）命令，将此文件保存至"客厅与餐厅.Max"文件。

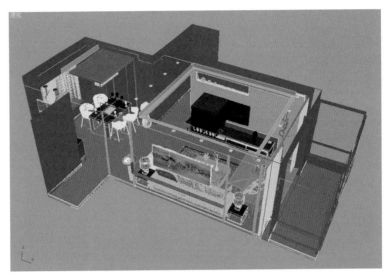

图10-48 "合并客厅与餐厅家具.max"对话框　　　图10-49 客厅与餐厅空间模型显示效果

10.3 客厅与餐厅空间摄像机设置

Step 01 继续上面的操作步骤，依次单击 "创建"按钮、 "摄像机"按钮和 目标 按钮，在顶视图中创建5架摄像机，分别从各个角度来观察客厅与餐厅的每个角落，其目标点与摄像机点尽可能要保持平衡，以便从水平角度更好地观察整体室内空间（如图10-50所示）。

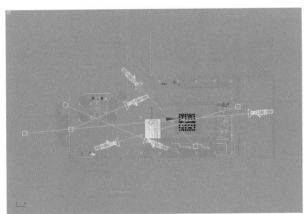
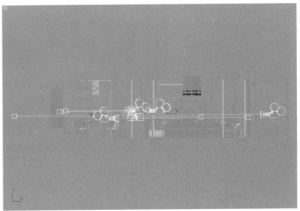

图10-50 摄像机具体设定位置

Step 02 分别调整摄像机的"镜头"及"剪切平面"参数，结合5架相机的具体观察角度，以得到较为理想的视图效果（如图10-51所示）。

摄像机01——客厅角度

摄像机02——客厅角度

摄像机03——客厅与餐厅角度

摄像机04——餐厅角度

摄像机05——餐厅角度

图10-51　客厅与餐厅空间摄像机不同观看角度

Step 03 按【Ctrl+S】组合键，将此"客厅与餐厅.Max"文件快速保存。

10.4 客厅与餐厅空间材质调整

　　此时客厅与餐厅空间的模型全部制作完成，合并至场景中的家具也已经赋予了材质，下面针对场景中自制墙体的框架材质进行详细讲解（如图10-52所示）。

图10-52　客厅与餐厅空间墙体框架材质渲染效果

　　在针对各个材质的属性进行分别调整设置之前，必须要将VRay指定为当前渲染器。按【F10】键，打开"渲染场景"对话框，在其中选择"公共"选项卡，在"指定渲染器"展卷栏中指定为V-Ray。

10.4.1　墙体结构材质的制作

　　在本书前面章节中已对使用"可编辑多边形"命令所制作的墙体赋予"多维/子对象"材质的方法进行了详细的讲解，在此同样对"墙体"模型赋予名为"房型"的"多维/子对象"材质（如图10-53所示），其具体应用方法便不予赘述。

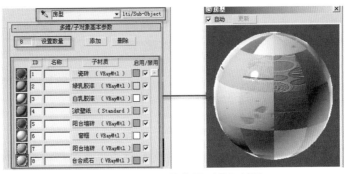

图10-53　设置"多维/子对象"材质

　　●注意：在赋予材质时，各材质相应的ID参数要与场景中"墙体"模型的各面型进行对应设置，同时对于必要的贴图材质还应为关联面型添加适当的贴图坐标，以进一步凸显贴图质感（如图10-54所示）。

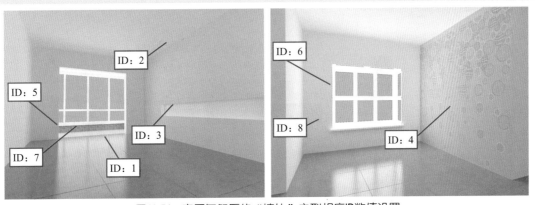

图10-54　客厅与餐厅的"墙体"房型相应ID数值设置

10.4.2 细节材质的深入调整

"房型"材质中的子对象材质及其他材质，多数已经保存在"室内常用材质模板.mat"之中（见第6章），如："瓷砖"、"白乳胶漆"等，在此直接将其调用，以下便针对场景中个别材质给予详细的讲解。

1. 绿乳胶漆

"绿乳胶漆"材质与"白乳胶漆"材质基本类同，但要注意其颜色设置。

Step 01 按【M】键将"材质/贴图编辑器"（Material Editor）对话框开启，选择任意一个材质示例球将单击其 `Standard` "标准"按钮，将其转换为VRayMtl材质。

Step 02 将材质命名为"绿乳胶漆"，设置其相应基本参数卷展栏中的相关参数（如图10-55所示）。

Step 03 为降低反射效果，在"选项"卷展栏中设置选项（如图10-56所示）。

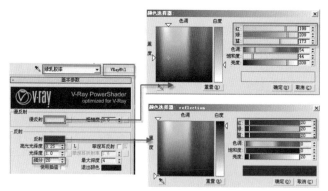 

图10-55 "绿乳胶漆"基本参数设置　　　　　图10-56 "绿乳胶漆"选项参数设置

Step 04 将调整好的"绿乳胶漆"材质赋予部分墙体面型（如图10-57所示）。

2. 茶色镜

茶色镜的制作方法及展示效果与金属材质极为相似，注意设置其反射色彩及周边环境的关系。

Step 01 在"材质编辑器"中选择未编辑过的冷材质，将此材质球由"标准材质"的默认状态转换为VRayMtl材质，并为其命名为"茶色镜"。

Step 02 在该材质的"基本参数"卷展栏中调整"漫反射"（diffuse）及"反射"（reflect）色彩设置（如图10-58所示）。

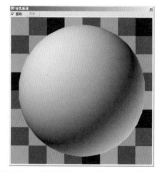 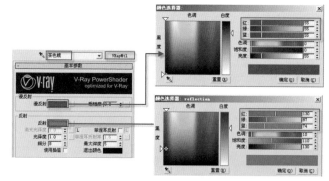

图10-57 "绿乳胶漆"的材质球显示效果　　　　图10-58 "茶色镜"的基本参数设置

Step 03 调整该材质的"双向反射分布函数"（BRDF）卷展栏的设置选项（如图10-59所示）。

Step 04 将调整好的"茶色镜"材质赋给"背景镜"模型，其材质球显示效果（如图10-60所示）。

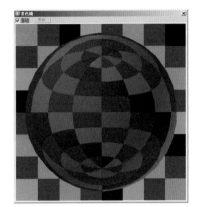

图10-59 "双向反射分布函数"卷展栏　　　　图10-60 "背景镜"材质球显示效果

●技巧：为提高制图效率，场景中所有要复制的模型，可以将原模型在赋予好材质的基础上，再对其进行复制设置。

3. 双色装饰图案

双色装饰图案的材质设置方法与第6章预存的"双色地毯"材质的制作方法存在很多相似之处，但其子材质的属性各不相同，此处该材质所赋予的餐厅背景饰面板其个体属性属于略带反射的模拟金属材质，所以在制作时应注意其反射效果。

Step 01 在"材质编辑器"中选择未编辑过的冷材质，将此材质球由"标准材质"的默认状态转换为"混合"（Blend）材质，并为其命名为"双色装饰图案"。

Step 02 在"混合基本参数"卷展栏中，分别将其 "材质1"（Material1）与"材质2" （Material2）的子材质属性转换为VRayMtl（Mask）材质，并将其分别命名为"深色"及"浅色"，最后在"遮罩"通道中为其添加相应贴图（如图10-61所示）。

Step 03 调整其"浅色"子材质相关参数，注意其反射颜色设置（如图10-62所示）。

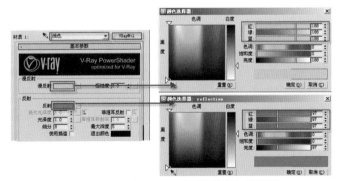

图10-61 "混合基本参数"卷展栏　　　　图10-62 "浅色"子材质的基本参数设置

Step 04 调整其"深色"子材质相关参数，注意其反射颜色设置（如图10-63所示）。

Step 05 在场景中将"餐厅背景墙"模型选中，按【4】键，选择该模型中间装饰板，单击 按钮，将调整完毕的"双色装饰图案"材质赋给该模型面型（如图10-64所示）。

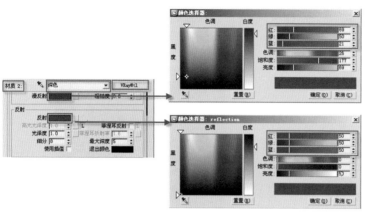

图10-63 "深色"子材质基本参数设置　　图10-64 "双色装饰图案"材质球显示效果

Step 06 为该"餐厅背景墙"模型其他面型赋予"白乳胶漆材质"，同时添加"网格选择"及"UVW贴图"修改器，调整其贴图坐标的参数及位置（如图10-65所示）。

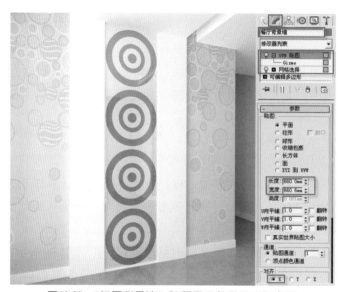

图10-65 "餐厅背景墙"贴图展示效果及坐标参数

使用从材质库调用材质的方式，将场景中其他框架模型同样赋予相应材质，如：赋予"电视背景墙"模型的"墙基布乳胶漆"材质、赋予"踢脚板"模型的"白油漆"材质，此后，场景中的主要材质已赋予完成。因为合并物体的材质已事先调好，至此，客厅与餐厅空间的全部材质已调制完成，如下便根据其摄像机的具体观察角度及各空间渲染气氛要求对该场景进行灯光设置。

Step 07 按【Ctrl+S】组合键将此"客厅与餐厅.Max"文件快速保存。

10.5 客厅与餐厅空间灯光创建

此场景主要表现的是阳光明媚的室内效果，由于该室内空间较为开敞，所以为了突出空间层次关系，须配合适当的室内局部光照及辅助光源。但是不管光照种类如何多样，在创建的初始阶段也要择其重点，循序渐进调整设置。

10.5.1 创建阳光

Step 01 依次单击 ![]（灯光）按钮、 VR太阳 按钮，在顶视图中使用拖动的方式创建一盏VR太阳光，将其命名为"阳台太阳光"，在各个视图调整其位置坐标（如图10-66所示）。

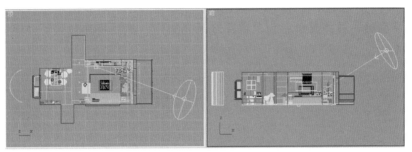

图10-66 阳台太阳光位置设定

Step 02 将"阳台太阳光"选中，在"VR太阳参数"（VRaySun Parameters）卷展栏中调整其相关参数（如图10-67所示）。

Step 03 单击"VR太阳参数"卷展栏中最下方的 排除... （Exclude）按钮，在随后弹出的"排除/包含"（Exclude/Include）对话框中将"阳台玻璃"模型排除（如图10-68所示）。

图10-67 "VR太阳参数"卷展栏

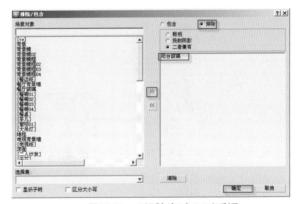

图10-68 "排除/包含"对话框

Step 04 设置完此盏太阳光后，可对场景简单尝试渲染，以观察该灯光的照射效果，进而在渲染设置选项中调整相关的渲染参数（如图10-69所示）。

Step 05 按【Shift+Q】组合键，快速渲染Camera03视图，注意其图片渲染尺寸不易过大（如图10-70所示）。

图10-69 渲染设置选项中设置参数

图10-70 阳台太阳光渲染效果

10.5.2 设置天光

从以上太阳光的渲染结果可知，制作室内日光效果通过单纯设置太阳光是不能足以表达其完美效果的，其中重要的环节便是通过创建VR平面光进而模拟天空光效果。具体如下：

Step 01 依次单击 "灯光" 按钮、 VR灯光 按钮，分别在前视图和右视图中结合阳台窗户的位置及尺寸，创建多盏VR平面光，并将其命名为 "客厅冷天光01" ，然后将其移至到 "墙体" 模型之外（如图10-71所示）。

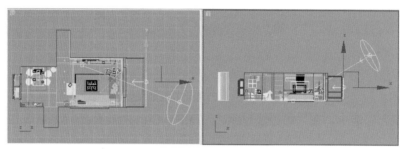

图10-71 "客厅冷天光01" 位置设定

Step 02 将此灯光激活，在修改面板中调整其具体参数，注意其颜色设置及相关参数（如图10-72所示）。

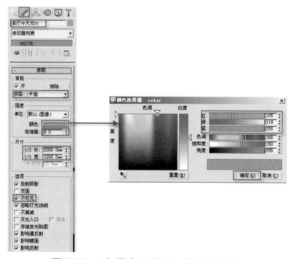

图10-72 "客厅冷天光01" 的参数设置

Step 03 将视图切换至顶视图，选择 "客厅冷天光01" ，按住【Shift】键沿x轴正方向进行拖动，进而复制另一盏天光，将其命名为 "客厅暖天光01" （如图10-73所示）。

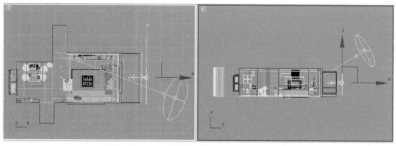

图10-73 "客厅暖天光01" 的位置设定

Step 04 将此灯光激活，在修改面板中调整其具体参数，注意其颜色及相关的参数设置（如图10-74所示）。

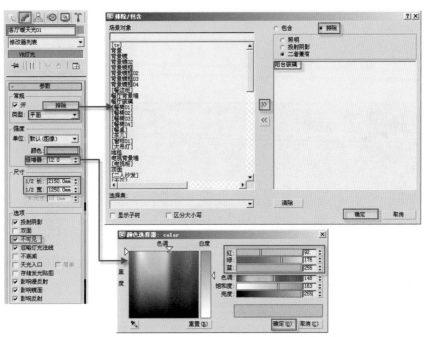

图10-74 "客厅暖天光01"的参数设置

●技巧：在表现室内日光场景的空间中，为将天光表现地更为突出，可在天光排除设置选项中将玻璃窗排除，进而提高整体的照明效果。

Step 05 将两个灯光分别复制到客厅阳台的另外两侧，将其尺寸与窗体尽量保持调整一致（如图10-75所示）。

Step 06 将两侧复制的灯光在原有基础上降低其倍增器数值，以增添空间的层次变化（如图10-76所示）。

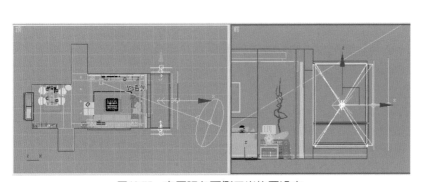

图10-75 客厅阳台两侧天光位置设定

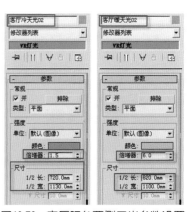

图10-76 客厅阳台两侧天光参数设置

Step 07 使用同样的制作方法为餐厅窗口创建天光，其灯光尺寸尽量与窗口保持一致（如图10-77所示）。

Step 08 调整餐厅天光的具体参数，由于其餐厅窗口悬挂有纱帘，适当增大其倍增器数值，同时也可将"餐厅玻璃"模型排除，进而表现出该空间整体稍加昏暗的照明效果（如图10-78所示）。

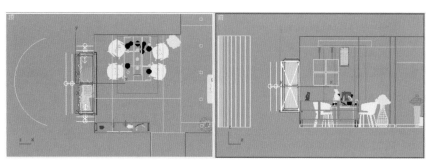

图10-77 餐厅天光位置设定

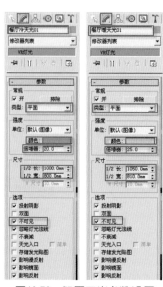

图10-78 餐厅天光参数设置

10.5.3 设置射灯

在场景中添加局部射灯，不仅可以提升整体空间照明，最为重要的是加强空间层次关系，进而凸显整体空间造型立体感。

Step 01 依次单击 🔦（灯光）按钮、 VRayIES 按钮，在前视图中拖动鼠标，创建一盏VRayIES灯光，随后系统会自动将其命名为"射灯01"，将此灯光移动到"射灯模型01"之下，同时以"实例"复制的方式分别将其复制到所有"射灯模型"之下（如图10-79所示）。

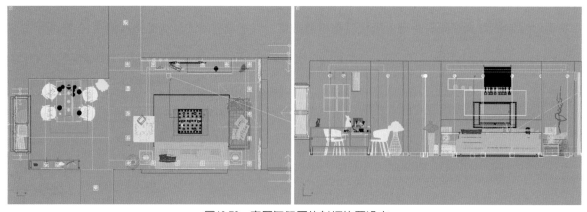

图10-79 客厅与餐厅的射灯位置设定

●技巧：灯光的复制类型，务必要选择"实例"（Instance）的克隆选项，以提高灯光参数的修改效率。

Step 02 单击任意一盏"射灯"，在修改面板中为其添加名为sd032.ies的光域网，同时调整其相关参数（如图10-80所示）。

●注意：对于餐厅空间来讲，该空间本身较暗，所以可视具体情况为其射灯增添VRayIES灯光功率，或更换为光照范围更为广泛的光域网。

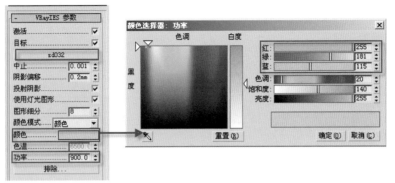

图10-80　客厅与餐厅射灯参数设置

10.5.4　设置灯槽

由于本例为室内日光照明效果，其主要光源为太阳光及天光，场景中的灯槽则属于点缀，虽不为主光源，但其烘托气氛的柔和光感是场景中不可或缺的点睛之笔。

Step 01 依次单击 ▼（灯光）按钮、 VR灯光 按钮，在顶视图中使用拖动的方式创建一盏平面类型的VR灯光，将其命名为"客厅灯槽01"，同时在修改面板中调整其相关的参数（图10-81所示）。

Step 02 在顶视图中根据客厅中央吊顶的平面尺寸，创建"客厅灯槽"，尺寸尽量与吊顶调整统一，随后将其关联复制并旋转移至吊顶四周及沙发背景墙内侧，同时适当调整其角度（如图10-82所示）。

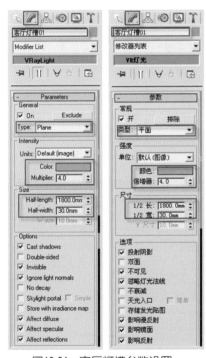

图10-81　客厅灯槽参数设置

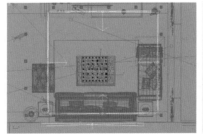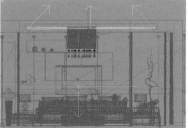

图10-82　客厅灯槽位置设定

Step 03 使用同样的制作方法，为餐厅吊顶设置相应的灯槽，其灯光尺寸尽量与餐厅吊顶造型保持一致（如图10-83所示）。

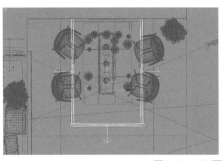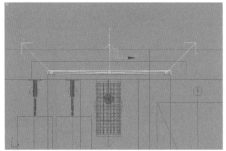

图10-83　餐厅灯槽位置设定

10.5.5　设置吊灯

本例中的客厅吊灯与餐厅吊灯，虽然其本身材质质感基本类同，但由于其所处环境光感效应的差距，所以在灯光设置上还存有一定的差别，进而区分两个吊灯开启与关闭的差距。

Step 01 依次单击 ▣ "灯光"按钮、 VR灯光 按钮，在"客厅吊灯"模型之内创建一盏 "VRay平面光"，并将其命名为"客厅吊灯01"，然后将其灯光颜色调整为天蓝色，同时调整其倍增数值及灯光尺寸（如图10-84所示）。

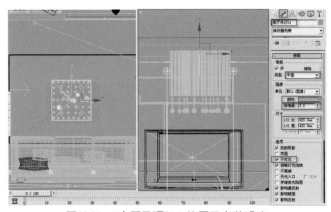

图10-84　"客厅吊顶01"位置及参数设定

Step 02 将此灯光在前视图中沿y轴方向垂直复制，并命名为"客厅吊灯02"，将此灯光调整为暖黄色，并调整其尺寸与倍增器数值，以模拟日光吊灯效果（如图10-85所示）。

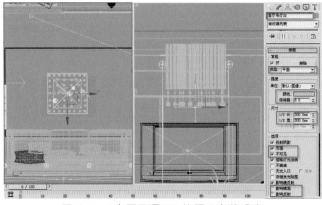

图10-85　"客厅吊顶02"位置及参数设定

Step 03 使用同样的方法在视图中，将"客厅吊顶02"灯光复制到"餐厅吊灯"模型之下，并将其命名为"餐厅平面灯"，并根据灯具造型调整此灯光的尺寸（如图10-86所示）。

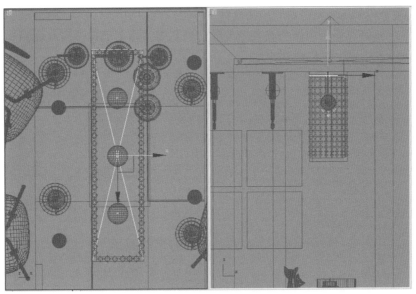

图10-86 餐厅平面灯位置设定

Step 04 为了凸显餐厅吊灯为开启状态，可在顶视图中创建一盏VR球型灯光，将此灯光移动到"餐厅吊灯"模型之内，并将此灯光命名为"餐厅球体灯01"，同时采用实例复制的方式将其复制到所有吊灯灯泡模型之上，以模拟其发光质感（如图10-87所示）。

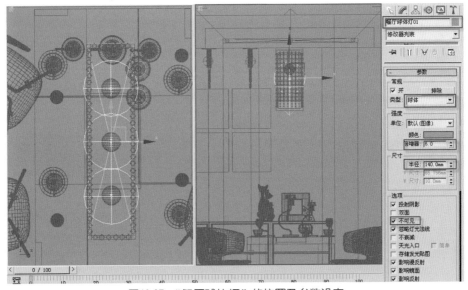

图10-87 "餐厅球体灯"的位置及参数设定

10.5.6 设置辅助光

对于该场景而言，虽以太阳光为主要光源，但该房间结构较为复杂，且存在部分背光空间，所以在固定光源设置完毕的基础上还要为其适当添加辅助光源。

1. 设置电视屏幕光

Step 01 依次单击 灯光按钮、 VR灯光 按钮，在后视图中结合电视屏幕的位置及尺寸创建一盏VR平面光，将其命名为"电视屏幕光"，同时确认此灯光的投射方向为朝向室内的一侧（如图10-88所示）。

Step 02 将此灯光激活，在修改面板中调整其具体参数，并且要注意其颜色设置（如图10-89所示）。

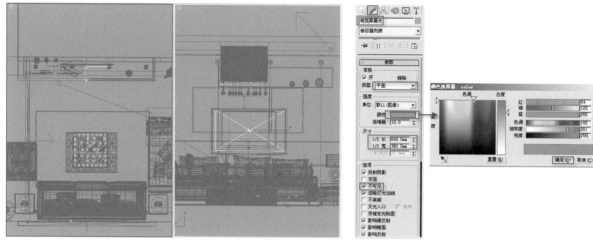

图10-88　客厅"电视屏幕光"位置设定　　　　图10-89　客厅"电视屏幕光"参数设置

2. 设置走廊平面光

Step 01 在顶视图中，使用移动复制的方法将"电视屏幕光"拖动至两侧走廊的尽头，将其命名为"走廊平面光"，同时调整其相关的参数设置（如图10-90所示）。

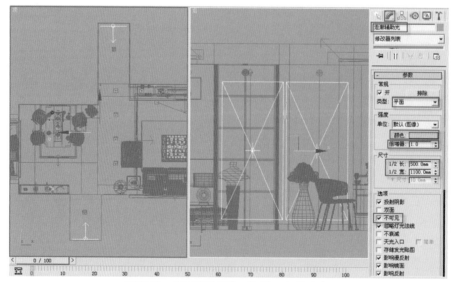

图10-90　"走廊平面光"位置及参数设定

●技巧：此辅助光源虽然位于较为昏暗的背光处，主要为角落区域提供整体照明，但该领域毕竟属于附属空间，所以其辅助光源的照射倍增数值不宜设置过高。

Step 02 在仔细检查各灯光设置准确无误的基础上，按【Ctrl+S】组合键将此"客厅与餐厅.Max"文件快速保存。

10.6 客厅与餐厅空间渲染与输出

通过前边大量的创建工作，场景中赋予逼真材质的个体模型已在冷暖色彩光照的烘托下，成为结构严谨且层次多变的主体空间。但是对于本例这种房间结构较为复杂的空间而言，随后所涉及的渲染及输出任务，还是一项比较复杂的工作。

有时对于初学者而言，此项设置可能会耗费较多的调整时间，因需要反复观察其渲染效果。所以，随后将带领读者针对此"客厅与餐厅"实例，进行相应渲染与输出设置，最终在渲染出完美效果图及通道图的基础上，真正灵活掌握其要领。

Step 01 按【8】键，打开"环境和效果"对话框，将背景颜色调整为白色（如图10-91所示）。

Step 02 继续上面的操作步骤，按【F10】键，打开"渲染场景"对话框，在光盘中查找第8章预存的"测试渲染预设.rps文件，将其调入场景之中，随后分别选择多种不同角度的摄像机，分别对场景进行测试渲染，以观察其初步渲染效果。

Step 03 在确保场景布局基本合理的基础上，优化太阳光、射灯、辅助光及模拟天光的平面光细分参数，以提高渲染质量（如图10-92所示）。

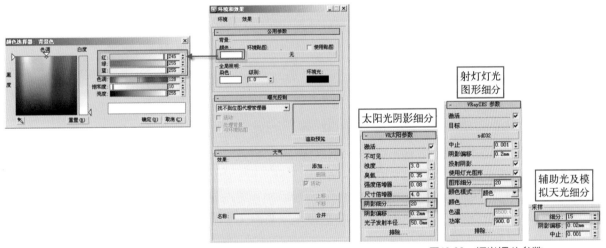

图10-91　背景颜色设置　　　　　　　图10-92　灯光细分参数

●注意：灯槽的灯光可不添加细分，从而大幅度地提高渲染速度。

Step 04 设置光子图设置选项，按【F10】键在"渲染场景"对话框中，将光子图输出尺寸调整为800mm×567mm，分别选择不同摄像机的观察角度，同时设置相关的渲染参数（如图10-93所示），并渲染保存不同摄像机视口的光子图。

●技巧：由于本场景中模型及灯光都较为复杂多样，所以在渲染设置中可以将"不渲染最终图像"复选框勾选，以提高光子图的渲染速度。

Step 05 分别在"发光贴图"及"灯光缓存"卷展栏中将上一步所保存不同观察视角的光子图依次调出（如图10-94所示），并再次检查相关渲染参数。

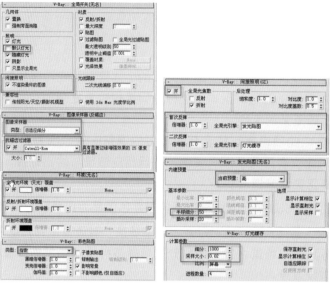

图10-93 "渲染场景"参数设置

图10-94 载入光子图

Step 06 调整最终渲染尺寸、类型及输出路径，确认Camera01被选择，随后单击 渲染 按钮，将命名为"客厅01.tif"二维图像渲染输出（如图10-95所示）。

●注意：在最终渲染之前，务必将"不渲染最终图像"选项取消勾选，以保证图像渲染顺畅输出。

Step 07 经过数多小时的渲染，摄像机01视口的最终渲染成品图（如图10-96所示）。

图10-95 设置渲染参数

图10-96 "客厅01.tif"渲染效果

Step 08 选择其他摄像机视图，同样调用各观察角度的光子图，将其渲染成为2400×1700的.tif二维图像（如图10-97所示），随后按【Ctrl+S】组合键，将"客厅与餐厅.Max"文件快速保存。

摄像机02——客厅02.tif

摄像机03——客厅03.tif

摄像机04——餐厅01.tif

摄像机05——餐厅02.tif

图10-97　其他摄像机视口的渲染效果

Step 09 为了随后便于在Photoshop软件中调整，将此"客厅与餐厅.Max"文件另存为"客厅与餐厅通道.Max"文件，同时删除所有灯光及VRay毛发物体，并重新将场景中的材质转换为纯色的"标准"材质，对不同视口渲染相应通道图像，注意该图像尺寸同样要设置为2400mm×1700mm（如图10-98所示）。

摄像机01——客厅01通道.tif

摄像机02——客厅02通道.tif

图10-98　各摄像机视口的通道图渲染效果

摄像机03——客厅03通道.tif

摄像机04——餐厅01通道.tif

摄像机05——餐厅02通道.tif

图10-98　各摄像机视口的通道图渲染效果（续）

●技巧：通道设置主要是为Photoshop软件中选取区域提供方便，所以在遇到大面积玻璃透明材质的区域，应将该材质保留，以免将其变换为标准材质后影响选区设定的严谨性。

10.7 Photoshop后期处理

通过烦琐的设置将二维图像渲染输出，对于初学者而言，渲染效果难免会存在瑕疵。而且对于像本例较为复杂的房间结构，其调节渲染时间往往较长，所以科学有效的制作手段是充分利用Photoshop软件后期处理的优势。

借助其所特有的美化功效将图像中的细节瑕疵修复完善，同时再配以相应背景图片的衬托，进而凸显出各观察视口的景深层次关系（如图10-99所示）。其具体操作如下：

图像处理前效果　　　　　　　　　图像处理后效果

图10-99　用Photoshop处理的图像对比效果

Step 01 开启Photoshop软件，将刚刚使用3ds Max软件所输出的"客厅01.tif"及"客厅01通道.tif"图像文件打开，两张图像的尺寸均为2400mm×1700mm（如图10-100所示）。

图10-100　打开两张渲染图像

Step 02 在"图层"面板中，将"背景"图层拖到底部的 □（创建新的图层）按钮之上，以对此图层进行复制，便可得到名为"背景副本"的图层。将此图层选中，按【Ctrl+M】组合键，打开"曲线"对话框，通过相关参数设置提高整体图面的亮度（如图10-101所示）。

图10-101　调整复制图层的亮度

●技巧：通过"曲线"设置可提高整体图像的亮度，从而使"客厅01.tif"的日光效果更为凸显。

Step 03 随后，按住【Alt】键不放，依次按【I】、【A】、【C】键，进入"亮度/对比度"对话框，加大整体图像的对比关系（如图10-102所示）。

●技巧：通过以上的设置，将该图像整体效果的亮度及对比度调整适度（如图10-103所示），为了进一步凸显图像细节，可以通过通道选区设置对其局部进行深入修饰。

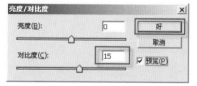

图10-102 "亮度/对比度"对话框中的参数设置　　图10-103 调整图像的"曲线"及"亮度/对比度"后的效果

Step 04 按【Shift+Ctrl+:】组合键，将"对齐"设置开启，按【V】键，采用"选择并移动"的方式将"客厅01通道.tif"拖动到"客厅01.tif"图像中，随后此图像的图层面板中便会随之增添一个名为"图层1"的图层（如图10-104所示）。

Step 05 将名为"图层1"的通道层激活，单击工具箱中的 "魔棒工具"，将右侧墙面且通道色为蓝色的背景玻璃部分选中，随后在"图层"面板中关闭"图层1"的显示状态，并将"背景副本"图层激活（如图10-105所示）。

图10-104 将通道图拖入图像中
设置为"图层1"　　图10-105 通过通道快速选取图像相应选区

Step 06 在"背景副本"图层中确保白色吊顶区域为选中状态,按【Ctrl+J】组合键,将选区从图像中单独复制出一个图层,按【Ctrl+M】组合键,打开"曲线"对话框,在其中适当设置RGB通道的亮度参数(如图10-106所示)。

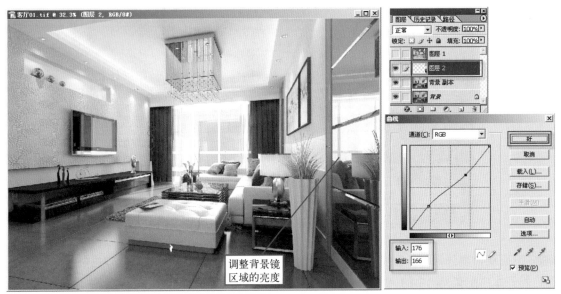

图10-106 单独复制图层"曲线"参数设置

Step 07 使用同样的方法将"电视柜"区域框选,并将其复制为"图层3",然后调整该图层的亮度,以加强阳光直射的投影效果(如图10-107所示)。

图10-107 调整"电视柜"的"曲线"参数设置

Step 08 按【Ctrl+B】组合键,进入"色彩平衡"对话框,对该图层的色彩变化继续进行调整,以提高"电视柜图"区域的冷暖对比效果(如图10-108所示)。

307

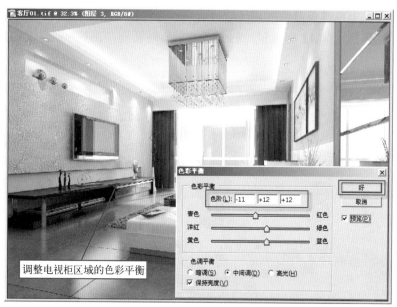

图10-108 "电视柜"的"色彩平衡"对话框相应参数设置

Step 09 下面要为窗外添加一张适宜的背景图片，以增添图像整体生活气息。双击Photoshop的灰色操作界面，打开本书配套光盘中的"楼群.Jpg"文件，随后将其拖至"客厅01.tif"图像中，自动生成"图层4"，同时按【Ctrl+T】组合键，将此图像调整至合适的大小（如图10-109所示）。

图10-109 将"楼群.Jpg"拖至场景中

Step 10 将"图层1"通道图层激活，用 "魔棒工具"将窗户区域选中（如图10-110所示）。

Step 11 在"图层"面板中将"图层1"关闭，将"图层4"激活，按【Shift+Ctrl+I】组合键，将窗户区域进行反选，随后单击【Delete】键，将背景图片中的多余区域删除（如图10-111所示）。

图10-110　选择窗口区域　　　　　图10-111　删减"楼群"图像中多余的区域

Step 12 将此图层的混合模式选择为"柔光",同时调整"不透明度"为80%(如图10-112所示)。

●技巧：拖动到场景中的任何图像其色彩及明暗关系,一定要与图像自身保持一致,以烘托图像的整体色调氛围。

Step 13 确认"图层4"为选中状态,单击"图层"面板中底部的 ⊘."创建新的填充或调整图层"按钮,在随之弹出的菜单中将"照片滤镜"命令选中,同时调整其参数设置(如图10-113所示)。

图10-112　调整窗口背景的图像效果　　　　　图10-113　添加并调整"照片滤镜"设置

●技巧：通过加温滤镜的添加进而强调阳光射入室内的光线效果,同时增加整体图面光影的真实质感。

Step 14 调整完毕后,设计师可以根据自身感受同时结合画面的具体效果,使用Photoshop软件中的一些细节修改工具进行精密调整,将整体画面调整完善(如图**10-114**所示)。

Step 15 单击菜单栏中的"文件"|"存储为"命令,将此处理后带有细节图层的图像文件另存为"客厅01修改图.tif"。

Step 16 最后再将图像中"图层1"通道层删除,同时把其他各细节图层合并,按【Shift+Ctrl+S】组合键,将合并图层图像以.jpg文件类型存储为"客厅01修改图副本.jpg"。

图10-114　客厅空间最终效果

　　"客厅与餐厅.Max"文件中其他观察角度的图像文件也可使用以上相同方法进行制作，本书在这便不逐一详述。

10.8 本章小结

　　本章以制作较为复杂的日光效果的客厅与餐厅空间为例，对如何科学使用3ds Max、VRay以及Photoshop软件来制作室内效果图进行深入讲解，从中重点掌握制作流程中各个环节的制作思路，从而在学习的过程中积累实践经验。

第11章

多媒体会议室制作实战

视频位置：DVD 02\Video\11

● 第11章 多媒体会议室制作实战 时长：2:13:33 大小：1.01GB 页码：310

DVD

超值视频教学版

设计师在实际工作中常常会遇到较家庭装饰设计更为复杂的公共环境设计工程。对于此类空间的构思设计应更具严谨性，且要符合多元化创意组合的需求，进而在挖掘设计师设计潜能的同时，也是对其制作软件能否熟练掌握的考核。

本例多媒体会议室是公共空间设计工程中较为多见的综合性场所，该空间规模虽较家庭装饰空间宽敞许多，但其家具材质及灯光设置反而更为容易，所以其整体空间的效果图制作并非像许多初学者畏惧的那样难以攻克。其中，在建模阶段重点把握节约面型的制作原则，以便更高效地表现创意设计。

11.1 多媒体会议室设计构思

本例中的多媒体会议室整体空间结构较为规整，开间与景深比例适中，属于中型规模的会议空间。清新自然的木色装饰板与庄重雅致白色墙面相映成趣，同时四周墙壁线条简洁且对称的造型装饰，将整体空间的各个细节错落有致地结合，几份凝重而不失现代元素的办公格局悄然生成。

此外，临街的整体墙面结合落地玻璃窗结构，极大地丰富了场景中整体的光照效果（如图11-1所示）。

图11-1　多媒体会议室设计效果图

11.2 多媒体会议室模型创建

多媒体会议室的房间结构由于柱梁框架严谨密闭，所以对于该空间的模型制作需要使用AutoCAD平面布局图导入，同时结合可编辑多边形的单面建模方法，既可以在渲染中避免漏影及漏光的现象，又尽可能地节省了面型，可谓是同时兼顾质量与速度，实乃一举两得。

11.2.1 墙体制作

Step 01 启动3ds Max软件，将单位设置为mm。

Step 02 使用前一章节中所讲述的具体方法，将本书配套光盘中的"会议室平面布局.dwg"文件导入到3d场景之中（如图11-2所示）。

Step 03 在视图中将所导入的平面线形成组, 将其命名为 "导入平面", 并对该组合施加 冻结选定对象 命令, 在确保此房型结构线以较为明显的颜色冻结的同时, 并在 "栅格和捕捉设置" 对话框中调整相应选项 (如图11-3所示)。

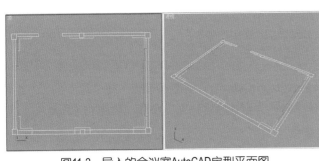

图11-2 导入的会议室AutoCAD房型平面图

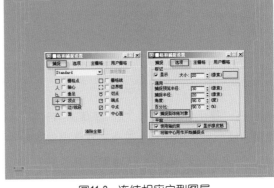

图11-3 冻结相应房型图层

Step 04 将顶视图最大化显示, 确认将 "捕捉" 功能开启, 参照会议室平面绘制出窗饰墙体的内部封闭线形, 并将其命名为 "墙体", 随后按【1】键确保在其 "顶点" 层级中, 单击 优化 按钮, 在其门窗相应位置处添加节点 (如图11-4所示)。

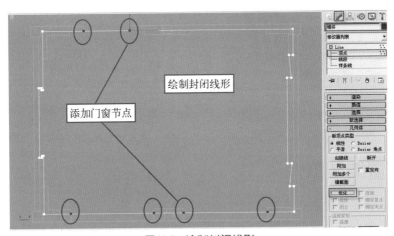

绘制封闭线形

添加门窗节点

图11-4 绘制封闭线形

Step 05 为 "墙体" 线形添加 "挤出" (Extrude) 命令, 调整其挤出 "数量" (Amount) 为4100mm, 同时在透视视图中按【F4】键, 显示 "墙体" 的 "边面" (如图11-5所示)。

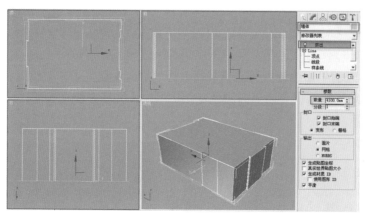

图11-5　为"墙体"线形添加"挤出"命令

📋 ●技巧：由于在"墙体"线形的顶点层级中已为其添加门窗节点，故此该线形所生成的立体造型便具备门窗截面线形。

Step 06 在"显示"面板中，将"隐藏冻结对象"（Hide Frozen Objects）复选框勾选，将"导入平面"组合隐藏，随后在"墙体"上右击，在弹出的菜单中选择"转换为可编辑多边形"命令（如图11-6所示）。

Step 07 对"墙体"模型进行背面消隐设置，墙体被翻转生成并显示于视图中，按【Ctrl+S】组合键将此文件保存至"多媒体会议室房型框架.Max"，以完成该空间房型墙体的创建（如图11-7所示）。

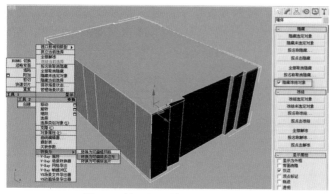

图11-6　转化为可编辑多边形物体

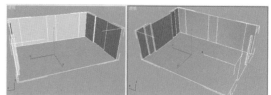

图11-7　"墙体"最终显示效果

11.2.2　门窗细节制作

　　场景中门窗的具体平面位置已在墙体制作阶段创建完成，所以在此只要标注其立面坐标，随后通过"可编辑多边形"命令中不同的子集选项，调整所截取的相应截面，进而精准地创建出该空间中门窗的细节。

1. 窗体创建

Step 01 按【4】键，在"墙体"模型｜■"多边形"子物体层级中，将窗口的两个面型选中，在后视图中使用 快速切片 命令截取窗口上下两条边线，并将其高度分别调整为3420mm与287mm（如图11-8所示）。

Step 02 确保在｜■"多边形"子物体层级中，将所形成的两扇窗口选中，单击 挤出 □（Extrude）按钮，并将挤出高度设置为-180mm，创建的模型效果（如图11-9所示）。

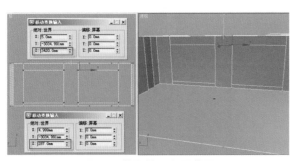

图11-8　截取抽口立面截面　　　　　　　　　　　图11-9　窗口立体挤出效果

Step 03 确保此面形为选择状态，单击 插入 □（inset）按钮，将"插入量"（Insert Amount）设置为80mm，随后继续添加 挤出 □命令，并将挤出高度设置为-50mm，以形成窗口边框（如图11-10所示）。

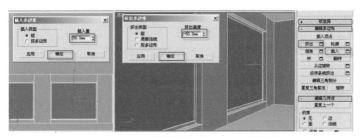

图11-10　窗口边框插入及挤出命令设置

Step 04 在后视图中选择窗口面型，同时用 快速切片 命令水平截取边线，并将其高度分别调整为1110mm，随后按【2】键，在 ⊿（边）子物体层级中，将窗口外侧的上、中、下3条边线选中，然后单击 连接 □按钮，将其"段数"（segment）设定为2，"收缩"（Pinch）设定为45，进而形成窗框截面（如图11-11所示）。

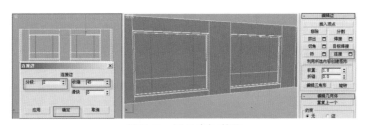

图11-11　划分窗框截面

Step 05 按【4】键，确保在 ■ "多边形"子物体层级中，将两窗口中的所有面型选中，单击 插入 □（Insert）按钮，将"插入形式"（Inset Type）修改为"按多边形"（By Polygon）方式，同时"插入量"（Insert Amount）设置为40mm，单击 确定 按钮结束调整（如图11-12所示）。

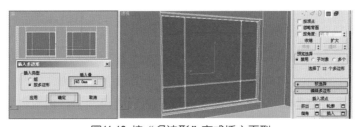

图11-12 按"多边形"方式插入面型

Step 06 同样使用 挤出 ▢（Extrude）命令，将所插入的窗玻璃面型挤出，其高度设置为-50mm，然后单击 分离 按钮，将所选面型与"墙体"模型分离，并将其命名为"窗玻璃"（如图11-13所示）。

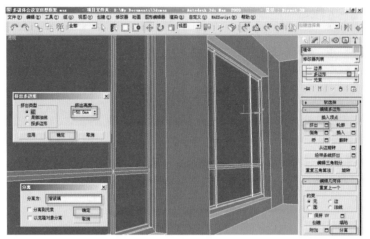

图11-13 执行"挤出"命令将窗框立体化效果并进行分离

●技巧：为后期调整阳光照射效果时，在此可将窗体玻璃面型分离，进而提升整体场景采光质感。

Step 07 为便于区别观察可将其更换显示颜色，以完成窗体的创建，按【Ctrl+S】组合键，将此"多媒体会议室房型框架.Max"文件快速保存（如图11-14所示）。

2. 门及门口绘制

Step 01 选中"墙体"模型，按【4】键，确保在 ▢ "多边形"子物体层级中，同样使用 快速切片 （QuickSlice）及 挤出 ▢（Extrude）命令，在距离地面2200mm处，挤出入口门的面型（如图11-15所示）。

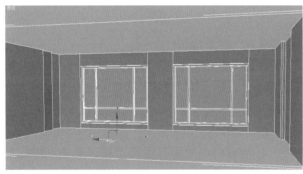

图11-14 将玻璃面型分离

图11-15 挤出入口门面型

Step 02 在顶视图与前视图分别创建两条线形，分别作为门框放样对象的截面与路径，然后将其分别命名为"门框截面"与"门框路径"，注意其比例关系，切勿失真（如图11-16所示）。

●注意：采用放样方法所创建的门框较"可编辑多边形"挤出方式而言虽然面型会增多，但是其模型细节表现更加逼真。

Step 03 选择"门框路径"线形，在创建命令面板中，为其添加 放样 "Loft"命令，随后单击 获取图形 按钮，在顶视图中单击"门框截面"线形，随后将自动生成的放样物体移至入口门前方，并为其命名为"门框"（如图11-17所示）。

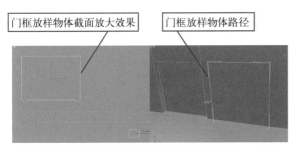

门框放样物体截面放大效果   门框放样物体路径

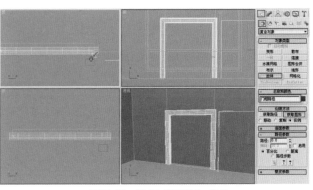

图11-16 绘制门框路径与截面   图11-17 执行"放样"命令

Step 04 选择"门框"放样物体，进入其"放样修改"命令面板，在"蒙皮参数"（Skin Parameters）卷展栏中设置"图形步数"（Shape Steps）为1，"路径步数"为0（如图11-18所示）。

●技巧：虽然放样"门框"的造型精细，但调整"蒙皮参数"（Skin Parameters）相应参数以减少放样截面，是十分必要的，在优化模型的同时以提高渲染速度。

Step 05 为使其门框与门口细节吻合，可将该模型转化或添加"可编辑多边形"命令，随后按【1】键在其 :: "顶点"子物体层级中，用捕捉方式调整其形态（如图11-19所示）。

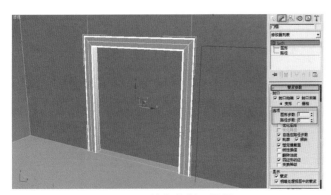

图11-18 优化放样"门框"

图11-19 调整"门框"细节

Step 06 按【Ctrl+S】组合键，将此"多媒体会议室房型框架.Max"文件快速保存。

11.2.3 天花吊顶制作

一般公共空间装饰工程其顶部处理鉴于其层高优势，整体造型的可塑空间更为丰富，所以更为严谨且便捷的方法是使用将AutoCAD顶面图导入的方法，进而绘制出层次清晰的顶部造型。

Step 01 继续上面的操作步骤，将本书配套光盘中的"会议室顶面布局图.dwg"文件导入到3d场景之中，由于此场景中已备有墙体平面图层，所以在"导入选项"中的"层"选项卡下只将名为"吊顶01-03"的3个图层导入（如图11-20所示）。

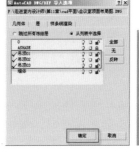

图11-20 "导入选项"对话框及相应导入显示效果

Step 02 将场景中"墙体"模型及所导入的名为"层:吊顶01"的线形单独显示，沿其外部轮廓使用 ▨▨**线**▨▨命令，绘制名为"吊顶01"的密闭线形，同时为其添加"挤出"（Extrude）命令，其挤出高度为100mm，随后将其拖至距离地面342mm处，最后将"层:吊顶01"的线形删除（如图11-21所示）。

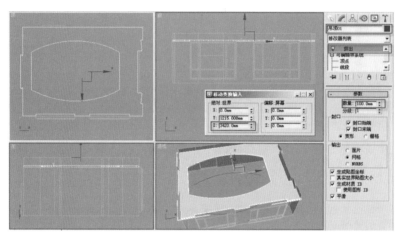

图11-21　"吊顶01"的形态与位置

Step 03 将场景中名为"层:吊顶02"的线形取消隐藏并将此线形激活，按【3】键确保在其"样条线"层级中，将已有的两条弧线使用顶点捕捉的方式分别复制到与"吊顶01"的内部边线重合，为方便观察其显示效果，可将此线形单独显示于场景之中（如图11-22所示）。

Step 04 按【1】键，确保在其"顶点"层级中，单击 ▨▨**连接**▨▨ 按钮，将4个顶点连接，将其连接为密闭的二维图形（如图11-23所示）。

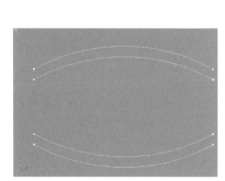

图11-22　复制"层:吊顶02"线形子集

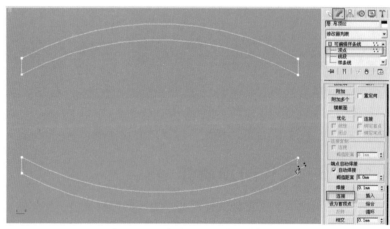

图11-23　"连接"二维线为密闭形

Step 05 为其添加"挤出"命令，同时设置其挤出高度为100mm，随后将其转换或添加"可编辑多边形"命令，然后按【4】键，确保在 ■ "多边形"子物体层级中，将其两侧的4个封口面删除（如图11-24所示）。

Step 06 按【2】键，确保在 ◁（边）子物体层级中，将所剪切缺口的内侧边线同时选中，单击 ▨▨**桥**▨▨ 按钮，随后便在二者之间架起相应的连接面型，将此模型名称修改为"吊顶02"，以完成相应该模型的全部编辑步骤（如图11-25所示）。

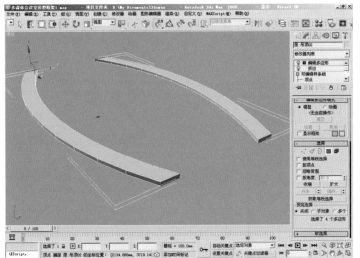
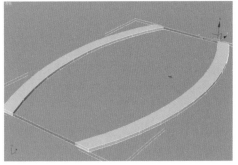

图11-24 执行"挤出"及"编辑多边形"命令　　　　　　　　图11-25 "吊顶02"最终效果

Step 07 将场景中的"吊顶01"物体解除隐藏，将"吊顶02"与"吊顶01"物体使用对齐命令，适当调整其具体位置（如图11-26所示）。

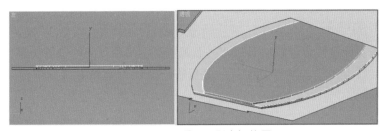

图11-26 "吊顶02"形态与位置

Step 08 将场景中名为"层:吊顶03"的线形单独显示，确保其处于激活状态，按【3】键，确保在其样条线层级中，选择外轮廓线形，单击 分离 按钮，将此样条线分离并命名为"吊顶03"（如图11-27所示）。

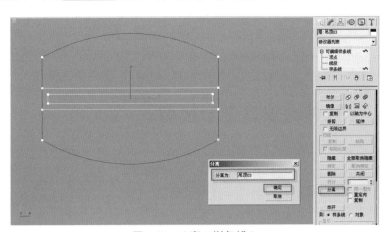

图11-27 分离"样条线"

Step 09 对"吊顶03"线形添加"挤出"命令，同时设置其挤出高度为200mm，随后再次添加"可编辑多边形"命令，按【4】键，确保在 ■ "多边形"子物体层级中，将最下方的部分删除，以形成空心体面（如图11-28所示）。

Step 10 确保在 ■ "多边形"子物体层级中，将中间的椭圆面型选中，然后将 快速切片 按钮激活，在顶点捕捉选项的设置模式下，描绘"层:吊顶03"的外部线形，并使用 挤出 □命令，将挤出高度设置为100mm的（如图11-29所示）。

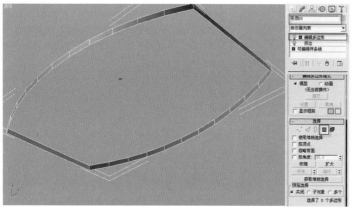

图11-28 执行相应"挤出"及"编辑多边形"命令

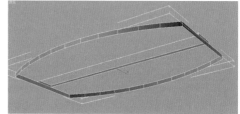

图11-29 快速截取相应切片

Step 11 同样在 ■ "多边形"子物体层级中，将中间所挤出的矩形选中，单击 插入 □按钮，同时将其插入量设置为300，随后继续为其执行 挤出 □命令，设置挤出高度为80mm，以完成"吊顶03"的具体制作步骤（如图11-30所示）。

Step 12 将"吊顶03"与其他吊顶模型解除隐藏，进而调整三层吊顶之间的位置关系，在"吊顶01"的边部缺口处，使用顶点捕捉方式创建相应面片，最后将所有面型选中并将其成组，并命名为"天花吊顶"（如图11-31所示）。

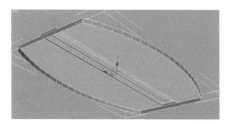

图11-30 "吊顶03"最终形态

图11-31 "天花吊顶"最终形态

Step 13 按【Ctrl+S】组合键，将此"多媒体会议室房型框架.Max"文件快速保存。

11.2.4 合并多媒体会议室细节模型

Step 01 继续上面的操作步骤，将场景中所有模型解除隐藏，单击菜单栏中的"文件"（File）|合并（Merge）命令，在弹出的"合并文件"对话框中选择本书配套光盘"源文件下载"|"第11章多媒体会议室制作实战"|"多媒体会议室家具.max"文件，随后单击 打开(O) 按钮，在弹出的"合并-多媒体会议室家具.max"（Merge多媒体会议室家具.max）对话框中单击 全部(A) 按钮，再单击 确定 按钮，所有模型便会自动合并于场景之中（如图11-32所示）。

图11-32 "多媒体会议室家具.max"对话框

Step 02 将合并的模型根据场景中的"导入平面"的线形的位置及比例关系，调整至合适形态，最后将场景中的辅助线形，如导入平面及顶面的线形删除（如图10-33所示），单击菜单栏中的"文件"（File）|"另存为"（Save As）命令，将此文件保存至"多媒体会议室.Max"文件。

图11-33　多媒体会议室模型显示效果

11.3　多媒体会议室摄像机设置

Step 01 继续上面的操作步骤，在顶视图中分别在两个对立方向设置两架摄像机，调整其"镜头"尺寸为26～28，同时尽量保持水平视线并适当调整其高度（如图11-34所示）。

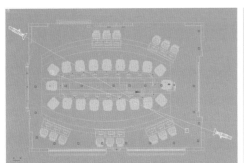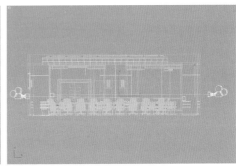

图11-34　摄像机具体设定位置

Step 02 调整其镜头尺寸及剪切设置尺寸，以确保在观察视口不产生视差变形的基础上最大限度地扩展空间，以得到较为理想的视图效果（如图11-35所示）。

摄像机01　　　　　　　　　　　　　　　　摄像机02

图11-35　多媒体会议室场景中摄像机的不同观看角度

Step 03 按【Ctrl+S】组合键，将此"多媒体会议室.Max"文件快速保存。

11.4 多媒体会议室材质调整

多媒体会议室全部模型制作完成后，便可对模型进行材质的调整与赋予，下面将针对场景中部分模型的材质调整及赋予技巧进行详细讲解（如图11-36所示）。

图11-36　多媒体会议室自制模型材质渲染效果

在对VRay材质进行设置之前，务必按【F10】键，在"渲染场景"对话框中的"公共"选项卡下，将3ds Max的"默认扫描线渲染器"转换为"V-Ray"渲染设备，以便将VRay材质正常显示。

11.4.1　分离墙体局部面型

此处场景中的墙体模型，其转折面型较复杂，为了便于管理，可将模型中贴图面型进行分离，进而更为灵活地调整"贴图坐标"形式。

Step 01 将墙体模型单独显示，按【4】键，确保在 ■ "多边形"子物体层级中，将地板面型选中，单击 分离 按钮，随后将分离的面型命名为"地面"（如图11-37所示）。

●注意：在分离面型之前，注意要严谨选择地板面型，尤其与入口及背景墙面连接的细节处。

Step 02 使用同样的方法可将附有标志的背景墙面分离，注意其边缘细节处的选择，并将其命名为"主题背景墙"（如图11-38所示）。

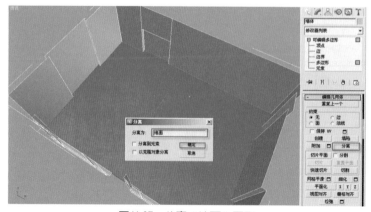

图11-37　分离"地面"面型

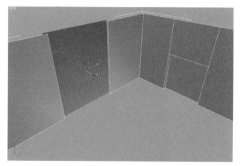

图11-38　分离"主题背景墙"面型

Step 03 对于分离物体而言，该面型便是独立的体块，调整好相应的材质，在"材质编辑器"对话框中单击 🔩 "将材质指定给选定对象"按钮，为其赋予相应的材质。

Step 04 按【Ctrl+S】组合键，将此"多媒体会议室.Max"文件快速保存。

11.4.2 细节材质的深入调整

1. 小纹理地毯材质

本例中的地面材质采用同色系小纹理地毯材质，所以对于该材质的细节调整，还需在普通地毯材质的基础上，为其添加遮罩衰减效果。

Step 01 按【M】键将"材质编辑器"（Material Editor）对话框开启，选择任意一个材质示例球，将材质命名为"小纹理地毯"，在相应的基本参数卷展栏中设置相关参数（如图11-39所示）。

Step 02 在其"贴图"卷展栏中的相应通道中分别设置"遮罩"贴图及名为"小纹毯36.jpg"的贴图（如图11-40所示）。

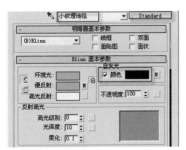

图11-39 "小纹理地毯"基本参数设置

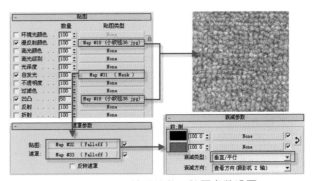

图11-40 "小纹理地毯"贴图参数设置

Step 03 选择"地面"模型，将其 快速切片 按钮激活，使用网格捕捉的功能，对其进行细分，随后将名为"小纹理地毯"的材质赋予此物体（如图11-41所示）。

Step 04 随后为追求更为逼真的材质质感，为该物体添加"UVW贴图"（UVW map）和"VRay置换模式"（VRay DisplacementMod）修改器，并适当调整其相关参数（如图11-42所示）。

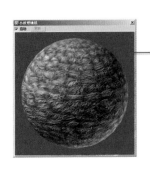

图11-41 细分模型并指定材质

图11-42 "地面"物体"贴图坐标"及
"VRay置换模型"参数

323

Step 05 观察模型细节，此材质添加坐标及置换修改器后最终显示效果（如图11-43所示）。

图11-43 "地面"模型最终效果

2. 灯槽材质

对于顶部弧形灯槽的表现处理方法，使用VRay灯光材质便是最为便捷的表现手段，其光感渲染可以更为均匀且平滑的表现。

Step 01 在顶视图中使用 **弧** Arc命令，捕捉顶部造型，并分别创建两条对称的弧形，调整其"径向"厚度，同时将其渲染显示，将其命名为"弧形灯槽模型"（如图11-44所示）。

●技巧：对于较为细小的灯槽，可直接将该模型上的面片设置为灯槽模型，但对于本例顶部灯槽平面造型较为宽大的形体而言，通过线形模拟灯槽，其表现效果更为逼真。

Step 02 将外形设置为弧线图形，并将其安置于灯槽内准确的位置，注意该模型距离吊顶中心部位的距离（如图11-45所示）。

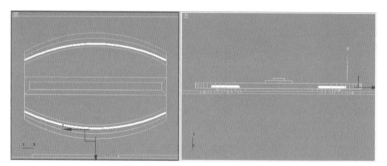

图11-44 创建弧形灯槽模型　　图11-45 "弧形灯槽模型"的具体位置

Step 03 在"材质编辑器"对话框中选择未编辑过的冷材质，将此材质球由"标准材质"的默认状态转换为"VR灯光材质"，并为其命名为"弧形灯槽"，将其灯光颜色设置为乳白色，同时调整亮度参数（如图11-46所示）。

图11-46 弧形灯槽亮度参数设置

Step 04 将设置好的"弧形灯槽"材质赋予"弧形灯槽模型"（如图11-47所示）。

Step 05 使用同样的方法可将"墙体"中与"主题背景墙"相邻的两个面型同样赋予"灯槽材质"，同时可对该材质的模拟灯光颜色及发光度进行适度调整，以便从此面墙中映射出暖黄色的灯槽效果（如图11-48所示）。

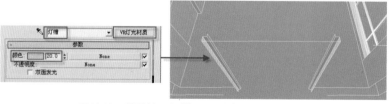

图11-47 "弧形灯槽"的材质球显示效果　　图11-48 背景墙"灯槽"材质参数及指定设置

除此之外，由于场景中的导入物体已被赋予材质，此时其余的自制模型可使用本书配套光盘中的"室内常用材质模板"将部分预设的材质调用，更换个别位图路径，如：为"墙体"模型赋予"白乳胶漆"材质；为"主题背景墙"模型赋予"凹凸壁纸"材质，但同时要注意各物体材质的贴图坐标设置形式，继而将整体场景材质调整完备（如图11-49所示）。

图11-49 场景材质调整完备的显示效果

Step 06 按【Ctrl+S】组合键将此"多媒体会议室.Max"文件快速保存。

11.5 多媒体会议室灯光创建

本例中灯光处理较为简单，主要是通过宽敞的超大玻璃窗将室外充足阳光引入室内，为了增加室内场景层次关系可在其适当位置添加局部光照，另外结合VRay灯光材质所塑造的灯槽效果，烘托出会议室空间庄重肃穆但不失时代气息的意境。

11.5.1 创建阳光

Step 01 依次单击 （灯光）按钮、 VR太阳 按钮，在顶视图中使用拖动的方式创建一盏VR太阳光，将其命名为"太阳光"，在各个视图调整其位置坐标（如图11-50所示）。

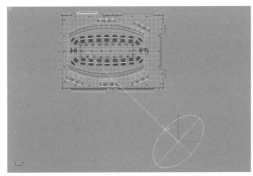

图11-50 阳台太阳光位置设定

Step 02 将此"太阳光"选中，在"VR太阳参数"（VRaySun Parameters）卷展栏中调整相关参数，同时将"窗玻璃"进行排除（如图11-51所示）。

Step 03 设置完此盏太阳光后，可对场景简单尝试渲染，以观察该灯光的照射效果，进而在渲染设置选项中调整相关渲染参数（如图11-52所示）。

图11-51　VR太阳参数卷展栏设置选项　　　　　　　　　　图11-52　渲染设置选项

Step 04 按【Shift+Q】组合键，快速渲染Camera02视图，以观察该太阳光的投射角度（如图11-53所示）。

图11-53　太阳光渲染效果

●技巧：该图像的渲染质量及尺寸不易过于精，以免影响渲染速度，即使顶面细节处存有部分斑痕，但只要满足其太阳光线的观察效果即可。

11.5.2　设置天光

表现阳光明媚的天光效果，不仅要设置蓝色光源的天光效果，更为重要的是设置暖黄色天光对整体场景起到烘托作用，以便将窗口的入射光线渲染出更为丰富的层次感。

Step 01 依次单击 （灯光）按钮、 VR灯光 按钮，在前视图中结合窗户的位置及尺寸创建一盏VR平面光，将其命名为"暖天光01"，同时将其移至"墙体"模型之外（如图11-54所示）。

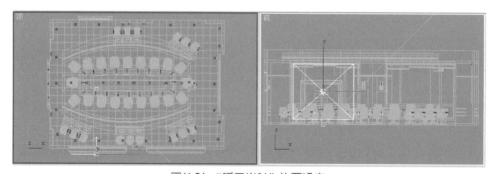

图11-54　"暖天光01"位置设定

Step 02 将此灯光激活，在修改面板中调整其具体参数，注意其颜色和相关参数的设置（如图11-55所示）。

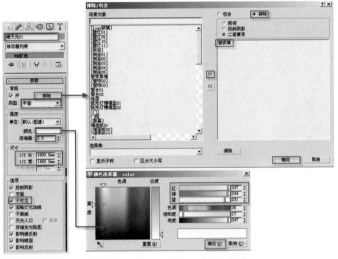

图11-55 "暖天光01"参数设置

Step 03 将视图切换至顶视图，选择"暖天光01"，按住【Shift】键沿Y轴正方向进行拖动，进而拷贝出另一盏天光，将其命名为"冷天光01"（如图11-56所示）。

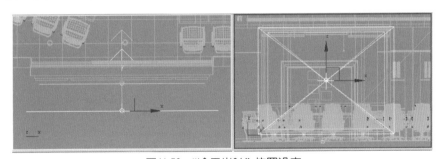

图11-56 "冷天光01"位置设定

Step 04 将此灯光激活，在修改面板中调整其具体参数，注意其颜色及相关参数的设置（如图11-57所示）。

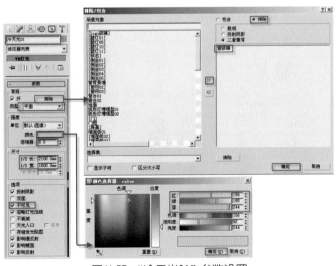

图11-57 "冷天光01"参数设置

Step 05 将两个灯光复制到另外一侧的窗口，注意灯光的准确位置（如图11-58所示）。

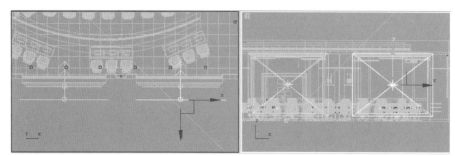

图11-58　冷暖天光位置设定

●技巧：在此为进一步凸显室外明媚阳光的光照效果，冷暖天光像太阳光一样可以将玻璃窗模型设置为排除对象。

11.5.3　设置射灯

为了凸显场景墙壁装饰的构造形式，可为其适当添加局部射灯，同时还可弥补单纯室外光对比度悬殊的情况。

Step 01 依次单击 （灯光）按钮、 VRayIES 按钮，在前视图中拖动鼠标，创建一盏VRayIES灯光，随后系统会自动将其命名为"射灯01"，将此灯光移动到"射灯模型01"之下，同时以"实例"复制的方式分别将其"实例"复制到所有"射灯模型"之下（如图11-59所示）。

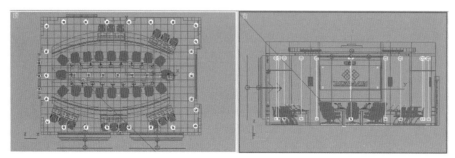

图11-59　射灯位置设定

Step 02 单击任意一盏"射灯"，在修改面板中为其添加名为"sd032.ies"的光域网，同时调整其相关参数（如图11-60所示）。

图11-60　射灯参数设置

Step 03 随后将任意一盏射灯激活，将其以"复制"（Copy）的方式复制到会议室中间及背景墙周围，将其命名为"小射灯"（如图11-61所示）。

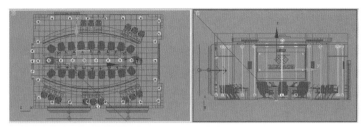

图11-61　小射灯位置设定

Step 04 在修改面板中为"小射灯"更换光照范围更为广泛的光域网，同时适当调整其相关参数（如图11-62所示）。

图11-62　小射灯参数设置

> ●技巧：对于本例中结构及色彩都较为规整的空间而言，在光感上寻找其内在的韵律变化，对于室内场景表现效果图而言是十分必要的制图技巧，可利用不同光照范围进而烘托出空间中的层次变化关系。

11.5.4　设置壁灯

此处壁灯的设置，只是作为装饰墙面点缀，所以在设置该参数选项时，其光照亮度要充分结合周边环境及自身灯体材质、光线等色彩因素，给予充分考虑，仔细斟酌。

Step 01 依次单击 （灯光）按钮、 **VR灯光** 按钮，随后在其"参数"（Parameters）卷展栏中的"类型"（Type）下拉列表中选择"球体"（Sphere）选项，在顶视图中创建一盏VR球型灯光，并将此灯光移动到"壁灯"模型之内，并将此灯光命名为"壁灯01"，同时将其实例复制到其余灯罩之中（如图11-63所示）。

Step 02 单击任意一盏"壁灯"，在修改面板中调整其相关参数（如图11-64所示）。

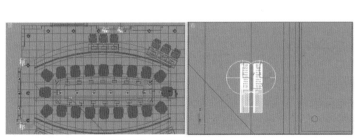

图11-63　壁灯位置设定

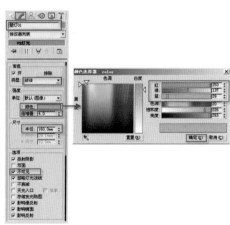

图11-64　壁灯参数设置

329

Step 03 在仔细检查各灯光设置准确无误的基础上，按【Ctrl+S】组合键，将此"多媒体会议室.Max"文件快速保存。

11.6 多媒体会议室渲染与输出

对于规模相对较大的公共空间而言，往往其渲染与输出的调整环节会因为渲染时间过长而降低效率，所以在该阶段的测试过程中切勿将场景中的参数设置过高。甚至在时间要求较短的条件下，对于一些复杂的公共空间其最终渲染与输出的处理，都可将该渲染参数设置为中等即可，随后再运用Photoshop软件进行修饰。

Step 01 按【8】键，打开"环境和效果"对话框，将背景颜色调整为蓝白色（如图11-65所示）。

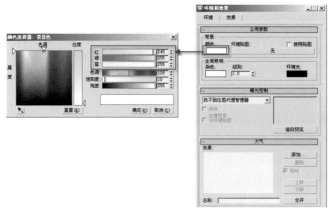

图11-65　背景颜色设置

Step 02 按【F10】键，打开"渲染场景"对话框，将光盘中查找第8章预存的"测试渲染预设.rps文件，载入场景，渲染不同的摄像机视口，观察测试渲染效果（如图11-66所示）。

图11-66　测试图最终效果

Step 03 通过测试效果确保场景渲染效果基本合理，优化太阳光、射灯等细分参数，以提高渲染质量（如图11-67所示）。

Step 04 设置光子图设置选项，按【F10】键在"渲染场景"对话框中，将光子图的输出尺寸调整为800mm×567mm，分别选择不同摄像机的观察角度，同时设置相关渲染参数（如图11-68所示），并渲染保存不同摄像机视口的光子图。

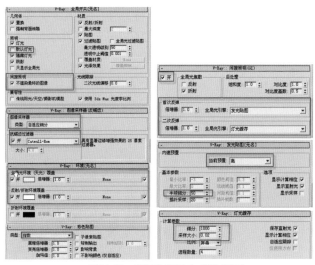

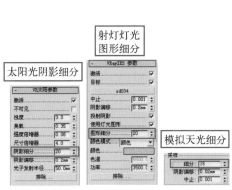

太阳光阴影细分

射灯灯光
图形细分

模拟天光细分

图11-67　灯光细分参数

图11-68　"渲染场景"参数设置

Step 05 在"发光贴图"及"灯光缓存"卷展栏中将上一步所保存不同观察视角的光子图依次调出（如图11-69所示），并再次检查相关渲染参数。

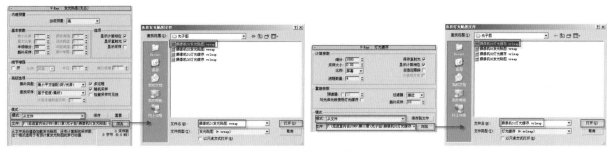

图11-69　载入光子图

Step 06 调整最终渲染尺寸、类型及输出路径，确认Camera01为选择摄像机，随后单击 渲染 按钮，将命名为"多媒体会议室01渲染图.tif"二维图像渲染输出（如图11-70所示）。

●注意：在最终渲染之前，务必取消勾选"不渲染最终图像"复选项，以保证图像渲染顺畅输出。

Step 07 经过数小时的渲染，Camera01视口的最终渲染成品图，如图11-71所示。

图11-70　设置渲染参数

图11-71　"多媒体会议室01渲染图.tif"最终渲染效果

Step 08 使用相同的渲染输出方式，将另外一盏摄像机观看图像以"多媒体会议室02渲染图.tif"命名渲染输出，同样其输出尺寸要设置为2400mm×1700mm（如图11-72所示），按【Ctrl+S】组合键将"多媒体会议室.Max"文件快速保存。

图11-72 "多媒体会议室02渲染图.tif"最终渲染效果

Step 09 为了方便Photoshop后期调整选择区域，将此"多媒体会议室.Max"文件另存为"多媒体会议室通道.Max"文件，适当调整，随后渲染两张与渲染图像所对应的通道图，注意该通道图像尺寸同样要设置为2400mm×1700mm（如图11-73所示）。

摄像机01——多媒体会议室01通道图.tif
摄像机02——多媒体会议室01通道图.tif

图11-73 通道图渲染效果

11.7 Photoshop后期处理

在Photoshop软件中，所有的三维形态概念随着二维图像的输出，早已不复存在，随之而来的便是"像素"这一概念，所以物像的选择都是建立在"像素"点的基础上，所以在此对任何物象的调整都建立在相应"像素"选择的基础上。

尤其对于本例各物体色相较为接近的图像而言，运用通道图像进行相应像素点的采集，便是其中后期图像调整技能的诀窍。随后通过多重的编辑与调整，一幅生机盎然的真实画面便会立即呈现眼前（如图11-74所示）。

摄像机01——图像处理前效果　　　　摄像机01——图像处理后效果

摄像机02——图像处理前效果　　　　摄像机02——图像处理后效果

图11-74　用Photoshop处理的图像对比效果

11.7.1　后期色调调整及局部配景添加

Step 01 开启Photoshop软件，分别将两张图像尺寸均为2400mm×1700mm的"多媒体会议室01渲染图.tif"及"多媒体会议室01通道图.tif"图像文件打开。

Step 02 确保"多媒体会议室01.tif"为当前图像窗口，在"图层"面板中，将"背景"图层进行复制进而生成"背景副本"图层。按【Ctrl+L】组合键，打开"色阶"对话框，在其中通过相关参数的设置来提高整体画面的亮度（如图11-75所示）。

Step 03 按【Shift+Ctrl+:】组合键，将"对齐"设置开启，使用 "移动工具"将"多媒体会议室01通道图.tif"拖动到"多媒体会议室02渲染图.tif"图像中，随即在"图层"面板中便会增添相应名为"图层1"的图层选项（如图11-76所示）。

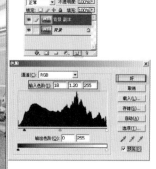
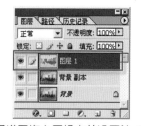

图11-75　调整复制图层的亮度　　　　　图11-76　将通道图拖入图像中并设置为"图层1"

Step 04 将"图层1"的通道层激活，单击工具箱中的 "魔棒工具"，将通道色为绿色的地面部分选中，随后在"图层"面板中关闭"图层1"的显示状态，并将"背景副本"图层激活（如图11-77所示）。

将该区域选中

图11-77　通过通道快速选取图像相应选区

Step 05 确认将此地面区域选中，按【Ctrl+J】组合键，将选区从图像中单独复制，并以"图层2"来命名，随后按【Shift+Ctrl+L】组合键，通过"自动色阶"命令调整地面材质的色彩显示效果（如图11-78所示）。

调整地面的色彩

图11-78　通过"自动色阶"调整"地面"色彩

Step 06 使用同样的方法将"墙面装饰板"区域框选并复制为"图层3"，然后为该图层添加"自动色阶"命令，以增强"墙面装饰板"的光感效果（如图11-79所示）。

调整墙面装饰板的色彩光感

图11-79　通过"自动色阶"调整"墙面装饰板"色彩

Step 07 双击Photoshop的灰色操作界面，打开本书配套光盘中的"楼群背景01.Jpg"文件，随后将其拖至"多媒体会议室01渲染图.tif"图像中，自动生成"图层4"，同时按【Ctrl+T】组合键，将此图像调整至合适的大小（如图11-80所示）。

Step 08 将"图层1"的通道图层激活，用  "魔棒工具"将通道色为草绿色的窗户区域选中（如图11-81所示）。

图11-80 将"楼群背景01.Jpg"拖至图像中

图11-81 选择窗户区域

Step 09 在"图层"面板中将"图层1"关闭，将"图层4"激活，按【Shift+Ctrl+I】组合键，将窗户区域进行反选，随后单击【Delete】键，将背景图片中多余区域删除（如图11-82所示）。

Step 10 将此图层混合模式选择为"叠加"选项，同时调整"不透明度"为75%（如图11-83所示）。

图11-82 删减"楼群背景01"图像中多余区域

图11-83 调整窗户背景的图像效果

Step 11 随后，按住【Alt】键不放，依次按【I】、【A】、【C】键，进入"亮度/对比度"对话框，适当调整背景图像的亮度（如图11-84所示）。

●技巧：背景贴图的尺寸一定要与整体室内空间的比例协调，同时图像风格与色彩一定要统一协调。

Step 12 依照同样的方法，另一侧窗口同样添加"楼群背景02.Jpg"文件，以增添整体图像的层次关系（如图11-85所示）。

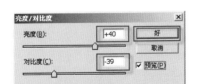
图11-84 "亮度/对比度"对话框中的参数设置

添加楼群背景
图11-85 添加窗户背景后最终图像效果

Step 13 将单击工具箱中的 ✐ "修复画笔工具"，随后在 "图层2" 上按下【Alt】键，反复在地毯贴图拼接处涂抹，以淡化地毯纹理的细节偏差（如图11-86所示）。

图11-86　修改地毯接缝细节

●技巧：添加过窗外背景的会议室顿时生机盎然，从整体画面的艺术追求角度而言，图面构图的形式最好成不等边三角形分布，以满足视觉均衡的审美情趣。所以就上图来讲，可在其左下方适当添加少量植物，来均衡图面整体布局。

Step 14 双击Photoshop的灰色操作界面，打开本书配套光盘中的 "盆栽植物01.psd" 文件，随后将其拖至 "多媒体会议室02渲染图.tif" 图像中，将所生成的图像命名为 "植物"，同时按【Ctrl+T】组合键，将此图像调整至合适的大小，并安置于图像左下角处（如图11-87所示）。

将植物图片安置于图像左下角处

图11-87　将 "盆栽植物01.psd" 拖至图像中

Step 15 按【Ctrl+U】组合键，进入 "色相/饱和度" 对话框，调整其 "饱和度" 与 "明度" 数值，随后再将该图层的整体 "不透明度" 设置为52%（如图11-88所示）。

图11-88　调整 "植物" 的 "色相/饱和度" 值及 "不透明度" 值

●技巧：以淡化植物色彩属性及透明设置的目的，是为进一步突出图像实体设计，同时以满足平衡画面构图的要求。

Step 16 随后确认位于显示图层最上方的图层为当前图层，为图像添加"照片滤镜"命令，同时调整其参数设置（如图11-89所示）。

图11-89　添加并调整"照片滤镜"设置

●技巧：通过加温滤镜的添加强调会议室室外阳光映射于室内的光照效果，同时要注意观察墙面及顶面的色彩变化。

Step 17 此时，会议室的整体后期处理基本完成，设计师可以根据自身感受结合画面的个别细节，继续使用Photoshop软件中的一些细节修改工具进行精密调整，将整体画面调整完善（如图11-90所示）。

Step 18 单击菜单栏中的"文件"|"存储为"命令，将处理后带有细节图层的图像文件另存为"多媒体会议室01修改图.tif"。

Step 19 随即，对本例中的"多媒体会议室02渲染图.tif"图像文件也应使用以上类同方法进行制作，在此便不逐一详述（如图11-91所示）。

图11-90　多媒体会议室01逐层修改效果

图11-91　多媒体会议室02逐层修改效果

11.7.2　图像艺术质感缔造

各图层的细节调整至此已全部完成，但在修饰空间大且复杂的室内公共空间效果图时，为在平面图像中进一步凸显立体景深效果，可在此基础上，为其适当添加"模糊"及"锐化"滤镜效果，以使整体图面更加具有艺术质感。

337

Step 01 继续上面的操作步骤，最后在"图层"面板中，将图像中的"图层1"通道层删除，同时把其他各细节图层与"背景"图层合并，将此图层连续两次拖到 □ "创建新图层"按钮之上，并为所复制的图层更换图层名称，分别命名为"模糊"及"锐化"（如图11-92所示）。

Step 02 将"模糊"图层激活，在菜单栏中选择"滤镜"|"模糊"|"高斯模糊"命令，在弹出的对话框中将模糊"半径"设置为80像素，单击 好 按钮，以结束该图层的模糊设置（如图11-93所示）。

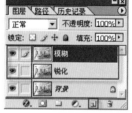

图11-92 "合并"并"复制"图层

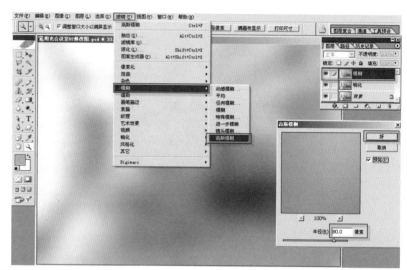

图11-93 添加"高斯模糊"滤镜

Step 03 将"模糊"图层关闭显示，同时将"锐化"图层激活，同样在菜单栏中选择"滤镜"|"锐化"|"USM锐化"命令，在弹出的对话框中将锐化"数量"调整为90%，"半径"设置为3像素，"阀值"设定为4色阶，最后单击 好 按钮，以结束该图层的锐化设置（如图11-94所示）。

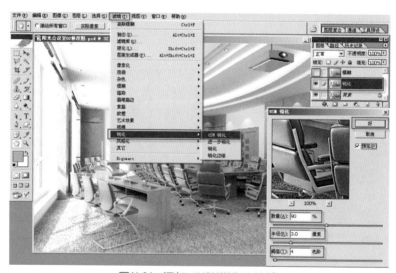

图11-94 添加"USM锐化"滤镜

Step 04 将"模糊"图层单独显示，单击工具箱中的 ▽ "多边形套索工具"，同时将其"羽化"选项设置为100～250像素，选取图像中间区域，按【Delete】键，将该区域删除（如图11-95所示）。

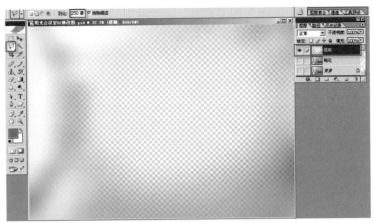

图11-95 羽化选取并删除"模糊"图层部分图像

Step 05 将"锐化"图层单独显示，同样使用"羽化"选项设置为100～250像素的 ⎁"多边形套索工具"，选取图像中周边区域，按【Delete】键，将该区域删除（如图11-96所示）。

图11-96 羽化选取并删除"锐化"图层部分图像

Step 06 将"图层"面板中各图层的 ☉ "指示图层可视性"按钮激活，将场景中3个图层同时显示出来，设计师根据具体显示效果，适度调整"模糊"图层和"锐化"图层的"不透明度"，以最终完成图像的后期调整效果（如图11-97所示）。

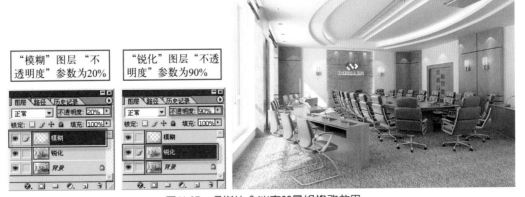

图11-97 多媒体会议室02最终修改效果

Step 07 按【Shift+Ctrl+E】组合键，将所有图层合并，随后再按【Shift+Ctrl+S】组合键将此合成图像以.jpg文件类型存储为"多媒体会议室02修改图副本.jpg"。

Step 08 同样也使用此方法将"多媒体会议室01修改图.tif"图像进行适当修改，随后保存为"多媒体会议室01修改图副本.jpg"（如图11-98所示）。

图11-98　多媒体会议室01最终修改效果

11.8　本章小结

　　本章是运用3ds Max、VRay以及Photoshop软件较为密切的一章，通过多媒体会议室效果图的制作实战，进而对公共装饰工程效果图的制作有了整体了解。

　　重点把握巧妙运用AutoCAD软件所绘制的平面及顶面尺寸图形，从而更为准确便捷地创建出室内墙体、天花吊顶等形式复杂、层次多样的立体造型。同时，要求读者熟悉3ds Max中常用材质调用与调整的具体方法，再通过VRay灯光调整及渲染设置，将三维场景模型合理地转化为二维图像。

　　此外，结合Photoshop后期调整技能为其添加滤镜效果对图像进行深入调整。由此可见，对于图像最终效果而言，利用Photoshop进行后期制作无疑起了突出的作用。

　　至此，本书全部章节已讲述完毕，由衷希望读者通过对本书的学习，能够熟练地掌握应用3ds Max、VRay以及Photoshop软件进行室内效果图制作的技巧。

　　同时，通过书中涉及的艺术理论及设计实践经验的介绍，使刚刚起步的设计人员切实地走进室内设计师的艺术殿堂，在自身的设计表现力迅速提高的同时，进一步激发其潜在的设计天赋，从而为今后的设计工作与学习助一臂之力。

读 者 意 见 反 馈 表

亲爱的读者：

感谢您对中国铁道出版社有限公司的支持，您的建议是我们不断改进工作的信息来源，您的需求是我们不断开拓创新的基础。为了更好地服务读者，出版更多的精品图书，希望您能在百忙之中抽出时间填写这份意见反馈表发给我们。随书纸制表格请在填好后剪下寄到：北京市西城区右安门西街8号中国铁道出版社有限公司大众出版中心 张亚慧 收（邮编：100054）。或者采用传真（010-63549458）方式发送。此外，读者也可以直接通过电子邮件把意见反馈给我们，E-mail地址是：lampard@vip.163.com。我们将选出意见中肯的热心读者，赠送本社的其他图书作为奖励。同时，我们将充分考虑您的意见和建议，并尽可能地给您满意的答复。谢谢！

- -

所购书名： _____

个人资料：

姓名：_____ 性别：_____ 年龄：_____ 文化程度：_____

职业：_____ 电话：_____ E-mail：_____

通信地址：_____ 邮编：_____

- -

您是如何得知本书的：

□书店宣传 □网络宣传 □展会促销 □出版社图书目录 □老师指定 □杂志、报纸等的介绍 □别人推荐
□其他（请指明）_____

您从何处得到本书的：

□书店 □邮购 □商场、超市等卖场 □图书销售的网站 □培训学校 □其他

影响您购买本书的因素（可多选）：

□内容实用 □价格合理 □装帧设计精美 □带多媒体教学光盘 □优惠促销 □书评广告 □出版社知名度
□作者名气 □工作、生活和学习的需要 □其他

您对本书封面设计的满意程度：

□很满意 □比较满意 □一般 □不满意 □改进建议

您对本书的总体满意程度：

从文字的角度 □很满意 □比较满意 □一般 □不满意
从技术的角度 □很满意 □比较满意 □一般 □不满意

您希望书中图的比例是多少：

□少量的图片辅以大量的文字 □图文比例相当 □大量的图片辅以少量的文字

您希望本书的定价是多少：

本书最令您满意的是：

1.
2.

您在使用本书时遇到哪些困难：

1.
2.

您希望本书在哪些方面进行改进：

1.
2.

您需要购买哪些方面的图书？对我社现有图书有什么好的建议？

您更喜欢阅读哪些类型和层次的理财类书籍（可多选）？

□入门类 □精通类 □综合类 □问答类 □图解类 □查询手册类

您在学习计算机的过程中有什么困难？

您的其他要求：